JN247631

Gakken

きめる! KIMERU SERIES

BC

[きめる! 共通テスト]

化学基礎

Basic Chemistry

著＝岡島卓也（河合塾・ベリタスアカデミー）

introduction

はじめに

「理科は苦手なんですが，共通テストでは化学基礎を受験しなくてはいけないので，あまり時間をかけずに高得点をとる方法を教えてもらえませんか？」

最近，こんな質問をされることが多くなった。中には，「教科書を読んでも全然理解できないので，ここ数ヶ月は教科書を開いてすらいません」なんて，化学アレルギーの受験生もいる。

この『きめる！　共通テスト』は，そんな化学嫌いの受験生のみなさんにも，高得点をとって化学の楽しさをわかってもらいたい，そして，化学をちょっとでも好きになってもらいたいという思いから書いたものである。

本書は，共通テストで「化学基礎」を受験する際に，最低限必要となる知識に的を絞ってある。効率よく学習できるよう，図解による説明や，簡単にイメージできるたとえなどを多用して，わかりやすく解説し，多くの受験生のみなさんが苦手とする部分については，特にていねいに，かみ砕いて説明するように工夫してある。

そして，僕がこれまでの予備校講師経験の中で培ってきた「簡単に理解できて，すばやく問題が解けるようになるコツ」をたくさんちりばめてある。教科書を読んでいただけでは，難しく感じ，問題を解くときに時間がかかってしまっていた部分も，コツさえつかめば「なぁ～んだ，そういうことか」と，すらすら解けるようになるはずだ。

本書を十分に学習することによって，共通テスト「化学基礎」での高得点getは間違いないと確信している。

岡島 卓也

how to use this book

本書の特長と使い方

1 基礎内容をしっかり理解し，共通テストに向けて効率的に学習できる

本書は，共通テストで「化学基礎」を受験する際に，必ず必要となる部分に重点をおき，時間をかけず，効率的に学力がつけられるよう，内容を厳選しています。重要な用語などは赤字や太字で強調し，基礎をしっかり身につけられるようになっています。

2 共通テストのために押さえておくポイントが一目でわかる

特に押さえておくべき重要な内容は，Point! や ココに注目! として簡潔にまとめてあります。本文を読んで理解できたら，Point! と ココに注目! で要点を整理しておきましょう。

3 例題，練習問題を解き，章末の共通テスト対策で理解度を確認する

本書では基本的に，各Themeの最後に練習問題が，各Chapterの最後に共通テスト対策問題が入っています。また，計算問題など，繰り返し演習することによって力がつけられるものに関しては，本文中に例題を入れながら，わかりやすい解説を加えています。本文をしっかり読み，例題 → 練習問題 → 共通テスト対策問題の順に解いていくことによって，理解を深め，着実にステップアップすることができます。

4 取り外し可能な別冊要点集で，チェック＆復習

別冊には，本冊の Point! ココに注目! や重要な図・表などをまとめてあります。取り外しができるので，知識の確認や試験前の要点復習にも便利です。

contents

もくじ

CHAPTER 4 酸・塩基

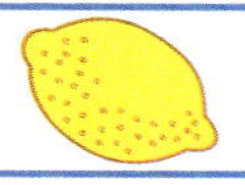

CHAPTER 5 酸化還元反応

CHAPTER 6 身のまわりの化学

共通テスト
特徴と対策はこれだ！

共通テストで求められる「思考力」とは

センター試験が終了し，2021年１月より大学入学共通テストが始まります。約30年ぶりの大学入試改革です。文部科学省は大学入試において次の３項目を評価することを目指しています。

- **知識（技能）**
- **思考力（判断力）・表現力**
- **主体性・多様性・協同性**

大学入学共通テスト（以下共通テスト）では，このうち「**知識**」「**思考力**（判断力）」を試すことが予定されています。

「**知識**」については教科書の内容であり，教科書が改訂されない限り，共通テストで問われる内容は変わりありません。ただ，「**思考力**」については新しい内容が加わることになります。ここでは新たに求められる「思考力」の正体について説明していきます。

化学（化学基礎も含む）における思考型（考えて答えを導く）問題は，次の２つのタイプ（タイプⅠとタイプⅡ）に大別できます。

●タイプⅠ　前提となる結論・結果を利用して問題を解く

与えられた条件や知識を前提として，それを利用して解く問題のことです。今までの多くの問題は，この形式でした。

簡単な例をあげてみましょう。

Q．Aさんは１日平均500円を使います。１年間で使うお金の総額はいくらになるでしょうか？

A．１年は365日なので，総額は500円×365日＝182,500円と予想できます。

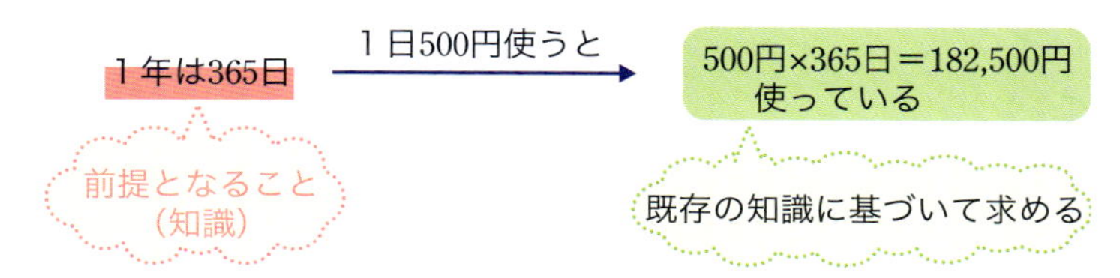

この例では「1年は365日」という**知識が前提**となって解答しています。当たり前のことですが「500円を365回足す＝500円×365日」という算数の考え方も知識と言えますね。

では，実際の試験問題では，どのようなものがあるでしょう。

Q．0.20 molの塩酸とちょうど中和するアンモニアの物質量を求めよ。

（→解説は175ページへ）

この問題は「**酸の価数×酸の物質量〔mol〕＝塩基の価数×塩基の物質量〔mol〕**が成り立つとき，過不足なく中和反応が起こる」という**知識が前提**で解答が可能となります。

このように，これまでは**“知識を前提として考える”**問題が数多く出題されてきました。

ただ，共通テストではタイプⅠに加え，次のタイプⅡを組合せた問題が出題されるでしょう。

●タイプⅡ　提示された情報から未知の結論を導き出して問題を解く

リード文に提示された情報から結論（一般論）を導いていくタイプです。

ここでも簡単な例をあげてみましょう。

Q．Aさんの家計簿は次のようになっています。

1月1日	300円使った
1月2日	800円使った
1月3日	400円使った

この情報をもとに，Aさんが1年間で使うお金の総額はいくらになるでしょうか？

A．さきほどとは前提条件が異なりますね。

まずは，家計簿にある3日間で使ったお金の平均を出してみましょう。3日間の平均値は，（300円＋800円＋400円）÷3＝500円で，1日あたり500円使ったことになります。

1年間（365日間）では500円×365日＝182,500円と予想できますね。

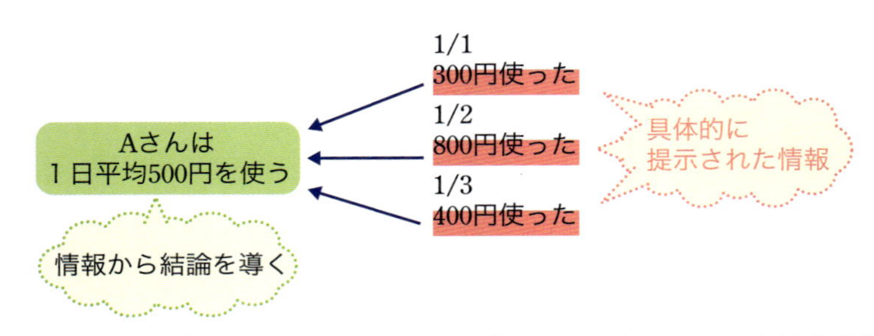

この例ではまず，提示された情報から“１日で平均していくら使うか”という結論を導いています。これがタイプⅠにはなかった部分で，そのあとの計算（500円×365日）はタイプⅠと同じですね。

実際の問題例やその対策は次の§２で説明しますが，共通テストではこのタイプⅡのように思考と判断をしながら解答する問題が出題されます。

このように，共通テストでは新しい傾向の問題が出題されることが想定されます。

そこで，次からは試行調査から見えてくる新しい傾向とその対策について，皆さんと同じような不安を抱えている生徒と先生の会話形式で説明していきたいと思います。

共通テストの新傾向と対策　その1

先生，共通テストってセンター試験よりも難しくなるっていう噂なんですけど…

そうだね，これまでのセンター試験の目標平均点が60点だったのに対し，共通テストでは50点を平均点の目安にするそうなので，難しくなるっていうのは，あながち間違っていないかもね。

えっ！？　終わった…

いやいや，まだまだこれからだよ！　それなりの対策をすれば十分戦えるんだ！

それなりのって，どう対策すればいいんですか？

平成30年に実施された「共通テスト試行調査（プレテスト）」を見れば，共通テストの傾向とそこで求められる力が見えてくるんだ。

どんな問題だったんですか？？

まず，特徴として教科書の内容をベースとしているけれど，「知識だけでは解けない問題が出題される」ということかな。

どういうことですか？

過去に行われてきたセンター試験は，短文からなる小問が集合した形式の問題が多かったんだけど，共通テスト試行調査では，長文で，一部の問題の内容に，教科書で発展として扱われている内容も出題されたんだ。

どうしてそんな問題が出題されたんですか？？

「情報を整理して考える力」を試すためだよ。参考に，次の問題を見てみよう。「ポーリングの電気陰性度を用いた酸化数の決定」をテーマにした問題だよ。

第2問　次の文章を読み，問いに答えよ。(配点　15)

電気陰性度は，原子が共有電子対を引きつける相対的な強さを数値で表したものである。アメリカの化学者ポーリングの定義によると，表1の値となる。

表1　ポーリングの電気陰性度

原子	H	C	O
電気陰性度	2.2	2.6	3.4

共有結合している原子の酸化数は，電気陰性度の大きい方の原子が共有電子対を完全に引きつけたと仮定して定められている。たとえば水分子では，図1のように酸素原子が矢印の方向に共有電子対を引きつけるので，酸素原子の酸化数は−2，水素原子の酸化数は+1となる。

通常の酸化数の算出方法ではないルール（定義）が示されている。

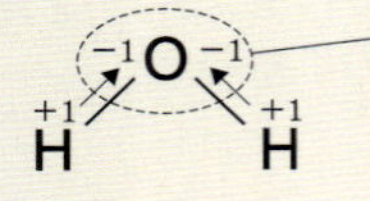

2個の水素原子から電子を1個ずつ引きつけるので，酸素原子の酸化数は−2となる。

図　1

(2018年共通テスト試行調査　第2問より抜粋)

（→解説は263ページへ）

えっ，これ何ですか？　聞いたことないんですけど…

そうだね。過去に，一部の難関大学では出題されていたんだけど，化学基礎で受験する受験生のほとんどはそういう感想になるよね。

やっぱり激ムズじゃないですか！

いやいや，落ち着いて。今までに問われたことがない形式であったとしても，問題文を読み，**必要な情報を抜き出して，内容を把握する力**が問われているのであって，この問題は予備知識がなくても解答することが可能なんだ。

えっ，そうなんですか？

うん。見慣れない問題に見えるけど，問題文中に解答へのヒントが示されているので，それを正確に抜き出せば解けるんだよ。

そのヒントってどうやって抜き出せばいいんですか？

この手の問題は**具体例を拾う**ことがコツなんだ。

「具体例を拾う」って，例えばどういうことですか？

上の問題であれば，「共有結合している原子の酸化数は～定められている」の部分。そして，その後ろに続く具体例に，解答に直結する非常に重要なヒントが隠されているよ。

どこですか？

「たとえば水分子では図１のように…」の部分だよ。この情報から「電気陰性度が大きい原子は**引きつけた電子の数だけ酸化数が減少**し，反対に電気陰性度が小さい原子は**奪われた電子の数だけ酸化数が増加**する」というルールが見えてくるね。

問題文自体に解答に必要な情報が書かれているんですね！

この問題では，ルールを正確に把握して，それを適用することですべての設問に解答できる設定になっているんだ。

難しそうに見えるだけってことですね。

そう！　こういう問題を「難しい問題」と考える人が多いけど，**問題文から必要な情報を抜き出すコツ**を掴めば本番の試験での完答も十分に可能なんだ！

POINT

新傾向　教科書の知識をベースにした幅広い問題が出題される。

対策　問題文から必要な情報を抜き出すこと。
具体例をよく理解するべし。

共通テストの新傾向と対策　その2

実は，共通テスト試行調査から，もう１つの新しい傾向が見えてくるんだ。

何ですか？？

共通テスト試行調査では，**授業中の実験を想定した問題**が出題されているんだ。その例が次の問題だ。授業で実験を行っている様子を問題にしていて，実験結果から解答を導き出すことが求められているよ。

第3問　学校の授業で，ある高校生が，トイレ用洗浄剤に含まれる塩化水素の濃度を中和滴定を使って求めた。次に示したものは，その実験報告書の一部である。この報告書を読み，問１～問３に答えよ。

「まぜるな危険　酸性タイプ」の洗浄剤に含まれる塩化水素濃度の測定

【目的】

トイレ用洗浄剤のラベルに「まぜるな危険　酸性タイプ」と表示があった。このトイレ用洗浄剤は塩化水素を約10%含むことがわかっている。この洗浄剤（以下「試料」という）を水酸化ナトリウム水溶液で中和滴定し，塩化水素の濃度を正確に求める。

【試料の希釈】

滴定に際して，試料の希釈が必要かを検討した。塩化水素の分子量は36.5なので，試料の密度を1 g/cm^{3}と仮定すると，試料中の塩化水素のモル濃度は約3 mol/Lである。この濃度では，約0.1 mol/Lの水酸化ナトリウム水溶液を用いて中和滴定を行うには濃すぎるので，試料を希釈することとした。試料の希釈溶液10 mLに，約0.1 mol/Lの水酸化ナトリウム水溶液を15 mL程度加えたときに中和点となるようにするには，試料を［ア］倍に希釈するとよい。

【実験操作】

1．試料10.0 mLを，ホールピペットを用いてはかり取り，その質量を求めた。
2．試料を，メスフラスコを用いて正確に［ア］倍に希釈した。
3．この希釈溶液10.0 mLを，ホールピペットを用いて正確にはかり取り，コニカルビーカーに入れ，フェノールフタレイン溶液を2，3滴加えた。

高校生の実験報告書が題材に。

中和滴定の実験の操作方法やその手順。

4．ビュレットから 0.103 mol/L の水酸化ナトリウム水溶液を少しずつ滴下し，赤色が消えなくなった点を中和点とし，加えた水酸化ナトリウム水溶液の体積を求めた。
5．3と4の操作を，さらにあと2回繰り返した。

（2018年共通テスト試行調査　第3問より抜粋）

（→解説は201ページへ）

問題文が長すぎません!?　それに，学校で実験した記憶ないんですけど…

そうだね。「学校でほとんど実験なんてなかった」「真面目にやってなかった」…と，不安になる人もいるかもね。でも，安心してください！

どうすればいいんですか？？

詳細な手順などが長々と書かれていて難しく感じるかもしれないけど，よく読むと**塩酸と水酸化ナトリウムの中和滴定**という単純な設定となっていることがわかるね。

確かに！

あとは**中和の量的関係を考えるための滴下量や水溶液の濃度**といった解答に必要な数値を抜き出し，基礎的な量計算に持ち込めば簡単に解けるんだ。

POINT

新傾向　高校の実験授業を想定した問題が出題される。
対策　解答に必要な数値を抜き出して立式。

共通テストの新傾向と対策　その３

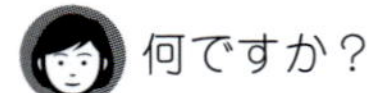

ズバリ，**資料読解**です。共通テスト試行調査では**いろいろな情報を含む資料が提示され，その情報をもとに解答していく問題**が出題されています。たとえば次の資料を見てください。

飲料水 X

名称：ボトルドウォーター
原材料名：水(鉱水)

栄養成分(100 mL あたり)	
エネルギー	0 kcal
たんぱく質・脂質・炭水化物	0 g
ナトリウム	0.8 mg
カルシウム	1.3 mg
マグネシウム	0.64 mg
カリウム	0.16 mg
pH 値　8.8 ～ 9.4	硬度　59 mg/L

飲料水 Y

名称:ナチュラルミネラルウォーター
原材料名：水(鉱水)

栄養成分(100 mL あたり)	
エネルギー	0 kcal
たんぱく質・脂質・炭水化物	0 g
ナトリウム	0.4 ～ 1.0 mg
カルシウム	0.6 ～ 1.5 mg
マグネシウム	0.1 ～ 0.3 mg
カリウム	0.1 ～ 0.5 mg
pH 値　約 7	硬度　約 30 mg/L

飲料水 Z

名称:ナチュラルミネラルウォーター
原材料名：水(鉱水)

栄養成分(100 mL あたり)	
たんぱく質・脂質・炭水化物	0 g
ナトリウム	1.42 mg
カルシウム	54.9 mg
マグネシウム	11.9 mg
カリウム	0.41 mg
pH 値　7.2	硬度　約 1849 mg/L

（→問題は71ページへ）

何これ！ミネラルウォーターの情報がいっぱい！

そうですね。ミネラルウォーターに関するいろいろな情報が与えれていて混乱しそうですが，大丈夫ですよ。

何が大丈夫なんですか！

与えられた資料から**問われている情報だけを抜き出せば**簡単に解答できるんです。

どういうことですか？

はい。たとえば，試料水Xの液性は何性ですか？　と問われたらどうでしょうか。

pH＝7で中性，7未満は酸性，7より大きいとアルカリ性だよね。

飲料水 X

名称：ボトルドウォーター	
原材料名：水（鉱水）	
栄養成分（100 mL あたり）	
エネルギー	0 kcal
たんぱく質・脂質・炭水化物	0 g
ナトリウム	0.8 mg
カルシウム	1.3 mg
マグネシウム	0.64 mg
カリウム	0.16 mg
pH 値　8.8 ～ 9.4	硬度　59 mg/L

そうか，XのpHは8.8～9.4なのでアルカリ性！　なるほど…資料をよく読めば，書いてありますね！

その通り！問題文を読んで，わからない！と一瞬混乱するかもしれないけど，与えられた資料には必ずヒントが隠されているよ。

そして，設問として問われる内容は教科書に載っているんだ。

本当ですか？

問われることは単純なものがほとんど。さまざまな情報を含む資料の読解問題では，**まず設問を読んでみよう。そこで問われている情報だけを探して抜き出せばよい**のです。

資料か…つい，流して読んでしまいます。

そう。読んだようで見落としがちだよね。でも，資料問題では，必要となる情報だけを的確に抽出する力が求められており，決して知識量を試しているわけではないんだ。

POINT

新傾向　**さまざまな情報を含む資料読解問題が出題される。**

対策　**まず設問文を読み，問われている情報だけを抜き出す。**

なるほど。これも情報の抜き出しってことですね。

そうなんだ。結局のところ，問題文は長いけど**必要な情報を的確に抜き出せば**共通テストは決して難しくないんだ。

ちょっと安心してきました！

新しい試験に不安を感じている人も多いよね。でも，**習得しなければならない知識や理解するポイントはそのほとんどがこれまでと変わらない**んだ。長めの問題文複雑そうに見える資料読解であったとしても**必要な情報を抽出する力**だけ。

難しそうに見えるのはどうすればいいんですか？

本書や模擬試験などで演習を積めば誰でもできるようになるので，焦らずじっくり取り組んでいきましょう。**共通テスト恐るるに足らず！**

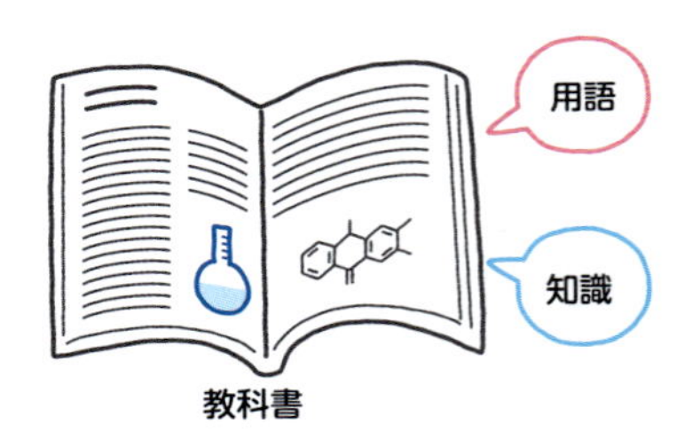

本編

Theme 1 純物質と混合物及びその分離

>> 1. 純物質と混合物

すべての物質は「純物質（じゅんぶっしつ）」と「混合物（こんごうぶつ）」に分類できる。**純物質**とは“**1つの化学式で書けるもの**”で，**混合物**は“**1つの化学式で書けないもの**”と考えればいいよ。

例えば…

「水」なら，化学式は「H_2O」

「二酸化炭素」なら，化学式は「CO_2」

「鉄」なら，化学式は「Fe」

と書ける。こういう物質が純物質だ。じゃあ，今度は混合物について考えてみよう。

(1)「空気」の化学式は？

(2)「海水」の化学式は？

(3)「コーヒー」の化学式は？

空気

海水

コーヒー

こんな問題が出たら困るよね。だって，(1)の「空気」の中には，窒素 N_2 や酸素 O_2 などいろいろな種類の気体が含まれているし，(2)の「海水」にも，水 H_2O 以外に塩分などが含まれているからね。(3)の「コーヒー」の化学式なんて，当然，存在しない。

以上のことをまとめると，次のようになる。

Point!

純物質と混合物

物質
- **純物質**…1つの化学式で書けるもの
  例）水 H_2O，二酸化炭素 CO_2，鉄 Fe，アンモニア NH_3
- **混合物**…1つの化学式で書けないもの
  例）空気，水溶液，岩石

上の **Point!** で例に挙げた水溶液とは，「水」と「溶質」の混合物のことだ。物質を化学式で表すときは，表記を簡略化するために，**溶質の化学式を水溶液の化学式として使う**ことが多いよ。

例えば，塩酸は塩化水素 HCl を水に溶かしたものなので，「HCl」と書くんだ。

塩化水素 HCl は無色で刺激臭がある気体だよ。

>> 2. 混合物の分離

天然の物質は，ほとんどが混合物(例えば，海水はもちろん，淡水だっていろいろな物質が含まれている)で，人間は混合物から純物質(に近いもの)を取り出して，利用してきたんだ。混合物から，より純度の高い物質を取り出す6種類の操作を説明していくよ。

❶ ろ過

液体とそれに溶けない固体をろ紙を用いて分離する操作を**ろ過**(か)という。例えば，塩化ナトリウム水溶液と砂の混合物を，塩化ナトリウム水溶液と砂に分離するときに行うよ。操作上のポイントを覚えておこう。

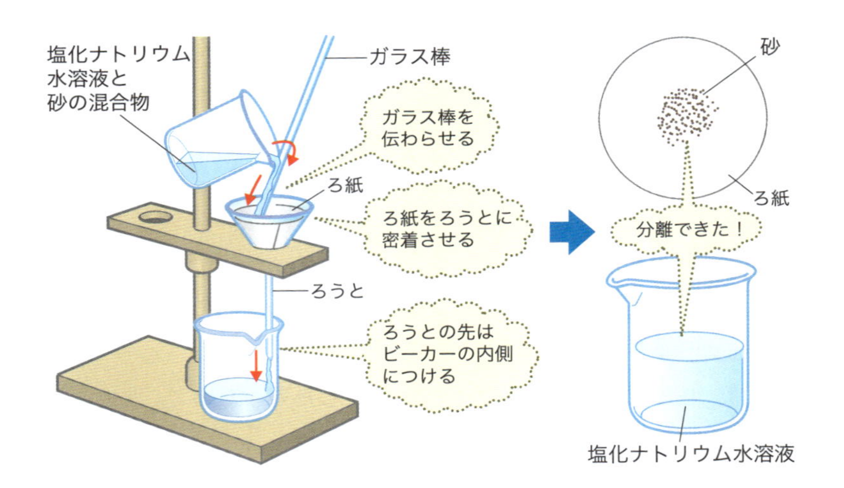

ろ過は，粒子の大きさの違いを利用した分離方法だよ。
砂の粒はろ紙を通過しないけど
水溶液中の塩化ナトリウムの粒子は細かいから
ろ紙を通過するよ。

② 蒸留

溶液を加熱して，発生した蒸気を冷却することで目的の液体を分離する操作を**蒸留**（じょうりゅう）という。例えば，塩化ナトリウム水溶液を塩化ナトリウムと水に分離するときに行うよ。塩化ナトリウム水溶液を沸とうさせ，生じた水蒸気を冷却して純水を取り出すんだ。蒸留の原理と操作上のポイントを覚えておこう。

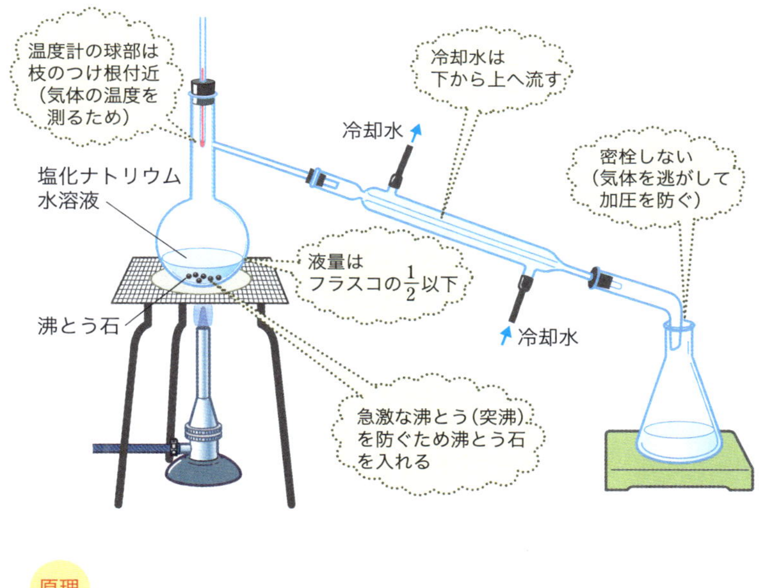

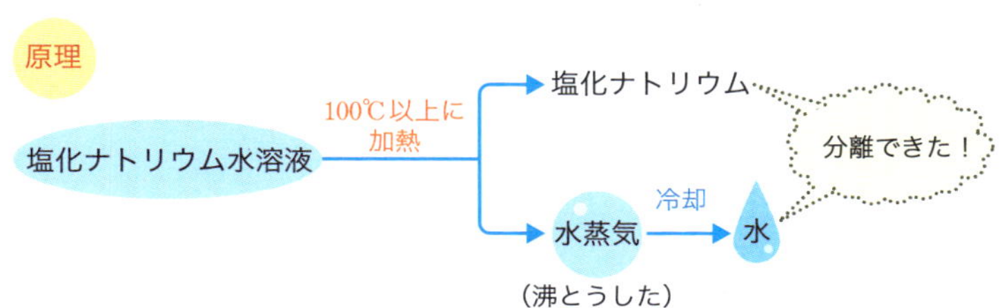

塩化ナトリウムが蒸発しないことを利用しているね。

③ 昇華法

固体から液体を経由せずに気体になる状態変化を昇華（しょうか）という。この状態変化を利用すると，**昇華性をもつ物質（ヨウ素，ナフタレン，ドライアイスなど）を簡単に分離する**ことができる。これを**昇華法**という。例えば，塩化ナトリウムとヨウ素の混合物から，昇華性物質であるヨウ素を分離するときに行うよ。

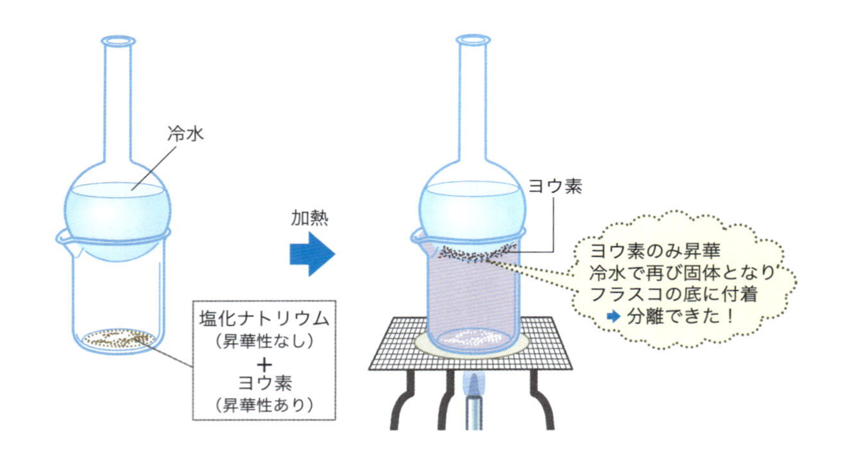

ヨウ素は加熱によって固体から気体になり，
冷水で冷やされて再び固体に戻るよ。
塩化ナトリウムは変化せず，ビーカーの底に残るよ。

④ 抽出

溶媒への溶解性(溶けやすさ)の違いを利用して分離する方法を**抽出**(ちゅうしゅつ)という。

ここでは，分液ろうとを用いてヨウ素ヨウ化カリウム水溶液(ヨウ素とヨウ化カリウムが含まれた水溶液)からヨウ素を抽出する操作を説明しよう。ヨウ素ヨウ化カリウム水溶液中のヨウ素は，水よりもヘキサン(溶媒)に溶けやすい。そのため，ヘキサン中にヨウ素が溶け込み，水と分離する。その後，ヨウ素とヘキサンの混合物をビーカーに移し，ヘキサンを蒸発させると，ヨウ素を分離することができる。

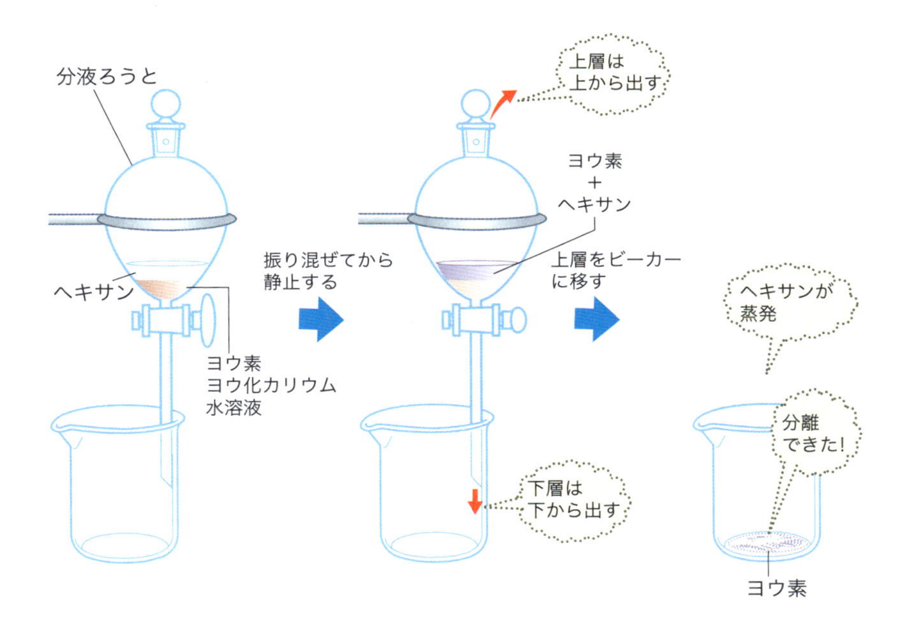

身近な例では，紅茶は乾燥させた茶葉から
香りや味・色の成分を熱湯中に抽出したものだよ。

⑤ クロマトグラフィー

ろ紙などへの吸着力の差を利用して分離する方法を**クロマトグラフィー**という。例えば，水性ペンのインクの成分を，ろ紙を用いて分離してみよう。水性ペンをつけたろ紙の一方を水につけると，水はろ紙を吸い上がっていく。このとき，水性インク中の各成分も水とともに移動していくが，ろ紙への吸着力の違いによって，ろ紙を移動する速さが異なるんだ。

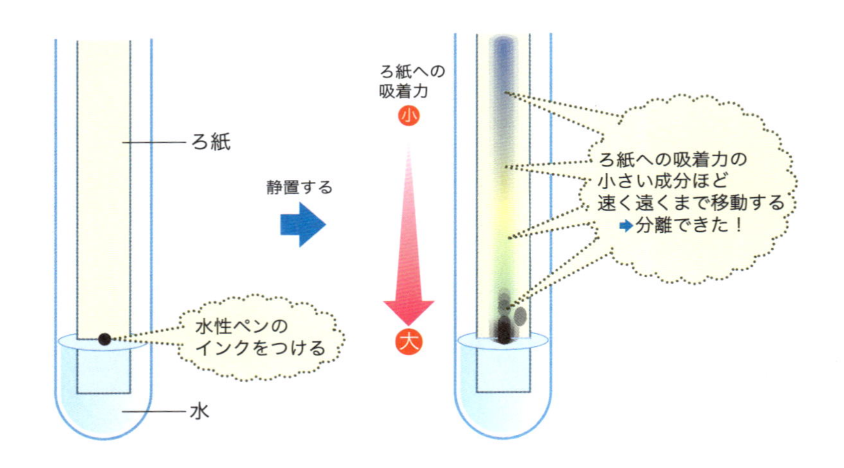

クロマトグラフィーのうち，
ろ紙を使う方法を
ペーパークロマトグラフィーというよ。

⑥ 再結晶

少量の不純物を含む固体物質を，高温の水などの溶媒に溶かし，その後冷却すると，純粋な結晶が析出し，不純物は溶液中に残る。このように，**温度による溶解度の違いを利用して不純物を除き，純粋な結晶を得る方法**を**再結晶**（さいけっしょう）という。溶解度とは，一定量の溶媒に溶かすことのできる溶質の最大量で，一般に固体の溶解度は，温度が高いほど大きくなる。

例えば，少量の塩化ナトリウムを含む硝酸カリウムから，硝酸カリウムの結晶を得るとする。この物質を高温の水に溶かしたあと冷却すると，溶解度をこえた分の硝酸カリウムが，溶けきれなくなって，結晶として析出するんだ。硝酸カリウムは，温度による溶解度の変化が大きい物質なんだよ。

このとき，塩化ナトリウムは溶液に溶けたままだ。塩化ナトリウムは温度による溶解度の変化が小さい物質で，少量だから，冷却しても水に溶けたままなんだね。これで，純粋な硝酸カリウムの結晶が分離できたということだ。

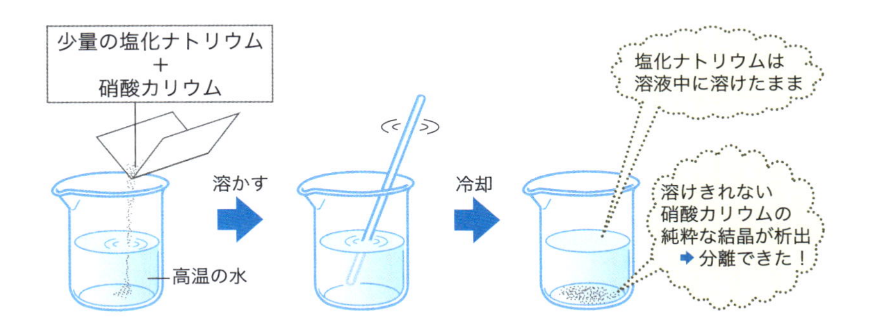

硝酸カリウムは温度によって
溶解度が大きく変化するから
再結晶でよく用いられる物質なんだよ！

Point!

混合物の分離のまとめ

① **ろ過**…液体とそれに溶けない固体をろ紙を用いて分離する操作。

② **蒸留**…溶液を加熱し，発生した蒸気を冷却して目的の液体を分離する操作。

③ **昇華法**…固体から直接気体になる状態変化を利用して，昇華性をもつ物質を分離する操作。

④ **抽出**…溶媒への溶解性の違いを利用して分離する操作。

⑤ **クロマトグラフィー**…ろ紙などへの吸着力の差を利用して分離する操作。

⑥ **再結晶**…温度による溶解度の違いを利用して，固体物質の不純物を除き，純粋な結晶を得る操作。

これらの操作を組み合わせて混合物を分離することもあるよ。例えば，再結晶で得られた結晶をさらにろ過で分離して固体を得たりするんだ。

練習問題

物質の分離・精製に関する記述として**誤りを含むもの**を，次の①～⑤のうちから１つ選べ。

① ろ紙を用いて海水をろ過すると，純水が得られる。
② 食塩水を蒸留すると，純水が得られる。
③ ヨウ素と鉄粉の混合物を昇華法で分離すると，純粋なヨウ素の結晶が得られる。
④ 不純物を含んだ硝酸カリウムは，再結晶によって純粋な結晶が得られる。
⑤ お茶の葉に湯を注ぐと，湯に溶ける成分が抽出できる。

解答 ①

解説

ろ過では，水溶液から溶質と溶媒を分離することはできない。

Theme 2 化合物・単体・元素

1. 化合物・単体

Theme 1で説明した純物質は，さらに細かく「単体（たんたい）」と「化合物（かごうぶつ）」に分類できる。この分類基準は，**1種類の元素のみからなる純物質が単体，2種類以上の元素からなる純物質が化合物**だ。化学式を覚えていれば，判別できるよ。

Point!

純物質の分類

純物質
- **単体**…1種類の元素のみからなるもの
  例）水素 H_2，酸素 O_2，鉄 Fe，銀 Ag，黒鉛 C など
- **化合物**…2種類以上の元素からなるもの
  例）水 H_2O，二酸化炭素 CO_2，アンモニア NH_3 など

2. 単体・元素

❶ 元素と単体の違い

この区別が苦手な受験生が多いんだけど，ズバリ，**「元素」は“成分”**で**「単体」は“実在の物質”**と考えておくといいよ。

例えば,「成人男子は鉄を1日7mg摂る必要がある」という場合の「鉄」は, 鉄を“成分”として含んだ食品を指しているよね。なので, ここでは「元素」を表していることになる。でも,「この車の車体は鉄でできている」という場合の「鉄」は“実在の物質”を指すよね。なので, ここでは「単体」を表していることになる。このニュアンスの違い，わかったかな？

❷ 同素体

同じ元素からなる単体で，構成原子の配列や結合が異なるために**性質が異なる物質を，互いに同素体**という。同素体は，**硫黄S**，**炭素C**，**酸素O**，**リンP**の４元素について知っておけばいいよ。ゴロ合わせで**スコップ**（SCOP）と覚えよう。

●硫黄Sの同素体

硫黄の同素体は「**斜方硫黄**」，「**単斜硫黄**」，「**ゴム状硫黄**」の３種類を覚えておこう。

硫黄の単体は常温では「斜方硫黄」と呼ばれる八面体の結晶なんだけど，これを120℃くらいに加熱したあと，急冷すると，結晶構造の変化が起こり，「単斜硫黄」と呼ばれる針状の結晶になる。さらに250℃くらいに加熱したあと，水で冷却すると，「ゴム状硫黄」と呼ばれるゴム状の固体に変化する。

斜方硫黄

単斜硫黄

ゴム状硫黄

●炭素 C の同素体

炭素の同素体は「**黒鉛**」,「**ダイヤモンド**」,「**フラーレン**」の３種類を覚えておこう。

「黒鉛」は鉛筆の芯などに用いられる固体で，電気を通す。

「ダイヤモンド」はみんなも知ってるよね。非常に硬い固体で，電気は通さない。

「フラーレン」は 1985 年に発見された，多数の炭素原子からなる球状の分子の総称で，電気は通さない。60 個の炭素原子からなる C_{60} 分子は，サッカーボール状の形をしているよ。

黒鉛

ダイヤモンド

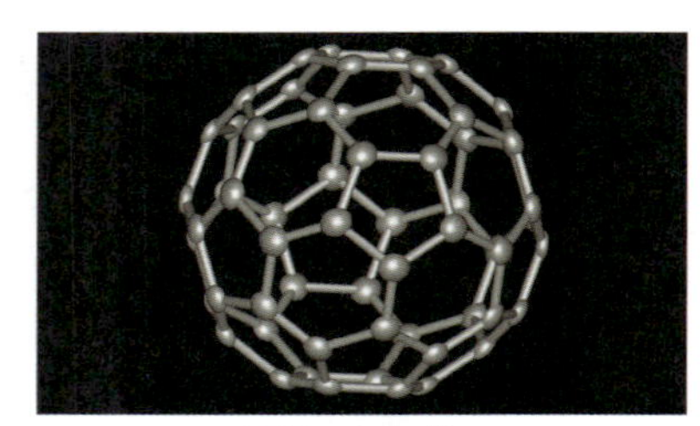
フラーレン C_{60}

フラーレンは他にも
C_{70} などが知られているよ。

●酸素 O の同素体

酸素の同素体は「**酸素**（O_2）」と「**オゾン**（O_3）」の２種類を覚えておこう。

「酸素(O_2)」はみんな知っているよね。無色・無臭でヒトの生存に不可欠な気体だ。

それに対し，「オゾン(O_3)」は淡青色(うすい青色)・特異臭(生臭い)の気体で，紫外線を吸収する性質をもつ。この性質により，オゾンは有害な紫外線が地上に降り注ぐことを防いでくれるバリアになっている。いわゆるオゾン層だね。ただ，ヒトが直接吸い込むと有毒なんだ。

オゾンは，酸素に強い紫外線を当てると
生成するよ！

●リン P の同素体

リンの同素体は「**黄**(おう)**リン**」と「**赤**(せき)**リン**」の２種類を覚えておこう。

「黄リン」は猛毒で自然発火するやっかいな固体なので，水中に保存する。

これに対し，「赤リン」は安定な性質をもつ粉末で，マッチの擦り薬(マッチ箱の側面の赤茶色の部分)として使われているよ。

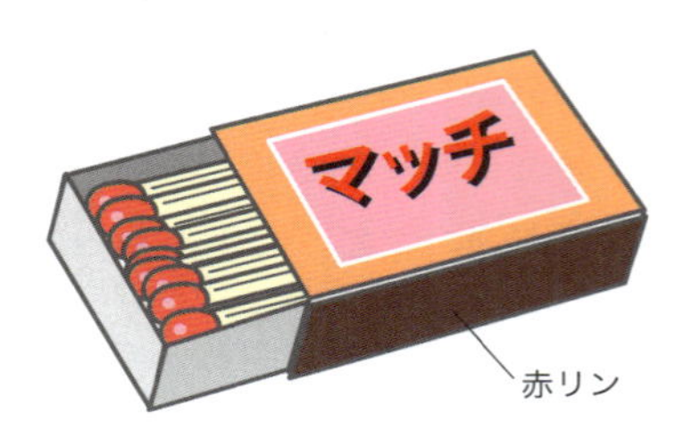

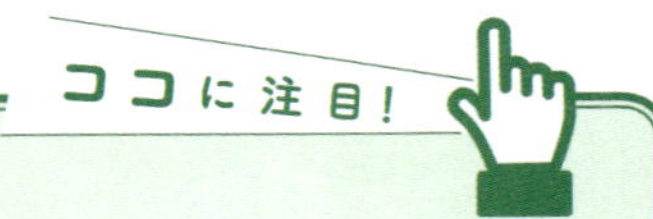

同素体のまとめ

同じ元素からなる単体で，構成原子の配列や結合が異なるために性質が異なる物質を，互いに同素体という。

元素記号(元素名)	名称		
S(硫黄)	斜方硫黄	単斜硫黄	ゴム状硫黄
C(炭素)	黒鉛	ダイヤモンド	フラーレン
O(酸素)	酸素	オゾン	
P(リン)	黄リン	赤リン	

→“スコップ”と覚える！

名称をしっかり覚えておこう！

③ 元素の確認

単体や化合物に含まれる成分元素の種類を知るためには，それぞれの元素固有の性質を調べるとよい。以下の検出方法を知っておこう。

●炎色反応による検出

みそ汁が鍋から吹きこぼれてガスコンロの炎に接触すると，炎の色は黄色になる。これは，みそ汁の中の塩分(塩化ナトリウム)に含まれるナトリウムが示す性質なんだ。このように，**炎の中に入れるとその元素特有の色が現れる**ことがある。この現象を**炎色反応**というよ。

炎色反応の色は元素によって異なり，その色から含まれている元素の種類を調べることができる。ちなみに，花火の色は炎色反応を利用している。

おもな元素の炎色反応は次の通りだ。ある元素を含む水溶液に白金線を浸し，ガスバーナーの外炎の中に入れると，炎の色を確認することができる。

【おもな元素の炎色反応】

元素	炎の色	元素	炎の色
Li(リチウム)	赤	Ca(カルシウム)	橙赤
Na(ナトリウム)	黄	Sr(ストロンチウム)	紅(深赤)
K(カリウム)	赤紫	Ba(バリウム)	黄緑
Cu(銅)	青緑		

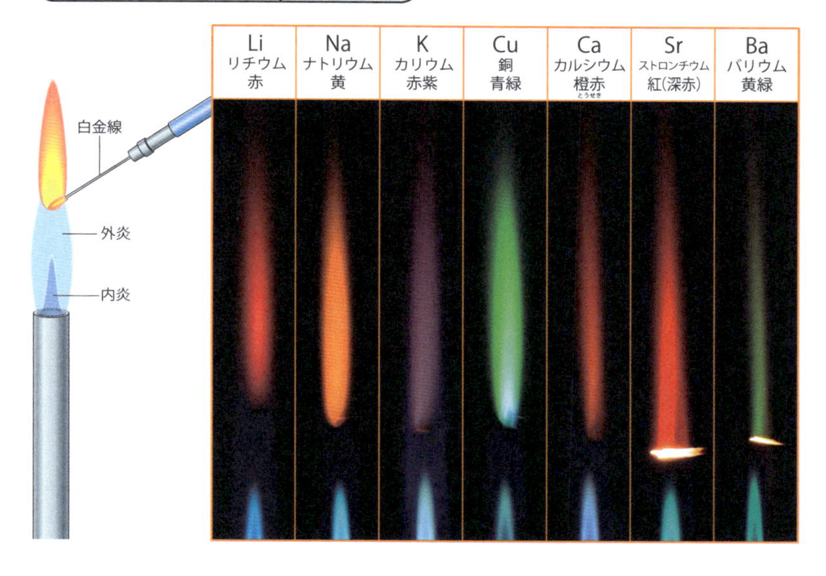

Point!

炎色反応の覚え方

“リアカー な き K 村 どうせ 借りようと するもくれない 馬 力”
Li(赤) Na(黄) K(赤紫) Cu(青緑) Ca(橙赤) Sr(紅) Ba(黄緑)

これは有名なゴロ合わせだよ。
しっかり覚えよう!

●沈殿反応による検出

水道水に硝酸銀水溶液 $AgNO_3$ を加えると，水に溶けにくい白色固体(白色沈殿)が生じ，溶液が白く濁(にご)る。これは，水道水中に含まれる塩素 Cl と，硝酸銀が反応して塩化銀 AgCl が生じ，沈殿したためである。

この結果から，水道水中に**塩素が含まれている**ことがわかるよね。このように，特定の元素を含む物質どうしの反応によって，沈殿が生じることから，もとの物質に含まれている元素を特定することができるよ。

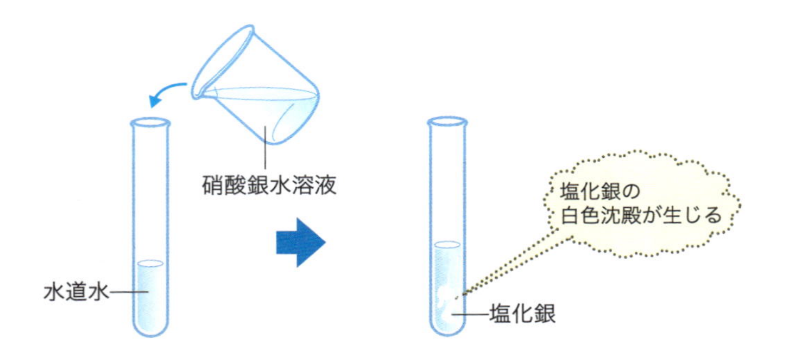

●気体発生反応による検出

大理石の小片に希塩酸 HCl を注ぐと，気体が発生する。この気体を石灰水に通すと，溶液が白く濁る。溶液中で生じた気体は二酸化炭素 CO_2 だ。これは，中学校でも学習した反応だね。二酸化炭素は炭素 C と酸素 O からなる化合物で，希塩酸には含まれない元素でできている。

この結果から，**大理石中に成分元素として炭素 C と酸素 O が含まれている**ことがわかるよね。このように，物質どうしの反応から生じた気体を調べることによって，もとの物質に含まれている元素を特定できるよ。

Point!

元素の確認のまとめ

炎色反応による検出…炎の中に入れたとき，各元素特有の色が現れることを利用して，含まれている元素を調べる。

沈殿反応による検出…物質どうしが反応して生じた沈殿から，もとの物質に含まれている元素を特定する。

気体発生反応による検出…物質どうしの反応から生じた気体を調べることによって，もとの物質に含まれている元素を特定する。

練習問題

問1　元素の検出に関する記述として**誤りを含むもの**を，次の①～④のうちから１つ選べ。

①　塩化カリウム水溶液に白金線の先を浸して，白金線をガスバーナーの炎の中に入れると，赤紫色を呈する。
②　ある水溶液に硝酸銀水溶液を加えると，白色沈殿が生じた。この結果より，ある水溶液中には成分元素として塩素が含まれていることがわかる。
③　大理石に希塩酸を加えると，二酸化炭素が生じた。この結果より，大理石には成分元素として炭素と酸素が含まれていることがわかる。
④　みそ汁がガスコンロに吹きこぼれたとき，炎の色が黄色くなった。この結果より，みそ汁の中には成分元素としてカルシウムが含まれていることがわかる。

問2　互いに同素体であるものの組み合わせとして正しいものを，次の①～⑤のうちから１つ選べ。

①　石英と水晶　　②　一酸化炭素と二酸化炭素　　③　水と氷
④　塩化水素と塩酸　　⑤　黄リンと赤リン

解答 問1 ④　問2 ⑤

解説

問1 カルシウムの炎色反応は橙赤色。黄色くなったという結果から，ナトリウムが含まれていることがわかるが，カルシウムが含まれているかは判断できない。

問2 同素体は同じ元素からなる単体。同素体をもつおもな元素として，硫黄 S，炭素 C，酸素 O，リン P の 4 つが重要(SCOP(スコップ)と覚える)。

① 石英の結晶を一般に水晶という。

② 一酸化炭素 CO と二酸化炭素 CO_2 は，同じ元素からなる化合物。

③ 水と氷はどちらも H_2O(固体と液体)。

④ 塩化水素 HCl の水溶液が塩酸である。

⑤ どちらもリン P からなる単体で，同素体。

Theme 3 物質の三態と熱運動

1. 状態変化

物質は，温度や圧力によって状態変化する。例えば，水 H_2O は，冷やすと氷になったり，加熱すると水蒸気になったりして，その状態が変化する。

① 物質の三態

固体，液体，気体の 3 つの状態を**物質の三態**（さんたい）というよ。物質は，おもにこれらの 3 つの状態のいずれかをとる。

●固体

構成粒子の運動エネルギーが小さく，規則正しく並んでいる状態。「氷」は，固体の状態だよ。

●液体

構成粒子の運動エネルギーが固体よりも大きく，互いの位置を入れ換えたりできるようになった状態。「水」は，液体の状態だね。

●気体

構成粒子の運動エネルギーが非常に大きく，自由に飛び回れるようになった状態。「水蒸気」は，気体の状態だ。

粒子の運動エネルギーは
温度が高くなると大きくなるよ。

❷ 状態変化

温度や圧力が変化したときに，固体，液体，気体の状態が相互に変化することを，**状態変化**という。

“固体→液体”の変化は**融解**（ゆうかい），“液体→固体”の変化は**凝固**（ぎょうこ）という。“液体→気体”の変化は**蒸発**，“気体→液体”の変化は**凝縮**（ぎょうしゅく）という。また，液体を経由しない“固体→気体”の変化を**昇華**（しょうか）という。ドライアイスは，常温に置くと，煙のようなものを出してどんどん小さくなり，いずれは消えてしまうね。これは，まさに「昇華」だ。固体であるドライアイスから，直接気体である二酸化炭素になっているよ。

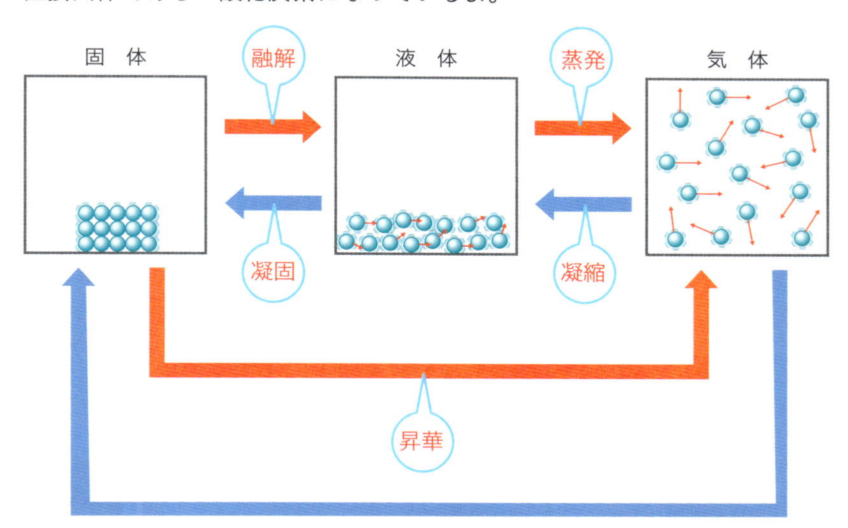

補足

- ドライアイスの煙の正体は，空気中の気体が冷えて水や氷の粒となったもので，二酸化炭素ではない。
- 気体から固体になる変化も「昇華」という場合がある。

状態変化では，構成粒子そのものは変化しないよ。
粒子の動き方と集まり方が変化するんだ。

❸ 状態変化と温度

1気圧(1.013×10^5 Pa)のもとで氷を加熱すると，0℃に達したときに，氷は融解し水へと変化し始める。すべての氷が水に変わるまで，温度は一定だ。このときの温度を**融点**という。

さらに水を加熱すると，温度は上昇し，100℃に達したときに，水は蒸発し水蒸気へと変化し始める。すべての水が蒸発するまで，温度は一定だ。このときの温度を**沸点**という。

純物質を加熱したときの沸点・融点は，各物質ごとに決まっているよ。

【水の状態変化と温度】

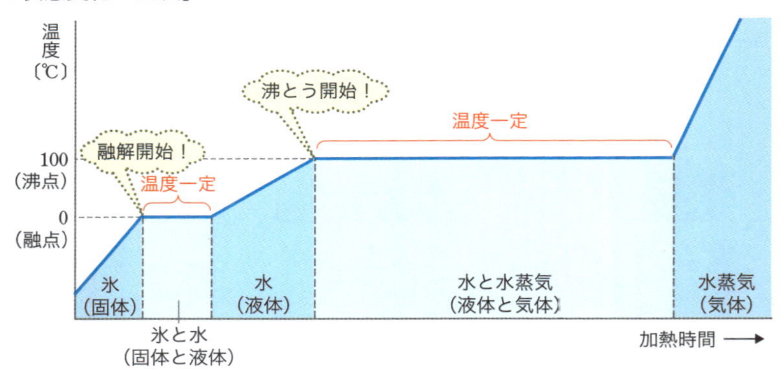

氷(固体)から水(液体)，水(液体)から水蒸気(気体)へと状態が変化しているとき，温度は変化しないことがわかるね。

2. 粒子の熱運動

下の図のように, 気体の窒素(無色)と臭素(赤褐色)を別々のビンに入れ, ガラス板を挟んで重ねたあと, 静かにガラス板を引き抜くと, 窒素と臭素は混じり合い, やがて均一な混合気体となる。

このように, 物質を構成する粒子が自然に散らばっていく現象を**拡散**という。拡散は, 物質を構成する粒子がつねに運動しているために起こる現象だ。この粒子の運動は, 温度によって運動の激しさが変わるので, **熱運動**といい, 高温になるほど激しくなる。

ただ, ここでひとつ気をつけてほしいことがある。それは, 同じ温度環境下であっても, すべての粒子が同じ速さで運動するわけではなく, **同じ温度であっても粒子の運動の速さにはバラつきがある**んだ。

つまり, 高温になるほど熱運動が激しくなるというのは, 粒子の運動の速さの平均値が大きくなるということなんだ。

気体分子の運動の速さの分布図が, 低温下と高温下でどのような概形になるか, 下の図で確認して覚えておこう。

【気体分子の運動の速さの分布図】

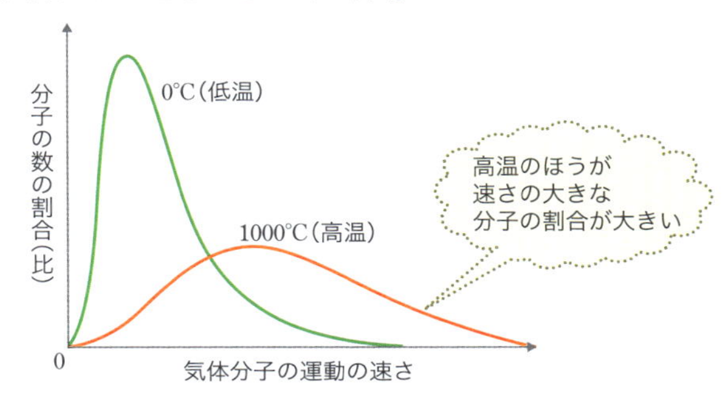

>> 3. セルシウス温度と絶対温度

●セルシウス温度

セルシウス温度(**セ氏温度**)とは, 1気圧において, 水が凍る温度を0℃, 沸とうする温度を100℃として定めた温度だ。日常の生活で「温度」というと, 一般に, このセルシウス温度が使われているよ。

●絶対温度

前述したように, 粒子の熱運動は, 温度が高くなると激しくなり, 逆に, 温度が低くなると穏やかになる。そして, 理論上は−273℃で熱運動は完全に停止する。この温度のことを**絶対零度**(ぜったいれいど)といい, これより低い温度は存在しない。絶対零度を0(原点)とする温度を**絶対温度**という。単位はK(ケルビン)を使って表すよ。

絶対温度の目盛りの間隔はセルシウス温度と同じなので, 絶対温度とセルシウス温度の間には次のような関係が成り立つ。

絶対温度〔K〕＝セルシウス温度〔℃〕＋273

この関係は重要だから, 必ず覚えておこう。

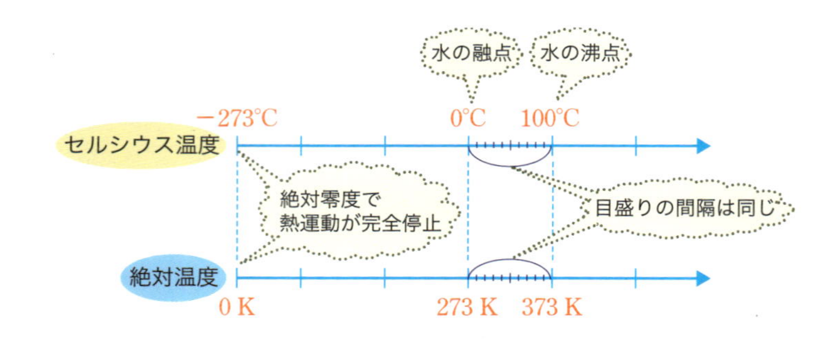

セルシウス温度の単位(℃)は,
セルシウス度と呼ぶよ。

練習問題

下の図は，一定の圧力下で，ある固体を加熱したときの温度変化を表したものである。次の①～⑤のうちから，正しいものを２つ選べ。

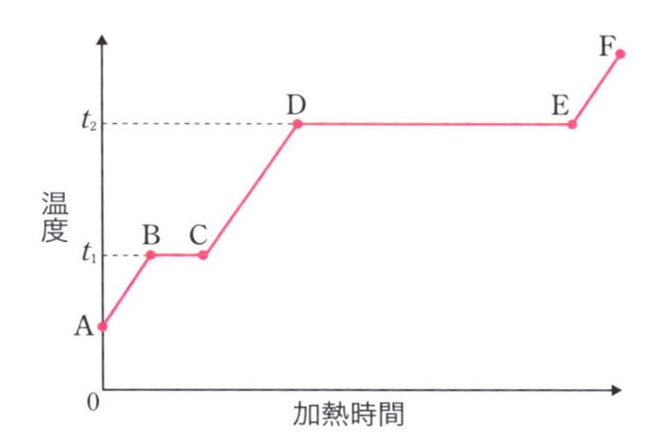

① A～B 間では，固体と液体が存在している。

② B～C 間では，液体のみが存在している。

③ E～F 間では，気体のみが存在している。

④ t_1 と t_2 の温度は，純物質ごとに異なる。

⑤ t_1 の温度を沸点，t_2 の温度を融点と呼ぶ。

③，④

解説

① A～B 間では，固体のみが存在している。

② B～C 間では，固体と液体が存在している。

⑤ t_1 の温度を融点，t_2 の温度を沸点と呼ぶ。

1. 原子の構造

原子とは，すべての物質を構成する最小単位であり，直径が約 10^{-10} m のごく小さな粒子である。その構造を見てみよう。

原子の中心には**原子核**と呼ばれる空間があり，そこに**正の電荷（電気量）をもつ陽子と，電荷をもたない中性子**が含まれている。そして，その周りを，**負の電荷をもつ電子**が取り巻くような構造になっているよ。ヘリウム原子 He の構造を見ながら確認していこう。

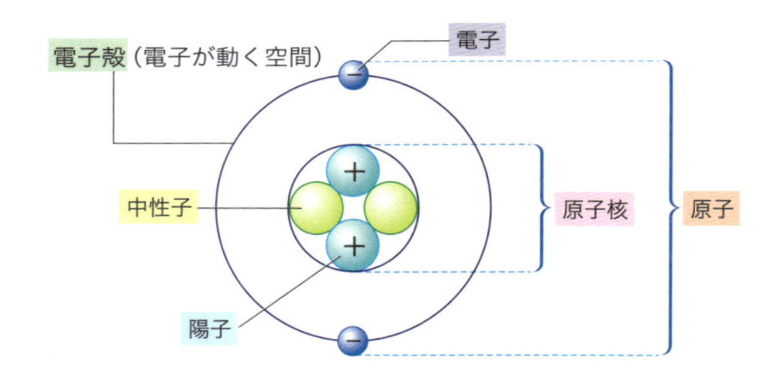

●原子番号

原子の性質は原子核中の陽子の数でほぼ決まり，この数を**原子番号**という。原子番号の順に，原子を並べたものを**周期表**というよ(p.49)。

ヘリウムの陽子の数は 2 個なので，原子番号は 2 となる。

●電子・中性子の数

すべての原子において，**陽子の数（正の電荷）＝電子の数（負の電荷）**となるんだ。だから，**原子全体では電気的に中性**となっている。ヘリウムの例でも，電子の数と陽子の数は 2 個で同数だね。

ただし，**中性子の数は決まっていない**。上の図では，ヘリウムの中性子は 2 個になっているけど，中性子が 1 個のものも存在するよ。

●質量数

粒子の質量については，**陽子と中性子の質量はほぼ同じ**なんだけど，**電子１個の質量は，陽子１個や中性子１個の約 $\frac{1}{1840}$ しかない**（「分母はイヤよ～」〔1 8 4 0〕と覚えよう）。そのため，原子１個の質量は，陽子と中性子の質量の和に等しいとみなし，**陽子の数と中性子の数の和**に比例すると考えてよい。この「陽子の数＋中性子の数」を**質量数**というよ。

●原子番号と質量数の表記

原子番号と質量数を表記する場合，**元素記号の左上に質量数を，左下に原子番号を書き添える**ことになっているので，覚えておこう。

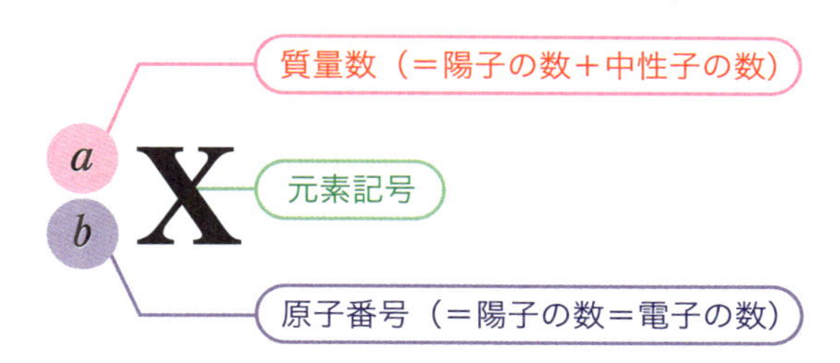

※中性子の数は $a-b$

原子の構造のまとめ

① **原子番号＝陽子の数＝電子の数**であり，**原子全体では電気的に中性**となる。

② 同じ元素の原子であっても，**中性子の数は一定ではない**。

③ 陽子1個と中性子1個の質量は**ほぼ同じ**。しかし，電子１個の質量は陽子や中性子1個の質量の約 $\frac{1}{1840}$。原子１個の質量は**陽子の数＋中性子の数**に比例する。この数を原子の**質量数**という。

Column

原子の大きさ

実際の原子核と原子全体の直径の比は，1：100000 くらい。例えば，原子核の大きさを1円玉の大きさだとすると，原子全体は東京ドームに相当するくらいの大きさになる。

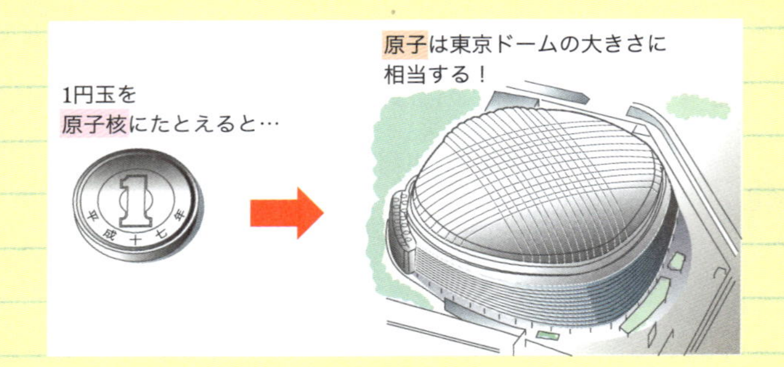

原子核の直径は，10^{-15} ～ 10^{-14} m くらい，
原子の直径は，10^{-10} m くらいだよ。

≫ 2. 同位体

原子番号が同じでも質量数が互いに異なる原子が存在する（原子番号が同じで質量数が違うということは，**中性子の数が違う**ということ）。これらの原子を，互いに**同位体**（どういたい）（**アイソトープ**）という。同位体どうしは，質量は異なるが，**化学的性質はほぼ同じ**になるんだ。p.29 で学習した同素体と混同しやすいので，しっかり区別しておこう。

水素原子には質量数が 1 の ^{1}H（軽水素という），質量数が 2 の ^{2}H（重水素という），質量数が 3 の ^{3}H（三重水素という）の 3 種類の同位体が存在する。この 3 種類とも陽子の数（＝原子番号）は 1 で等しいが，**中性子の数がそれぞれ，0，1，2 と異なっている**。

【水素の同位体】

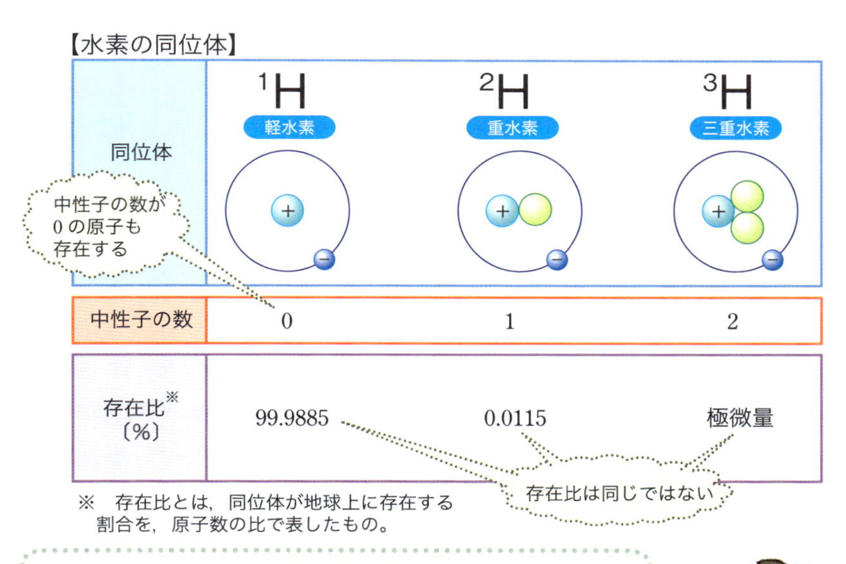

	^{1}H 軽水素	^{2}H 重水素	^{3}H 三重水素
同位体			
中性子の数	0	1	2
存在比※〔%〕	99.9885	0.0115	極微量

※　存在比とは，同位体が地球上に存在する割合を，原子数の比で表したもの。

多くの元素に同位体が存在しているよ。
天然に存在する同位体の存在比は
地球上でほぼ一定なんだ。

3. 放射性同位体

同位体の中には，放射線を放出して別の原子に変化するものがある（^{3}H や ^{14}C など）。これを**放射性同位体**（ほうしゃせいどういたい）（**ラジオアイソトープ**）といい，この放射線を放出する性質を**放射能**（ほうしゃのう）という。

補足

テレビなどで「放射能が出る」などという表現が使われているけど，これは間違い。放射能とは，“放射線を出す能力”のこと。

練習問題

問 1 次の①～⑤のうち，数が等しいものはどれか選べ（ただし，2 つとは限らない）。

① 質量数　② 陽子の数　③ 中性子の数　④ 電子の数
⑤ 原子番号

問 2 原子の構造に関する記述として**誤りを含むもの**を，次の①～④のうちから 1 つ選べ。

① 原子の中心には，陽子を含む原子核があり，正に帯電している。
② 原子の大きさは，原子核の大きさにほぼ等しい。
③ 原子の質量は，陽子と中性子の質量の和にほぼ等しい。
④ 原子番号が同じで質量数が異なる原子どうしを，互いに同位体という。

解答 問1 ②，④，⑤　問 2 ②

解説

問 1 「原子番号＝陽子の数＝電子の数」の関係は押さえておこう。
問 2 原子核の大きさは，原子に比べてきわめて小さい。

Theme 5 周期表

>> 1. 周期律と周期表

元素を**原子番号順**に並べると，似た性質の元素が周期的に現れる。このような元素の性質の周期性を**周期律**（しゅうきりつ）といい，この周期律にしたがって，**性質の似た元素を同じ縦の列に並べた**表を**周期表**（しゅうきひょう）というよ。

周期表

補足

1869 年，ロシアの化学者**メンデレーエフ**が周期表の原型を作った。現在の周期表は，元素が原子番号順に並んでいるが，メンデレーエフの周期表は，原子量順に並んでいる（原子量については，p.115 で詳しく説明する）。

2. 周期と族

周期表の横の行を「**周期**」，縦の列を「**族**」というよ。

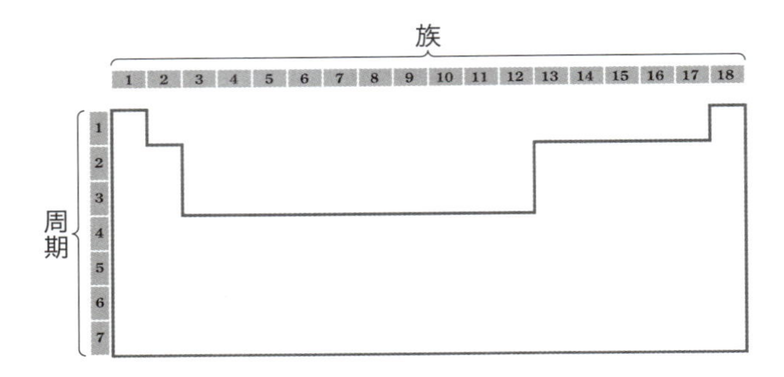

現在用いられている周期表は，第1～7周期の7つの周期と，1～18族の18の族がある。同じ族に属する元素を**同族元素**という。

❶ 典型元素と遷移元素

周期表の1，2族及び12～18族の元素を**典型元素**といい，それ以外(3～11族)の元素を**遷移元素**という。

典型元素の同族元素は，**価電子**(**最外殻電子**)の数が同じで，互いに性質が似ている(価電子と最外殻電子についてはp.64で詳しく説明するよ)。また，縦の列ごとに，固有のグループ名をもつものがある。

遷移元素は，同周期内でよく似た性質を示すことが多い。

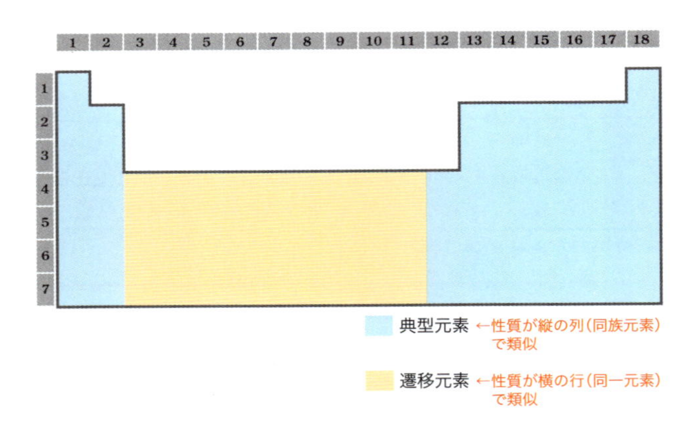

② 金属元素と非金属元素

単体が「特有の光沢をもつ」「電気・熱をよく通す」などの性質をもつ元素を**金属元素**(きんぞくげんそ)という。金属元素は，全元素の約80％を占めているんだよ。遷移元素は，すべて金属元素だ。金属元素以外の元素のことを**非金属元素**(ひきんぞくげんそ)というよ。

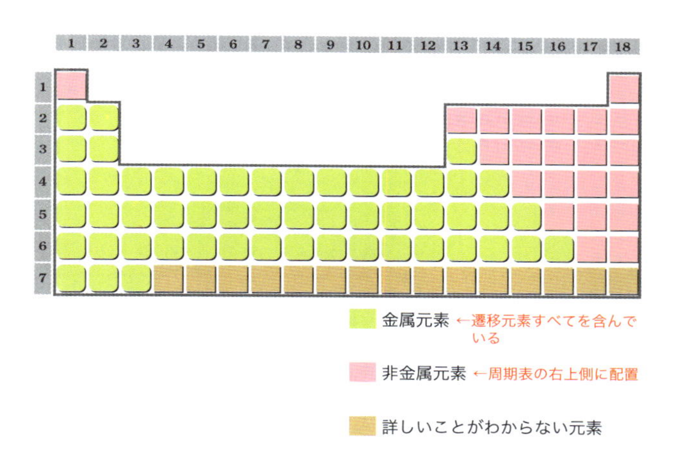

周期表での配置は，
「左下側が金属元素で，右上側が非金属元素」
というように覚えておこうね！

3. 重要な元素記号と元素名

周期表に出てくる元素記号と元素名は，すべてを丸暗記する必要はない。共通テストで必ず押さえておかなければならないのは，原子番号1～20の元素と，アルカリ金属，アルカリ土類金属，ハロゲン，貴(希)ガスなど，縦の列(同族元素)ごとのグループ分けだ。ここはゴロ合わせで覚えてしまおう。

次のページから，有名なゴロ合わせを
紹介していくよ。

❶ 原子番号 1 ～ 20 の元素の元素記号と元素名

周期表の前半部分である原子番号 1 ～ 20(H から Ca まで)の元素は，元素記号と元素名を覚えなくてはいけないよ。これは，電子配置(→ p.58)などを考えるときにも必要な知識だ。周期表での配置を見ながら，有名なゴロ合わせでしっかり覚えよう！

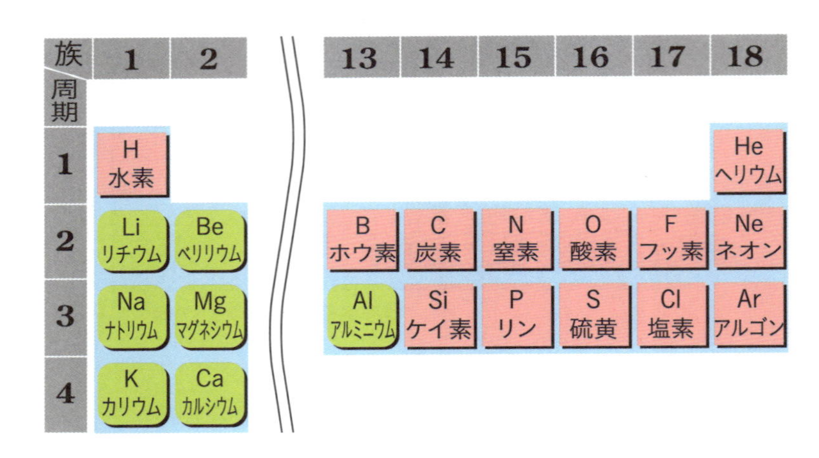

〈ゴロ合わせ〉

原子番号 20（Ca）までの覚え方

水 兵 リー べ ぼ く の ふ ね なあ に 間(ま)が ある シッ プ す クラークか

H He Li Be B C NO F Ne Na Mg Al Si P S Cl Ar K Ca

原子番号 1 ～ 20 の並び順も大事だよ。

❷ アルカリ金属

水素Hを除いた1族元素の総称を**アルカリ金属**というよ。
（リチウムLi，ナトリウムNa，カリウムK，ルビジウムRb，セシウムCs，フランシウムFr）

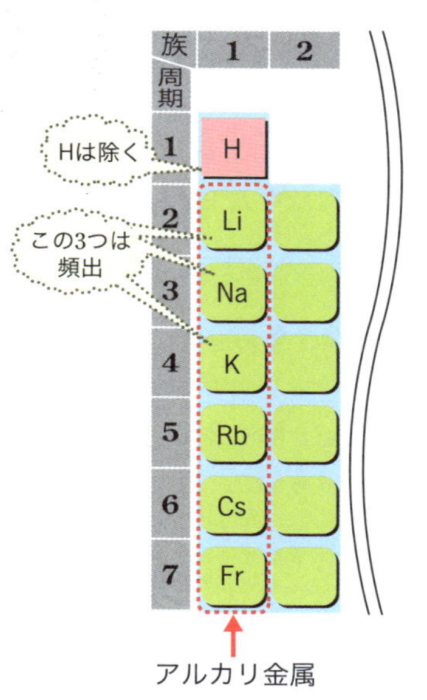

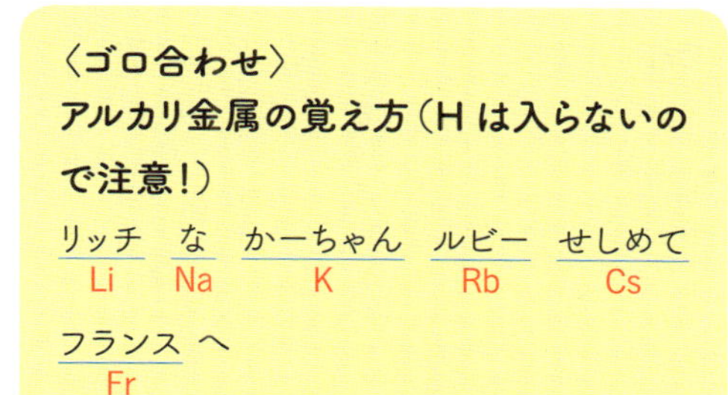

補足

1族元素すべてをアルカリ金属と呼ぶわけではないので，要注意！　アルカリ金属は，水と反応してアルカリ塩になることに由来する（ナトリウムNaは水と反応すると，水酸化ナトリウムNaOHになる）。

化学基礎で特に重要なのは
リチウムLi，ナトリウムNa，カリウムKの3つだ。

③ アルカリ土類金属

Be, Mgを除く2族元素の総称を**アルカリ土類金属**という。
(カルシウムCa, ストロンチウムSr, バリウムBa, ラジウムRa)

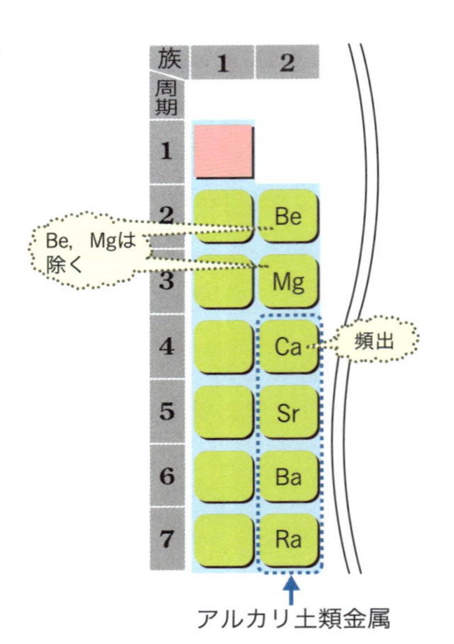

〈ゴロ合わせ〉
アルカリ土類金属の覚え方(Be, Mgを除く2族元素※)

キャッ スル ば ら
Ca Sr Ba Ra

補足

2族元素すべてをアルカリ土類金属ということもある。

④ ハロゲン

17族元素の総称を**ハロゲン**というよ。
(フッ素F, 塩素Cl, 臭素Br, ヨウ素I, アスタチンAt)

〈ゴロ合わせ〉
ハロゲンの覚え方

ふっ くら ブラ ウス 私 に あってる
F Cl Br I At

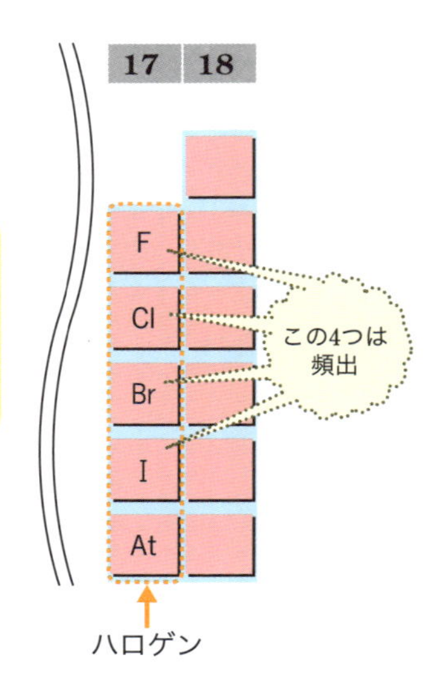

アルカリ土類金属のカルシウム Ca と
ハロゲンのフッ素 F，塩素 Cl，臭素 Br，ヨウ素 I は
化学基礎でよく出てくる物質だよ。

⑤ 貴(希)ガス

18 族元素の総称を**貴(希)ガス**というよ。
(ヘリウム He，ネオン Ne，アルゴン Ar，クリプトン Kr，キセノン Xe，ラドン Rn)

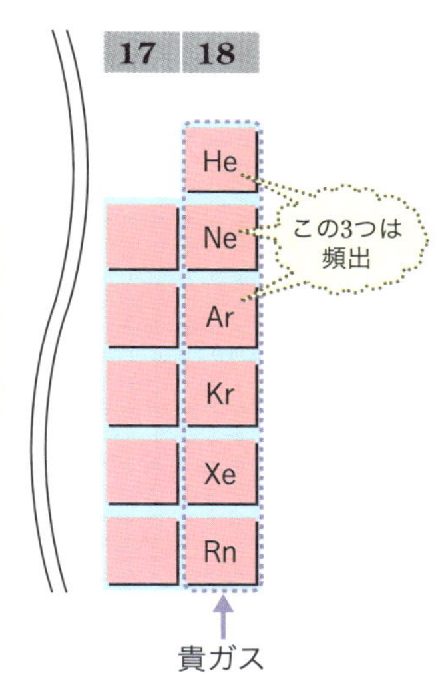

〈ゴロ合わせ〉
貴ガスの覚え方

へん	ねー	アル	コール	くさい	ラドン
He	Ne	Ar	Kr	Xe	Rn

この元素の単体は "ガス" ということからわかるように，
すべて常温・常圧下で "気体" だよ。

Column

周期表の覚え方

周期表のゴロ合わせを①～⑤にまとめておくよ。声に出しながらリズムで覚えてしまおう。

① 原子番号 20（Ca）までの覚え方

水 兵 リー べ ぼ く の ふ ね なあ に 間(ま)が ある シッ プ す クラークか
H He Li Be B C NO F Ne Na Mg Al Si P S Cl Ar K Ca

② アルカリ金属の覚え方（H は入らないので注意！）

リッチ な かーちゃん ルビー せしめて フランス へ
Li Na K Rb Cs Fr

③ アルカリ土類金属の覚え方（Be，Mg を除く 2 族元素）

キャ ッ スル ば ら
Ca Sr Ba Ra

④ ハロゲンの覚え方

ふ っ くら ブラ ウス 私 に あってる
F Cl Br I At

⑤ 貴ガスの覚え方

へん ねー アル コール くさい ラドン
He Ne Ar Kr Xe Rn

練習問題

次の表は，原子番号 1 ～ 20 の周期表の概略図である。空欄①～⑦にあてはまる元素記号と元素名を，それぞれ答えよ。

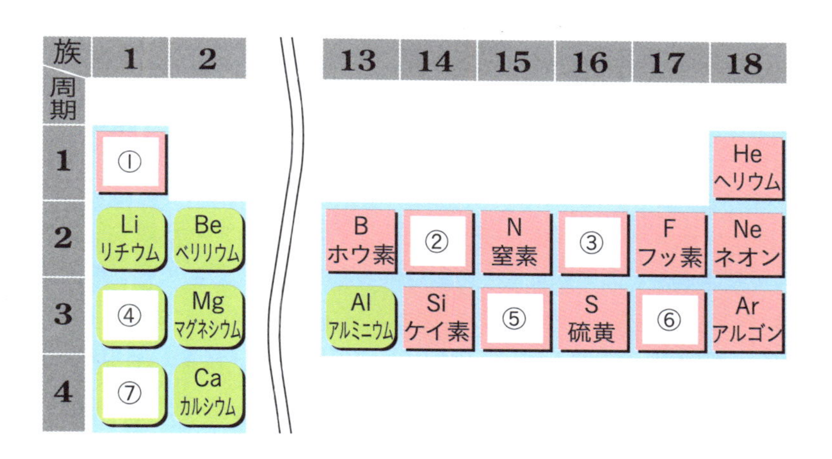

解答　①　元素記号：H　元素名：水素

②　元素記号：C　元素名：炭素

③　元素記号：O　元素名：酸素

④　元素記号：Na　元素名：ナトリウム

⑤　元素記号：P　元素名：リン

⑥　元素記号：Cl　元素名：塩素

⑦　元素記号：K　元素名：カリウム

原子番号 1 ～ 20 は基本中の基本だよ。
しっかり覚えたかな？

電子配置とイオン

1. 電子殻と電子配置

電子は原子核の周りを取り巻くように存在している。その電子が存在できる空間を，**電子殻**（でんしかく）というよ。電子殻は，下の図のようにいくつかの層に分かれている。原子核から近い順に，**K殻，L殻，M殻，N殻…というふうにKから始まるアルファベット順に名前がついていて**，それぞれの殻に入ることのできる電子の数は限られているんだ。電子の最大収容数は，内側から **n 番目の殻で $2n^2$ 個**となっている。これにあてはめると，K殻(n=1)は最大2個まで，L殻(n=2)は8個まで，M殻(n=3)は18個まで電子を収容できることになるね。

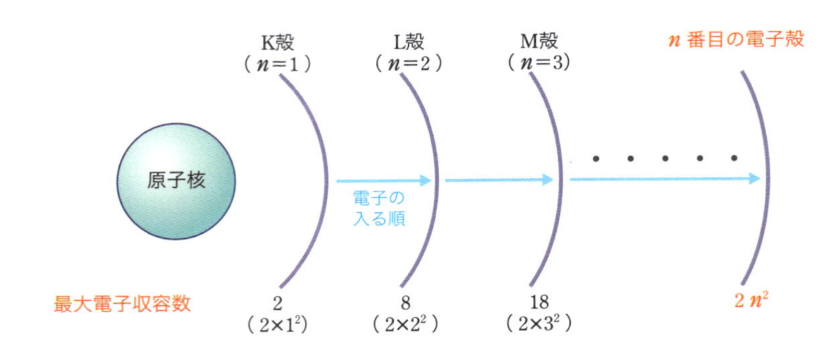

電子の最大収容数は $2n^2$ を計算すればわかるけど，
K殻：2個，L殻：8個，M殻：18個くらいまでは
覚えてしまおう！

電子は最も内側の**K 殻から順に入っていく**。例えば，マグネシウム原子 $_{12}Mg$ では，K 殻に 2 個，L 殻に 8 個，M 殻に 2 個の電子が入ることになる。このような，電子殻への電子の入り方のことを**電子配置**(でんしはいち)というよ。

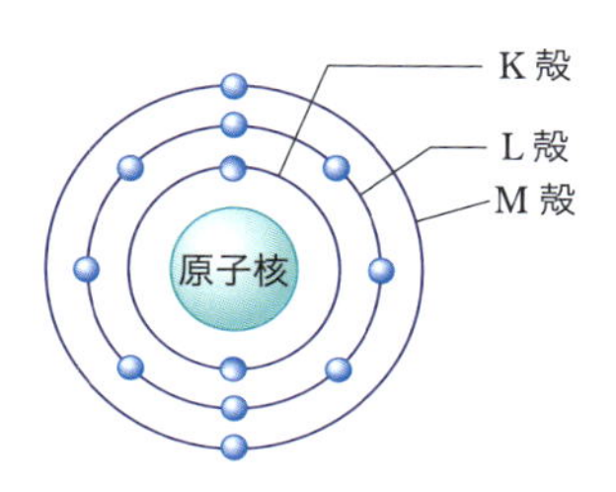

原子核に近い電子ほど，
原子核に強く引きつけられていて，
安定しているよ。

補足

電子殻の名前がアルファベットの A からではなく，中途半端な K から始まっているのは，名前がつけられた当時，K 殻より内側にも電子殻が存在するのでは，と考えられていたから。

2. いろいろな元素の電子配置とイオン

❶ 貴(希)ガスの電子配置

「原子番号＝陽子の数＝電子の数」の関係は前に説明したよね(p.44)。これを踏まえて，まずは貴ガスの電子配置を考えてみよう。

●ヘリウム原子（$_2$He）の電子配置

原子番号 2 のヘリウム原子は，K 殻に 2 個の電子を収容し，安定な電子配置をしている。

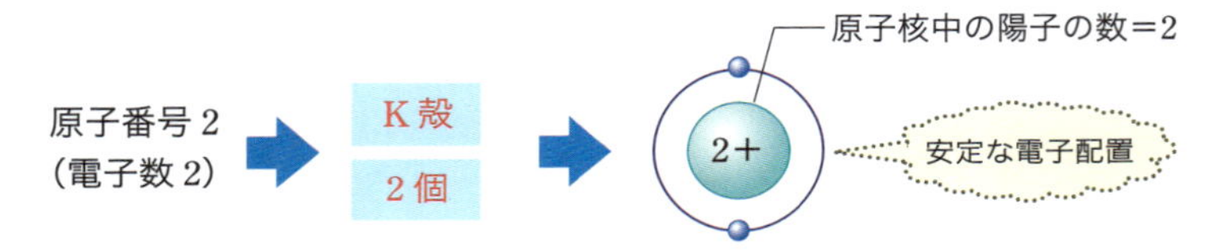

●ネオン原子（$_{10}$Ne）の電子配置

原子番号 10 のネオン原子は，K 殻に 2 個，L 殻に 8 個の電子を収容し，安定な電子配置をしている。

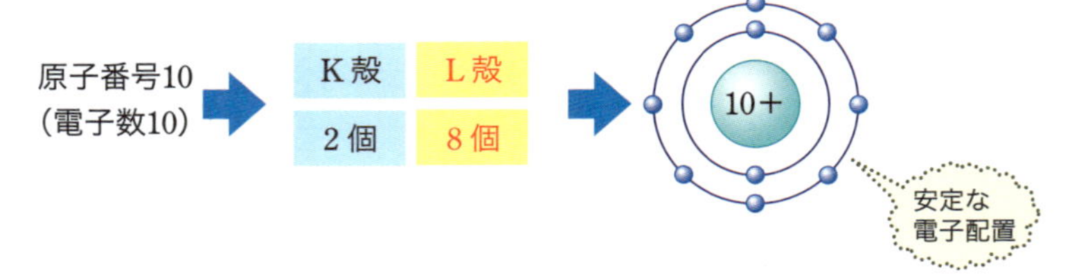

●アルゴン原子（$_{18}$Ar）の電子配置

原子番号 18 のアルゴン原子は，K 殻に 2 個，L 殻に 8 個，M 殻に 8 個の電子を収容し，安定な電子配置をしている。

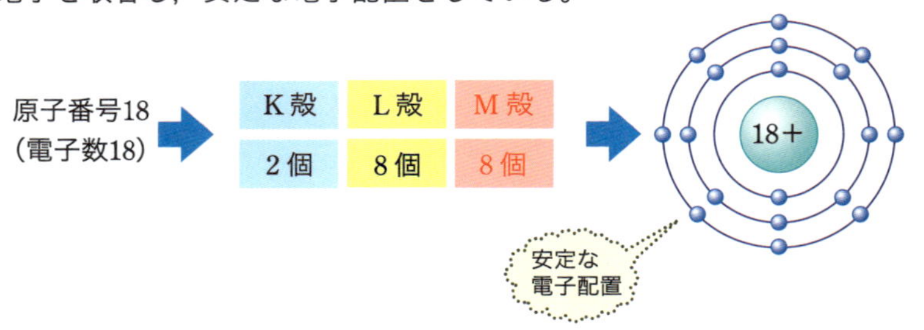

原子の最も外側の電子殻(最外殻)に収容されている電子を，**最外殻電子**と呼ぶよ。貴ガスでは，この最外殻電子の数が2(最外殻がK殻のとき)または8となっていることがわかるよね。このような電子配置は安定化する。これは重要だから，しっかり理解しておこう。

Point!

貴ガスの電子配置

原子は，**最外殻電子の数が2(最外殻がK殻のとき)または8となると安定化**する。貴ガスはこの電子配置をもっているため，安定している！

貴ガスは原子のカリスマ。
他の原子はみんな，貴ガス型の電子配置を
目指していると考えよう！

❷ アルカリ金属の電子配置

今度はアルカリ金属(Hを除く1族元素)の電子配置について説明していくよ。貴ガス型の電子配置が安定であることを踏まえて考えていこう。

●ナトリウム原子($_{11}$Na)の電子配置

原子番号11のナトリウム原子は，K殻に2個，L殻に8個，M殻に1個の電子を収容している。

さあ，このナトリウム原子 Na の電子配置をよく見てみよう。M 殻の 1 個の電子がジャマな気がするよね。だって，この 1 個の電子がなくなれば，貴ガスであるネオン原子 Ne と同じ電子配置になり，安定化するんだから。このため，**ナトリウム原子は最外殻電子 1 個を容易に放出する**んだ。

この結果，陽子の数は 11 個，電子の数は 10 個で，**陽子の数のほうが 1 個多くなり，全体で＋1 の電荷をもつ**ようになる。このような，電荷をもった粒子のことを**イオン**といい，正の電荷をもつイオンを**陽イオン**，負の電荷をもつイオンを**陰イオン**というよ。また，イオンになるときに，原子が放出した電子の数，または受け取った電子の数を**イオンの価数**(かすう)という。

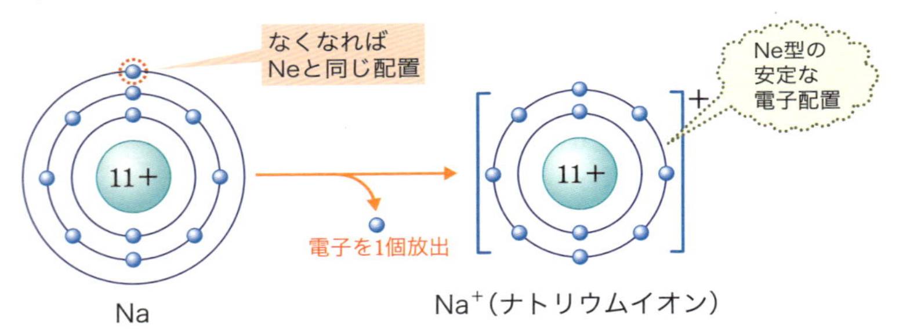

ナトリウムイオンは，ナトリウム原子が電子を 1 個放出したものだから，**1 価の陽イオン**となる。元素記号を使って表すときは，右上に正負の符号と価数をつけて，Na^+のように表すんだ。価数が 1 のとき，1 は省略するよ。この表し方を**イオン式**という。

【イオン式の例】

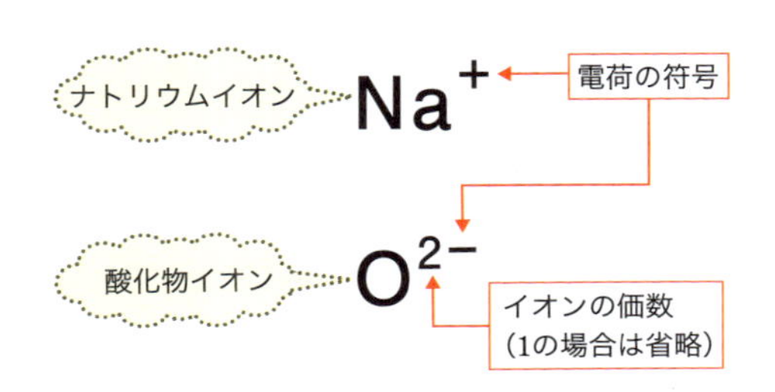

❸ ハロゲンの電子配置

今度はハロゲン原子(17 族元素)の電子配置について考えていこう。ここでも，貴ガス型の電子配置が安定であることが重要だ。

●塩素原子($_{17}Cl$)の電子配置

原子番号 17 の塩素原子は，K 殻に 2 個，L 殻に 8 個，M 殻に 7 個の電子を収容している。

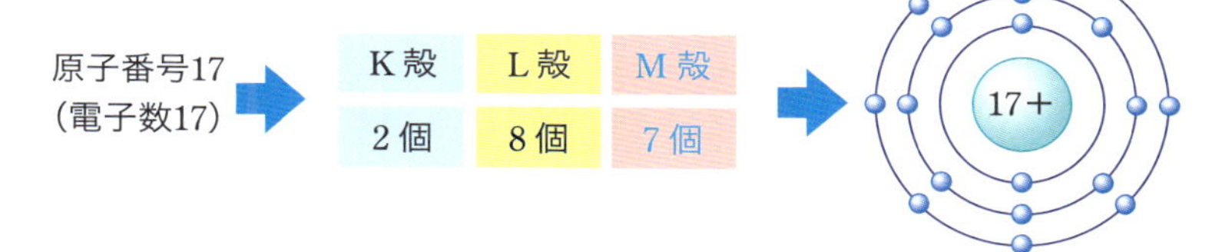

塩素原子 Cl の電子配置を見ると，先ほどのナトリウム原子の例とは逆に，M 殻に 1 個の電子を追加したいところだよね。1 個の電子が追加されれば，貴ガスであるアルゴン原子 Ar と同じ電子配置になり，安定化する。このため，**塩素原子は最外殻に電子が 1 個多く入りやすい**んだ。

この結果，**電子の数が，陽子の数よりも1個多くなり，全体で－1 の電荷をもつ**ようになるんだ。これを**1 価の陰イオン**という。イオン式で表すと Cl^-で，これを**塩化物イオン**(えんかぶつ)と呼ぶよ。

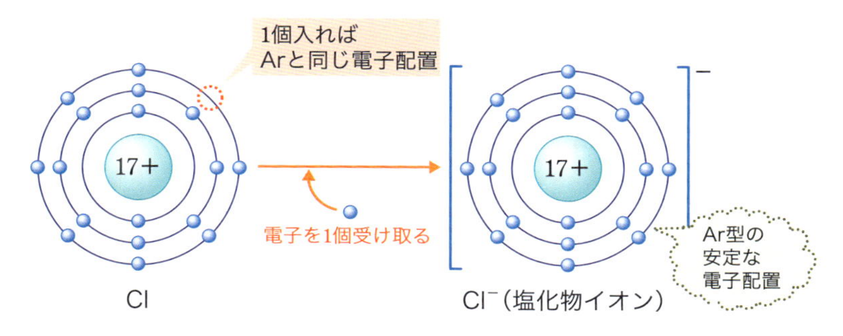

❹ イオンの分類

イオンには，1 つの原子が電荷をもった**単原子イオン**(たんげんし)と，複数の原子が結合した原子団が電荷をもった**多原子イオン**(たげんし)がある。ナトリウムイオン Na^+，塩化物イオン Cl^-は，ともに単原子イオンだ。単原子イオンと多原子イオンについては，Chapter 2(p.79)で詳しく説明するよ。

>> 3. 価電子

最外殻電子は，原子の反応性や結合において，重要な役割を果たしている。内側の電子殻に入っている電子との区別のため，この電子のことを，**価電子**と呼ぶよ。

通常は，最外殻電子＝価電子と考えていいけど，例外がある。貴ガスの最外殻電子は 2 個または 8 個だけれど，反応や結合はほとんどしないので，**貴ガスの価電子の数は 0** とみなすんだ。これは重要なので，覚えておこう。

Point!

価電子の数

貴ガスの価電子の数＝0 個
その他の原子の価電子の数＝最外殻電子数（1 ～ 7 個）

価電子の数が等しい原子は
互いに性質が似るんだ。

4. イオン化エネルギーと電子親和力

❶ イオン化エネルギー

原子から電子を１個取り去って，１価の陽イオンにするために必要なエネルギーを**イオン化エネルギー**という。

イオン化エネルギーは，陽イオンにするのに必要となるエネルギーなので，**陽イオンになりやすい原子ほど小さく，陽イオンになりにくい原子ほど大きくなる**んだ。

じゃあ，今度はイオン化エネルギーと周期表の関係を考えてみよう。まず，**同一周期（同じ横の行）では，右に進むほどイオン化エネルギーは大きくなる**。なぜかというと，周期表の左側には陽イオンになりやすいアルカリ金属などが並んでいて，右側には陰イオンになりやすいハロゲンや安定な貴ガス（陽イオンになりにくい原子）が並んでいるからだ。

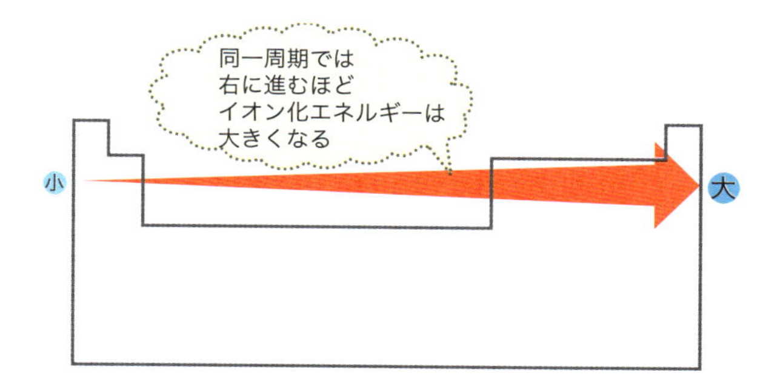

次に，同族元素(同じ縦の列)におけるイオン化エネルギーの大小関係を考えてみよう。同族元素では，周期表を下に進むほど最外殻は原子核から遠ざかり※，電子が原子核に引きつけられる力は弱くなる。そのため，電子を取り去るのに必要なイオン化エネルギーも，**周期表を下に進むほど小さくなる**。

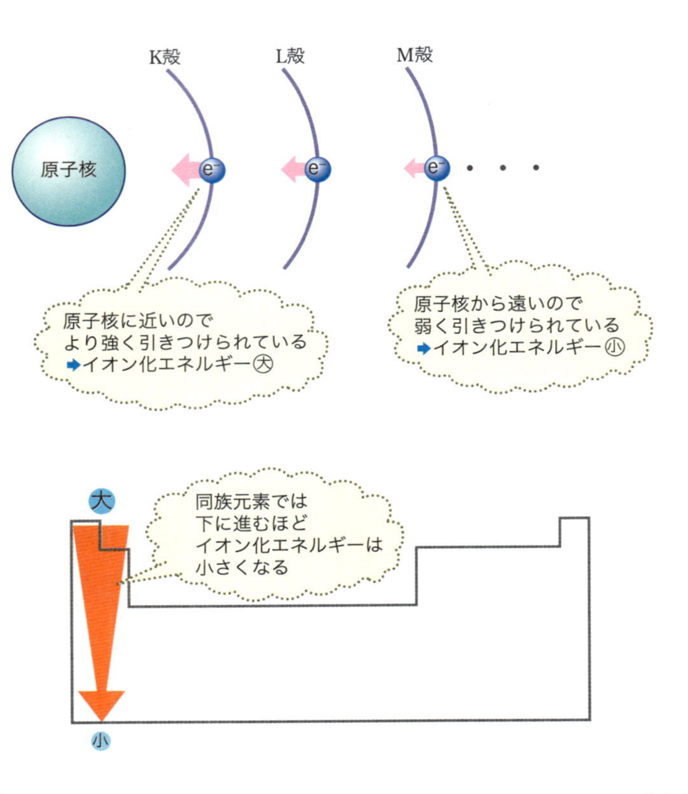

注意 ※ 例えば1族元素の場合，H原子の最外殻電子はK殻に，Li原子の最外殻電子はL殻に，そしてNa原子の最外殻電子はM殻に存在する。

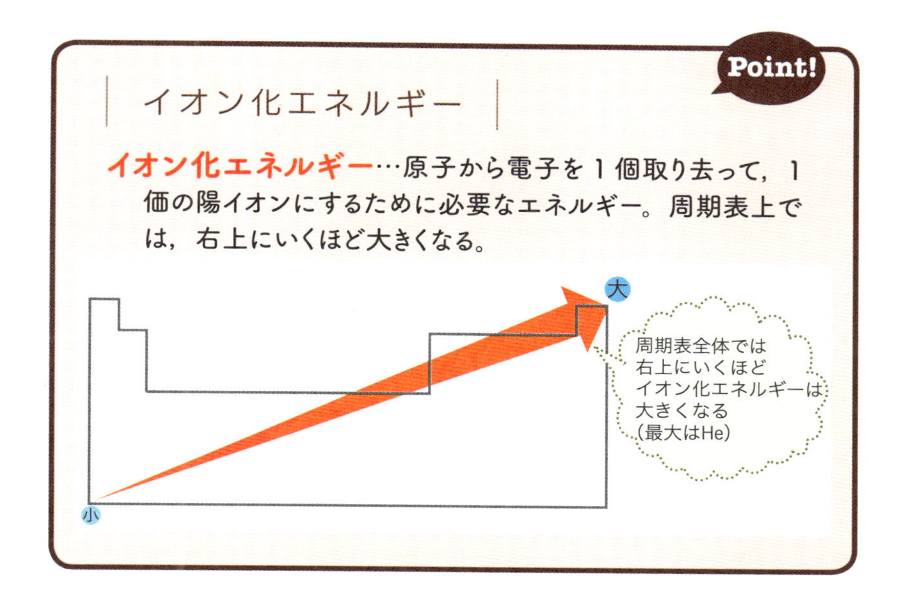

❷ 電子親和力

原子が電子を１個受け取って，**１価の陰イオンになる際に放出するエネルギーを電子親和力**という。

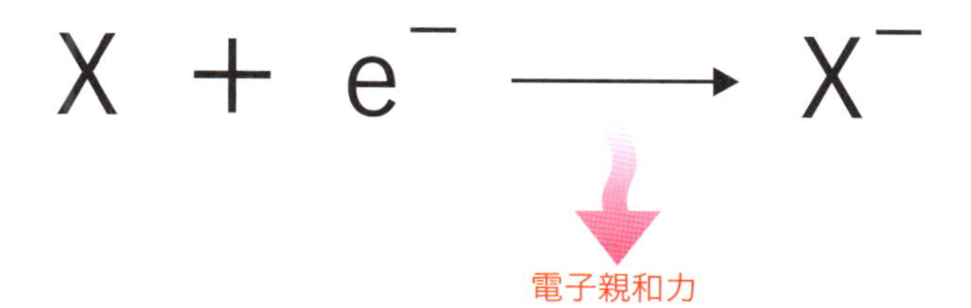

ここでは，**陰イオンになりやすい原子（特にハロゲン）は電子親和力が大きい**ということだけを覚えておけばいいよ。

練習問題

問 1　次の原子，イオンについて，各電子殻に配置されている電子の数を，例にならって答えよ。（例）$_{6}C$：K2，L4

（ア）$_{11}Na$ 原子　　（イ）$_{8}O^{2-}$イオン

問 2　次の各イオンと同じ電子配置をもつ貴ガスを元素記号で答えよ。

（ア）Cl^{-}　　（イ）Li^{+}　　（ウ）S^{2-}　　（エ）Al^{3+}

解答　**問1**　（ア）$_{11}Na$：K2，L8，M1

（イ）$_{8}O^{2-}$：K2，L8

問2　（ア）Ar　　（イ）He　　（ウ）Ar　　（エ）Ne

解説

問 1　（イ）$_{8}O$ 原子ではK殻に2個，L殻に6個という電子配置になるが，$_{8}O^{2-}$イオンは電子を2個受け取って生じた陰イオンなので，L殻の電子が2個増えたものになる。

問2　（ア）$_{17}Cl$ 原子の電子配置はK殻に2個，L殻に8個，M殻に7個。$_{17}Cl^{-}$は電子を1個受け取って生じた陰イオンなので，M殻の電子が1個増え，アルゴンArと同じ電子配置(K殻に2個，L殻に8個，M殻に8個)となる。

（イ）$_{3}Li$ 原子の電子配置はK殻に2個，L殻に1個。$_{3}Li^{+}$は電子を1個放出して生じた陽イオンなので，L殻の電子が1個減り，ヘリウムHeと同じ電子配置(K殻に2個)になる。

（ウ），（エ）　同様に考え，$_{16}S^{2-}$は電子を2個受け取って生じた陰イオンなので，原子の状態より電子が2個増えて，Arと同じ電子配置になる。$_{13}Al^{3+}$は電子を3個放出して生じた陽イオンなので，原子の状態より電子が3個減って，ネオンNeと同じ電子配置(K殻に2個，L殻に8個)となる。

Chapter 1 共通テスト対策問題

1

身のまわりの事柄とそれに関連する化学用語の組合せとして適当でないものを，次の①～⑤のうちから１つ選べ。

	身のまわりの事柄	化学用語
①	澄んだだし汁を得るために，布巾(ふきん)やキッチンペーパーを通して，煮出した鰹節(かつおぶし)を取り除く。	ろ 過
②	茶葉を入れた急須(きゅうす)に湯を注いで，お茶を入れる。	蒸 留
③	水にぬれたままの衣服を着ていて体が冷えた。	蒸 発
④	夜空に上がった花火が様々な色を示した。	炎色反応
⑤	アイスクリームをとかさないために用いたドライアイスが小さくなる。	昇 華

（センター本試／改）

2

イオンに関する記述として**誤りを含むもの**を，次の①～⑤のうちから1つ選べ。

① 原子がイオンになるときに放出したり，受け取ったりする電子の数をイオンの価数という。
② 原子から電子を取り去って，1価の陽イオンにするのに必要なエネルギーを，イオン化エネルギー(第一イオン化エネルギー)という。
③ イオン化エネルギー(第一イオン化エネルギー)の小さい原子ほど陽イオンになりやすい。
④ 原子が電子を受け取って，1価の陰イオンになるときに放出するエネルギーを，電子親和力という。
⑤ 電子親和力の小さい原子ほど陰イオンになりやすい。

(センター本試)

3

図1のようなラベルが貼ってある飲料水X～Zが，コップI～IIIのいずれかに入っている。飲料水を見分けるために，BTB（ブロモチモールブルー）溶液と図2のような装置を用いて実験を行ったところ，表1のような結果になった。

飲料水X

名称：ボトルドウォーター
原材料名：水（鉱水）

栄養成分（100 mL あたり）	
エネルギー	0 kcal
たんぱく質・脂質・炭水化物	0 g
ナトリウム	0.8 mg
カルシウム	1.3 mg
マグネシウム	0.64 mg
カリウム	0.16 mg
pH値　8.8～9.4	硬度　59 mg/L

飲料水Y

名称：ナチュラルミネラルウォーター
原材料名：水（鉱水）

栄養成分（100 mL あたり）	
エネルギー	0 kcal
たんぱく質・脂質・炭水化物	0 g
ナトリウム	0.4～1.0 mg
カルシウム	0.6～1.5 mg
マグネシウム	0.1～0.3 mg
カリウム	0.1～0.5 mg
pH値　約7	硬度　約30 mg/L

飲料水Z

名称：ナチュラルミネラルウォーター
原材料名：水（鉱水）

栄養成分（100 mL あたり）	
たんぱく質・脂質・炭水化物	0 g
ナトリウム	1.42 mg
カルシウム	54.9 mg
マグネシウム	11.9 mg
カリウム	0.41 mg
pH値　7.2	硬度　約1849 mg/L

図1

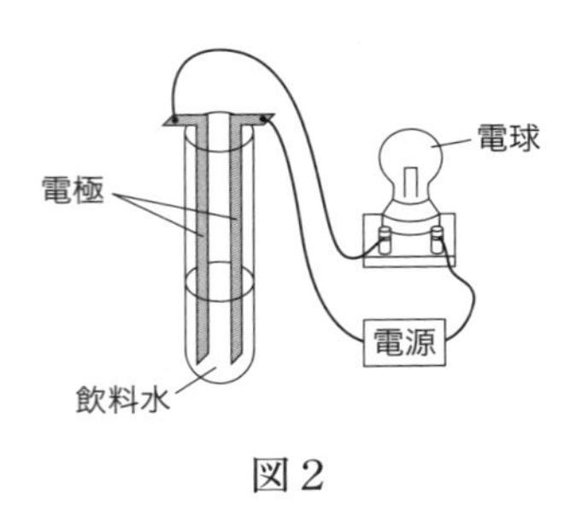

図2

表1 実験操作とその結果

	BTB溶液を加えて色を調べた結果	図2の装置を用いて電球がつくか調べた結果
コップⅠ	緑	ついた
コップⅡ	緑	つかなかった
コップⅢ	青	つかなかった

コップⅠ～Ⅲに入っている飲料水X～Zの組合せとして最も適当なものを，次の①～⑥のうちから一つ選べ。ただし，飲料水X～Zに含まれる陽イオンはラベルに示されている元素のイオンだけとみなすことができ，水素イオンや水酸化物イオンの量はこれらに比べて無視できるものとする。

	コップⅠ	コップⅡ	コップⅢ
①	X	Y	Z
②	X	Z	Y
③	Y	X	Z
④	Y	Z	X
⑤	Z	X	Y
⑥	Z	Y	X

（試行調査問題）

【解答・解説】

②は**抽出**である。

答　②

2

「イオン化エネルギー」は，e^-を1個取り去るのに必要なエネルギーだから，小さいほど，陽イオン化しやすい。

また，「電子親和力」は，e^-を1個受け取る際に放出するエネルギーで，大きいほど，陰イオン化しやすい。

よって，⑤が誤り。

（参考）

原子がe^-を1個放出して生じる陽イオンは1価の陽イオン。

例）$Na \longrightarrow Na^+ + e^-$

原子がe^-を1個受け取って生じる陰イオンは1価の陰イオン。

例）$Cl + e^- \longrightarrow Cl^-$

　⑤

3

1つ目のポイントは**「飲料水の液性」**だ。BTB溶液は**酸性で黄色**，**中性で緑色**，**アルカリ性で青色**を呈すると中学校で習ったね。

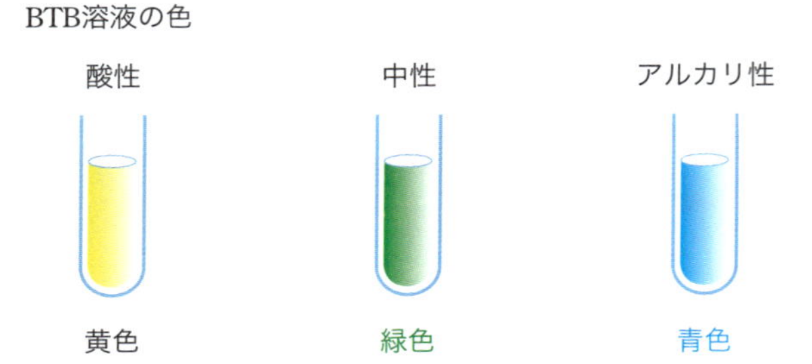

コップⅠとⅡはBTB溶液で緑色を呈したので，中性の水溶液であることがわかる。つまり，YまたはZが入っていることになるね。一方で，コップⅢはBTB溶液で青色を呈したので，アルカリ性の水溶液であることがわかる。つまりアルカリ性である，pH 8.8～9.4の飲料水Xが入っていることがわかるね。

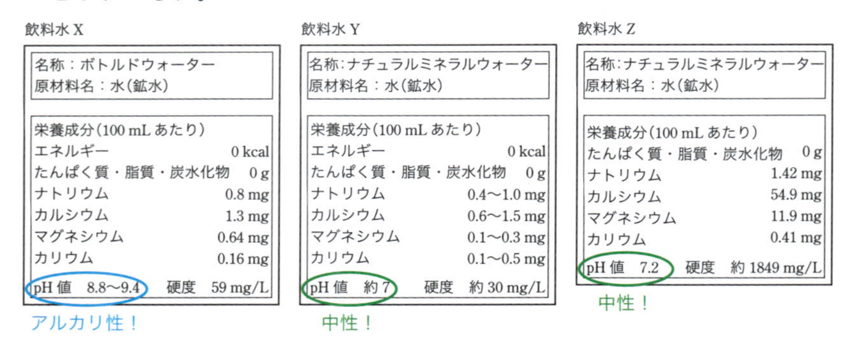

飲料水X

名称：ボトルドウォーター
原材料名：水（鉱水）

栄養成分（100 mL あたり）	
エネルギー	0 kcal
たんぱく質・脂質・炭水化物	0 g
ナトリウム	0.8 mg
カルシウム	1.3 mg
マグネシウム	0.64 mg
カリウム	0.16 mg
pH値 8.8～9.4	硬度 59 mg/L

アルカリ性！

飲料水Y

名称：ナチュラルミネラルウォーター
原材料名：水（鉱水）

栄養成分（100 mL あたり）	
エネルギー	0 kcal
たんぱく質・脂質・炭水化物	0 g
ナトリウム	0.4～1.0 mg
カルシウム	0.6～1.5 mg
マグネシウム	0.1～0.3 mg
カリウム	0.1～0.5 mg
pH値 約7	硬度 約30 mg/L

中性！

飲料水Z

名称：ナチュラルミネラルウォーター
原材料名：水（鉱水）

栄養成分（100 mL あたり）	
たんぱく質・脂質・炭水化物	0 g
ナトリウム	1.42 mg
カルシウム	54.9 mg
マグネシウム	11.9 mg
カリウム	0.41 mg
pH値 7.2	硬度 約1849 mg/L

中性！

そして，2つ目のポイントは**「飲料水中のイオンの濃度が大きいほど電流が流れやすくなる」**ということだ。

中学校のときに水の電気分解を習ったね。そのとき，純水ではなく薄い水酸化ナトリウム水溶液を用いて電気分解したはず。これは，ナトリウムイオンNa^+や水酸化物イオンOH^-を水溶液中に含ませることで電流を流しやすくするためだったね（p.299 中学の理科のおさらい参照）。

これと同じ理由で，飲料水の中に含まれるイオンの濃度(今回はすべて100 mL 中の値なので質量を見ればよい)が大きいものが電流は流れやすく，装置の電球がつくといえる。

飲料水 X ～ Z の中で，イオン濃度が高いのは，飲料水 Z だ。

飲料水 X

名称：ボトルドウォーター
原材料名：水(鉱水)

栄養成分(100 mL あたり)	
エネルギー	0 kcal
たんぱく質・脂質・炭水化物	0 g
ナトリウム	0.8 mg
カルシウム	1.3 mg
マグネシウム	0.64 mg
カリウム	0.16 mg

pH 値　8.8～9.4　硬度　59 mg/L

少ない

飲料水 Y

名称：ナチュラルミネラルウォーター
原材料名：水(鉱水)

栄養成分(100 mL あたり)	
エネルギー	0 kcal
たんぱく質・脂質・炭水化物	0 g
ナトリウム	0.4～1.0 mg
カルシウム	0.6～1.5 mg
マグネシウム	0.1～0.3 mg
カリウム	0.1～0.5 mg

pH 値　約 7　硬度　約 30 mg/L

少ない

飲料水 Z

名称：ナチュラルミネラルウォーター
原材料名：水(鉱水)

栄養成分(100 mL あたり)	
たんぱく質・脂質・炭水化物	0 g
ナトリウム	1.42 mg
カルシウム	54.9 mg
マグネシウム	11.9 mg
カリウム	0.41 mg

pH 値　7.2　硬度　約 1849 mg/L

明らかに他の 2 つよりも多い！

なので，唯一電球がついたコップⅠは飲料水 Z である。

ラベルには～イオンとは書かれていないが，「成分」とはつまり「元素」ということ。それぞれの成分が，実際には陽イオンとして飲料水に含まれている。この表記は食品や飲料水でよく見られるので，手元に飲料水などがあれば確認してみてほしい。

以上をまとめると，コップⅠは Z，コップⅡは Y，コップⅢは X が入っている。

答 ⑥

補足

ラベルの右下にある硬度とは，カルシウムイオンやマグネシウムイオンの含有量を示す指標です。硬度が大きい水溶液は硬水，反対のものは軟水とよびます。

Theme 1 イオン結合

すべての物質はイオンや原子という小さな粒子が結びついてできている。この粒子どうしの結びつきを化学結合というんだ。この Chapter では，イオン結合，金属結合，共有結合の 3 種類について説明していくよ。

1. イオン結合

磁石の N 極と S 極の間には引力（引き合う力）がはたらく。それと同じように，陽イオンと陰イオンの間には，**静電気的な引力（クーロン力**という）がはたらくんだ（同符号のイオン間には**斥力**（せきりょく）（**反発し合う力**）がはたらく）。この，**静電気的な引力によるイオンの結びつき**を**イオン結合**というよ。一般に，**金属元素と非金属元素が結びつくとき**はイオン結合になるよ。

ナトリウムNaと塩素Clのイオン結合

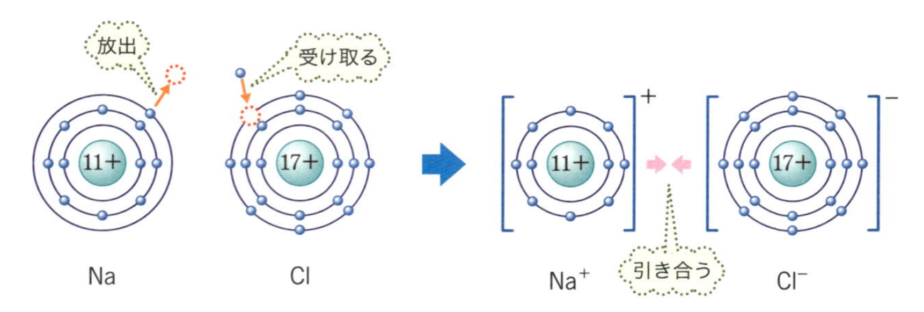

ナトリウム原子の最外殻電子を
塩素原子が受け取ることによって
それぞれが安定した貴ガス型の電子配置になるね。

2. イオン結晶

多数の陽イオンと陰イオンがイオン結合によって集まると，固体ができあがる。この固体を**イオン結晶**と呼ぶ。

例えば，塩化ナトリウム NaCl は，金属イオンであるナトリウムイオン Na^+ と非金属元素である塩化物イオン Cl^- が多数集合したイオン結合によってできた，イオン結晶だよ。

塩化ナトリウムNaClの結晶の生成

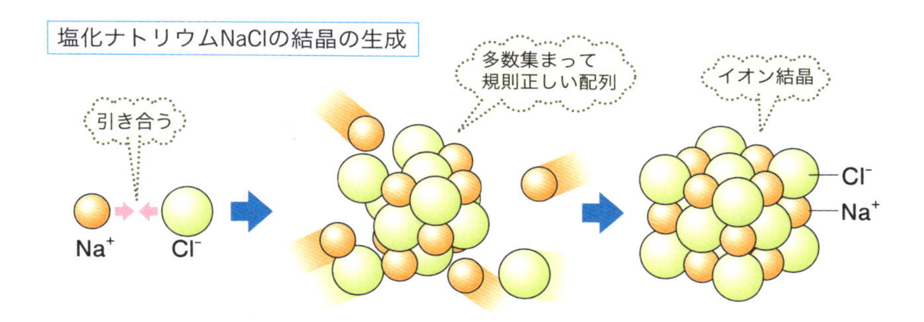

イオン結晶は，多数の陽イオンと陰イオンが交互に規則正しく集合している。この状態ではイオンどうしの結びつきが強く，硬い。

でも，強い力を加えると，**イオンの配列がずれ，同符号のイオンどうしが向かい合う**。すると斥力がはたらき，結晶は割れてしまう（劈開（へきかい）という）。そのため，イオン結晶の性質は，「**硬いがもろい**」と表現されることが多いよ。

劈開

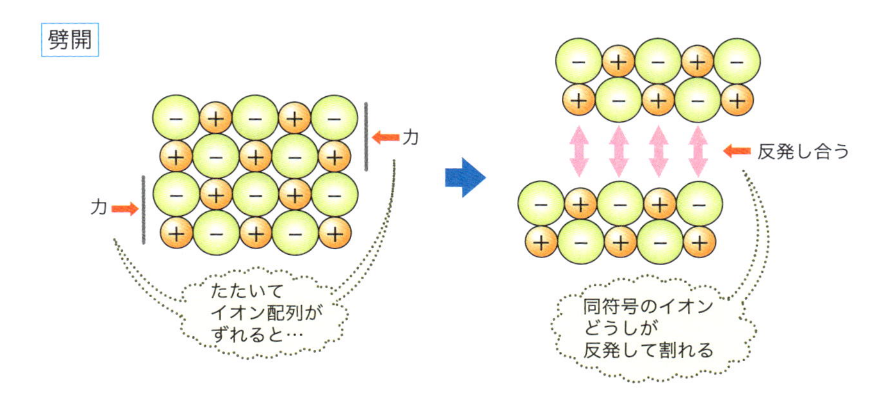

また，イオン結晶は構成するイオンが静電気的な引力で結びついており，自由に動くことができない。そのため，固体のままでは電気を通すことはできないんだ。

電気を通すためには，プラス（＋）やマイナス（－）の電気を帯びた粒子が動くことが必要なんだ。例えば，融解させて液体にしたり，水に溶かして水溶液にすると，イオンが動けるようになり，電気を通すようになる。このように，水溶液中でイオンが動けるようになることを**電離**（でんり）という。電離する物質を**電解質**（でんかいしつ），電離しない物質を**非電解質**というよ。

例えば，電解質である塩化ナトリウム NaCl は，水に入れるとナトリウムイオン Na^{+} と塩化物イオン Cl^{-} に電離する。これを式で表すと

$$NaCl \longrightarrow Na^{+} + Cl^{-}$$

となる。このように，電解質が電離する様子を表した式を，電離式というよ。

電離については，Chpter4(p.152～)で詳しく説明するよ。

Point!

イオン結合・結晶のまとめ

① 金属元素の原子（陽イオンになる）と非金属元素の原子（陰イオンになる）がイオン結合し，集まった結晶。

② 硬いがもろい。

③ 固体は電気を通さないが，液体や水溶液は電気を通す。

3．イオン結合の物質

❶ 組成式

陽イオンと陰イオンのイオン結合からなる物質は，イオンの種類と，その数の割合を最も簡単な整数比で示した**組成式**(そせいしき)で表される。組成式の前にまず，イオンを化学式で表したイオン式を書けるようになろう。

1つの原子からなるイオンを**単原子イオン**といい，これに対して，複数の原子からなるイオンを**多原子イオン**というんだったね（p.63）。例えば，塩化物イオン Cl^- は単原子イオン，アンモニウムイオン NH_4^+ は多原子イオンだよ。

ここでは，多原子イオンのイオン式の書き方を説明していくよ。その前に，次に挙げるイオン式と名称をセットで暗記してほしい。頑張って覚えよう。

	イオンの名称	イオン式	
単原子イオン	水素イオン	H^+	1価の陽イオン
	ナトリウムイオン	Na^+	
	銀イオン	Ag^+	
	塩化物イオン	Cl^-	1価の陰イオン
多原子イオン	アンモニウムイオン	NH_4^+	1価の陽イオン
	硝酸イオン	NO_3^-	1価の陰イオン
	水酸化物イオン	OH^-	
	炭酸水素イオン	HCO_3^-	
	硫酸イオン	SO_4^{2-}	2価の陰イオン
	炭酸イオン	CO_3^{2-}	
	リン酸イオン	PO_4^{3-}	3価の陰イオン

価数の違いに注目しよう！

❷ イオン結合の物質の化学式(組成式)とその名称

陽イオンと陰イオンからなる，イオン結合の物質の「化学式(組成式)の書き方」とその「名称の読み方」には，ルールがある。以下の3つのルールを覚えてマスターしよう。

ルール① まず，「**陽イオンの価数×陽イオンの数＝陰イオンの価数×陰イオンの数**」の関係が成り立つようなイオンの数をさがす。
イオン結合の物質は異符号のイオンどうしが結びつくことで，正・負の電荷がつり合い，全体として電気的に中性となる。

ルール② 次に，**陽イオン→陰イオンの順に元素記号を書き**，その元素記号の右下に，**ルール①**で見つけた**数の比**(**最も簡単な整数比**)を書く。
このとき，数字が1になる場合は省略する。多原子イオンが2つ以上あるときは（　）でくくる。

ルール③ 名称は，**陰イオン→陽イオンの順に読む**。このとき，イオン名から**“イオン”または，“物イオン”は省く**。

では，このルールにしたがって，組成式と名称を書いてみよう。

●カルシウムイオン Ca^{2+}と水酸化物イオン OH^-からなる化合物

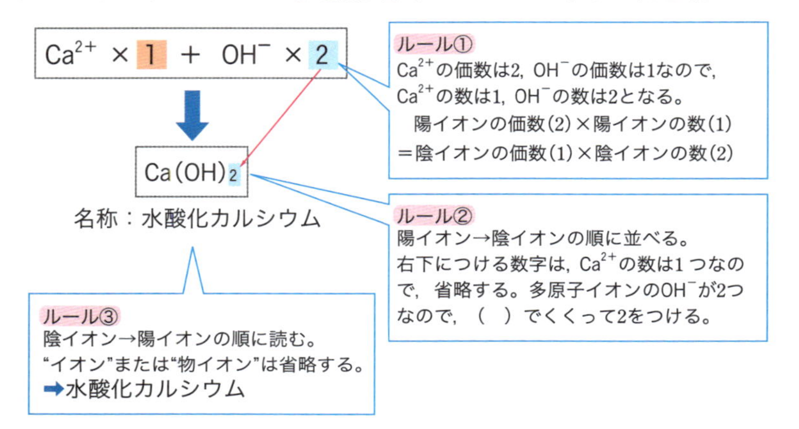

●カルシウムイオン Ca^{2+}とリン酸イオン PO_4^{3-}からなる化合物

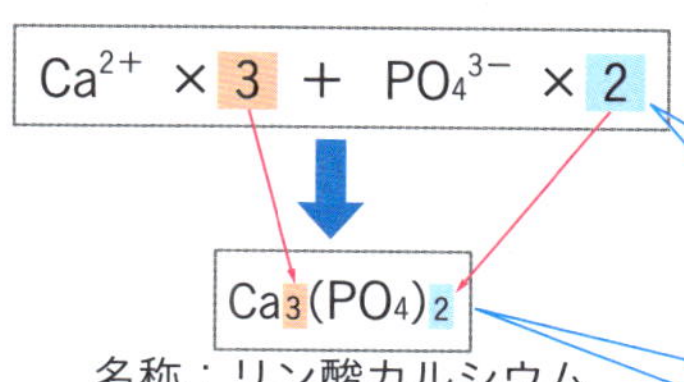

名称：リン酸カルシウム

ルール①
Ca^{2+}の価数は2，PO_4^{3-}の価数は3なので，
Ca^{2+}の数は3，PO_4^{3-}の数は2となる。
陽イオンの価数(2)×陽イオンの数(3)
＝陰イオンの価数(3)×陰イオンの数(2)

ルール②
陽イオン→陰イオンの順に並べる。
多原子イオンのPO_4^{3-}が2つなので，（　）でくくって2をつける。

ルール③
陰イオン→陽イオンの順に読む。
“イオン”または“物イオン”は省略する。
➡リン酸カルシウム

Point!

組成式の書き方

ルール①　「**陽イオンの価数×陽イオンの数＝陰イオンの価数×陰イオンの数**」の関係が成り立つようなイオンの数をさがす。

ルール②　**陽イオン→陰イオンの順**に元素記号を書き，その元素記号の右下に，ルール①で見つけた**数の比**（**最も簡単な整数比**）を書く。
このとき，数字が1になる場合は省略する。多原子イオンが2つ以上あるときは（　）でくくる。

ルール③　名称は，**陰イオン→陽イオンの順に読む**。このとき，**イオン名から“イオン”または“物イオン”は省く**。

組成式は，慣れてしまえば簡単に書けるよ。
次ページの練習問題で数をこなして
慣れてしまおう！

練習問題

次の陽イオンと陰イオンを組み合わせてできる化合物の組成式と名称を答えよ。

	CO_3^{2-}	PO_4^{3-}	HCO_3^{-}	OH^{-}
Na^{+}	（ア）	（イ）	（ウ）	（エ）
Mg^{2+}	（オ）	（カ）	（キ）	（ク）
Al^{3+}	（ケ）	（コ）		（サ）
NH_4^{+}	（シ）	（ス）		

解答

（ア）Na_2CO_3　炭酸ナトリウム　（イ）Na_3PO_4　リン酸ナトリウム

（ウ）$NaHCO_3$　炭酸水素ナトリウム（エ）$NaOH$　水酸化ナトリウム

（オ）$MgCO_3$　炭酸マグネシウム

（カ）$Mg_3(PO_4)_2$　リン酸マグネシウム

（キ）$Mg(HCO_3)_2$　炭酸水素マグネシウム

（ク）$Mg(OH)_2$　水酸化マグネシウム

（ケ）$Al_2(CO_3)_3$　炭酸アルミニウム（コ）$AlPO_4$　リン酸アルミニウム

（サ）$Al(OH)_3$　水酸化アルミニウム

（シ）$(NH_4)_2CO_3$　炭酸アンモニウム

（ス）$(NH_4)_3PO_4$　リン酸アンモニウム

解説

（ア） 陽イオンの価数(1)×陽イオンの数(x)＝
陰イオンの価数(2)×陰イオンの数(y) より，
陽イオンの数 x は 2，陰イオンの数 y は 1。

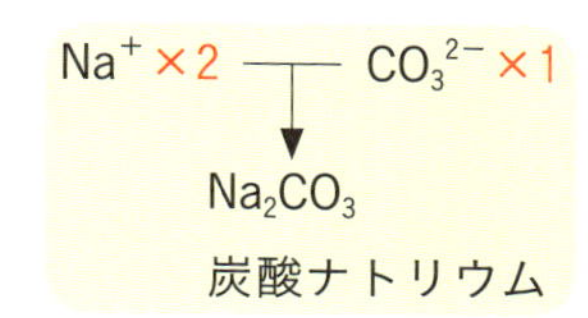

（イ） 陽イオンの価数(1)×陽イオンの数(x)＝
陰イオンの価数(3)×陰イオンの数(y) より，
陽イオンの数 x は 3，陰イオンの数 y は 1。

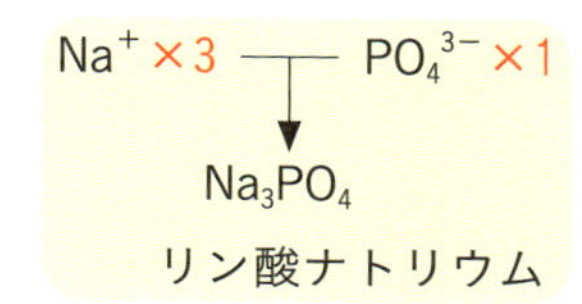

（ウ） 陽イオンの価数(1)×陽イオンの数(x)＝
陰イオンの価数(1)×陰イオンの数(y) より，
陽イオンの数 x は 1，陰イオンの数 y は 1。

Na^{+} ×1　HCO_3^{-} ×1
→ $NaHCO_3$
炭酸水素ナトリウム

（エ） 陽イオンの価数(1)×陽イオンの数(x)＝
陰イオンの価数(1)×陰イオンの数(y) より，
陽イオンの数 x は 1，陰イオンの数 y は 1。

Na^{+} ×1　OH^{-} ×1
→ $NaOH$
水酸化ナトリウム

（オ） 陽イオンの価数(2)×陽イオンの数(x)＝
陰イオンの価数(2)×陰イオンの数(y) より，
陽イオンの数 x は 1，陰イオンの数 y は 1。

Mg^{2+} ×1　CO_3^{2-} ×1
→ $MgCO_3$
炭酸マグネシウム

（カ） 陽イオンの価数(2)×陽イオンの数(x)＝
陰イオンの価数(3)×陰イオンの数(y) より，
陽イオンの数 x は 3，陰イオンの数 y は 2。

Mg^{2+} ×3　PO_4^{3-} ×2
→ $Mg_3(PO_4)_2$
リン酸マグネシウム

（キ） 陽イオンの価数(2)×陽イオンの数(x)＝
陰イオンの価数(1)×陰イオンの数(y) より，
陽イオンの数 x は 1，陰イオンの数 y は 2。

Mg^{2+} ×1　HCO_3^{-} ×2
→ $Mg(HCO_3)_2$
炭酸水素マグネシウム

(ク) 陽イオンの価数(2)×陽イオンの数(x)＝陰イオンの価数(1)×陰イオンの数(y) より，陽イオンの数 x は 1，陰イオンの数 y は 2。

Mg^{2+} ×1 ― OH^- ×2
↓
$Mg(OH)_2$
水酸化マグネシウム

(ケ) 陽イオンの価数(3)×陽イオンの数(x)＝陰イオンの価数(2)×陰イオンの数(y) より，陽イオンの数 x は 2，陰イオンの数 y は 3。

Al^{3+} ×2 ― CO_3^{2-} ×3
↓
$Al_2(CO_3)_3$
炭酸アルミニウム

(コ) 陽イオンの価数(3)×陽イオンの数(x)＝陰イオンの価数(3)×陰イオンの数(y) より，陽イオンの数 x は 1，陰イオンの数 y は 1。

Al^{3+} ×1 ― PO_4^{3-} ×1
↓
$AlPO_4$
リン酸アルミニウム

(サ) 陽イオンの価数(3)×陽イオンの数(x)＝陰イオンの価数(1)×陰イオンの数(y) より，陽イオンの数 x は 1，陰イオンの数 y は 3。

Al^{3+} ×1 ― OH^- ×3
↓
$Al(OH)_3$
水酸化アルミニウム

(シ) 陽イオンの価数(1)×陽イオンの数(x)＝陰イオンの価数(2)×陰イオンの数(y) より，陽イオンの数 x は 2，陰イオンの数 y は 1。

NH_4^+ ×2 ― CO_3^{2-} ×1
↓
$(NH_4)_2CO_3$
炭酸アンモニウム

(ス) 陽イオンの価数(1)×陽イオンの数(x)＝陰イオンの価数(3)×陰イオンの数(y) より，陽イオンの数 x は 3，陰イオンの数 y は 1。

NH_4^+ ×3 ― PO_4^{3-} ×1
↓
$(NH_4)_3PO_4$
リン酸アンモニウム

Theme 2 金属結合

1. 金属結合

金属原子が集合すると，金属原子の価電子はもとの原子から離れて自由に金属内を動くようになる。このような電子を**自由電子**といい，金属原子どうしを結びつける接着剤のようなはたらきをする。この**自由電子を介した結合**を，**金属結合**という。

金属結合

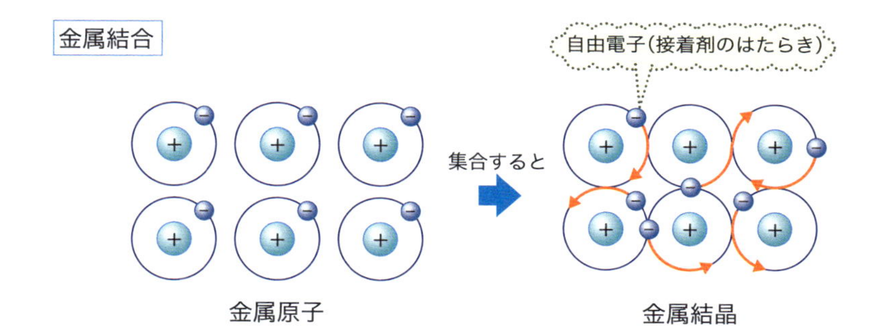

自由電子は原子の間を自由に動き回っているよ。

>> 2. 金属(金属結晶)の性質

金属の固体（金属結晶）のおもな性質は以下の3つだ。しっかり覚えておこう。

❶ 金属光沢

時計やジュースの缶を見てみよう。光沢があるよね。これを**金属光沢**(こうたく)という。これは，自由電子が光を反射させることによるものだよ。

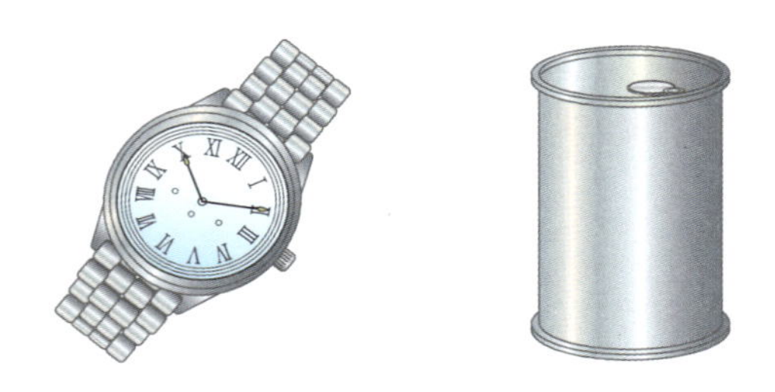

❷ 電気伝導性・熱伝導性が大きい

金属結晶内には自由電子という負電荷をもつ粒子が動き回っているので，金属結晶は**電気伝導性が大きくなる**んだ。また，この自由電子は熱も運んでくれるので，金属結晶は**熱伝導性も大きくなる**よ。

電気配線や調理器具に金属が使われるのはこのためなんだ。

③ 展性・延性に富んでいる

金属結晶は**たたくと薄く広げることができる。**この性質を**展性**(てんせい)という。また，**細長く引き延ばすこともできる。**この性質を**延性**(えんせい)という。

これは，外から力が加わり，金属原子の配列がずれても自由電子が移動することで，金属結合が維持されるからなんだ。このような性質のおかげで，金属結晶は変形が可能なんだ。

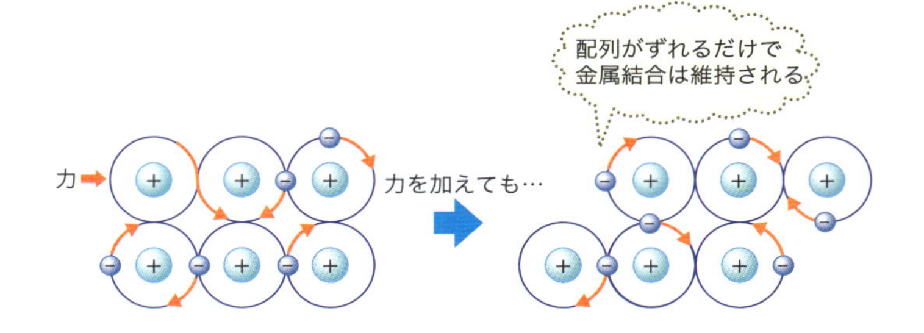

金属の中で，展性も延性も金が最大だよ。
なんと，1 g の金から畳半畳ほどの金箔（展性による）や
2.8 km の金糸（延性による）が作られるんだ。

Point!

金属結合・結晶のまとめ

① **金属光沢をもつ。**
⇒自由電子が光を反射させることによる。

② **電気伝導性**（電気を伝える性質），**熱伝導性**（熱を伝える性質）**が大きい。**
⇒自由電子が電気や熱を伝えることによる。

③ **展性**（薄く広がる性質），**延性**（細長く引き延ばすことができる性質）**をもつ。**

練習問題

金属の結晶(固体)の性質に関する記述として正しいものを，次の①〜⑦のうちからすべて選べ。

① 分子どうしが分子間力で集合している。
② 金属原子が自由電子を介して結びついている。
③ 固体は電気を通さないが，液体や水溶液は電気を通す。
④ 電気伝導性・熱伝導性が大きい。
⑤ 硬いがもろい。
⑥ 昇華性をもつものが多い。
⑦ 展性や延性をもつ。

解答 ②，④，⑦

解説

金属の結晶は，**自由電子を介して金属原子どうしが結びついてできる**。この**自由電子は電気や熱を運ぶはたらきがある**ので，金属は電気伝導性・熱伝導性が大きいんだ。

また，外力により配列がずれても金属結合は維持されるので，**展性・延性に富み，変形が可能**となるんだ。

③と⑤はイオンからなる結晶(イオン結晶)の性質だね。①と⑥は分子からなる結晶(分子結晶)の性質を示しているよ。分子結晶については，p.102で説明するよ。

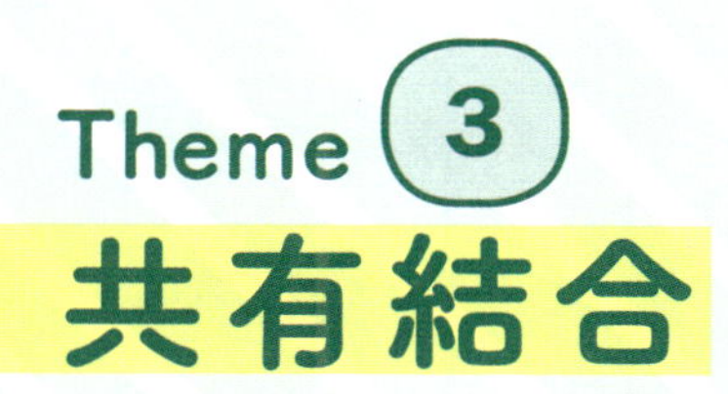

共有結合

1. 共有結合

共有結合とは，原子どうしが強く結びついた最強の化学結合だ。一般に，**非金属元素どうしが結びつくとき**は，**共有結合**になるよ。共有結合を理解するには，電子式を書いて考えるとわかりやすいので，まずは電子式の書き方をマスターしよう。

❶ 電子式の書き方

電子式とは，元素記号の周りに最外殻電子を・を使って表記したもので，次の 2 つのルールにしたがって書いていく。

ルール①　元素記号の周囲に**最外殻電子の数だけ，4 方向（上下左右）に 1 個ずつ・**を書いていく。

ルール②　**5 個目以降は：のように，対(つい)になるように**書いていく。

では，おもな原子の電子式を書いてみよう。

例1　水素原子の電子式

水素原子の最外殻電子数は 1 なので H・

水素電子の電子配置

K 殻に電子が 1 つ存在する。

$\dot{\mathrm{H}}$ や・H のように書いてもいいよ。

例2　炭素原子の電子式

炭素原子の最外殻電子数は4なので $\cdot\overset{\cdot}{\underset{\cdot}{\mathrm{C}}}\cdot$

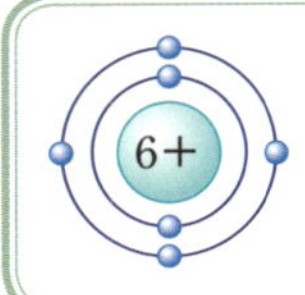

炭素原子の電子配置

K殻に2つ，L核に4つの電子が存在する。

$\overset{\cdot\cdot}{\mathrm{C}}:$ は間違い。・は4方向に1個ずつ書いていくよ。

例3　窒素原子の電子式

窒素原子の最外殻電子数は5なので $\cdot\overset{\cdot\cdot}{\underset{\cdot}{\mathrm{N}}}\cdot$

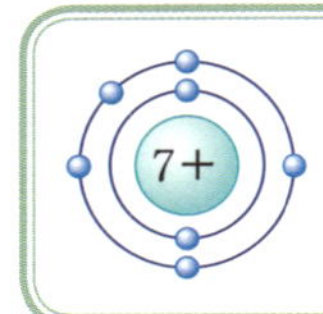

窒素原子の電子配置

K殻に2つ，L殻に5つの電子が存在する。

$\cdot\overset{\cdot}{\underset{\cdot}{\mathrm{N}}}:$ や $:\overset{\cdot}{\underset{\cdot}{\mathrm{N}}}\cdot$ でも可。
対の位置は必要に応じて変えていいよ。

例4　酸素原子の電子式

酸素原子の最外殻電子数は6なので $\cdot\overset{\cdot\cdot}{\underset{\cdot\cdot}{\mathrm{O}}}\cdot$

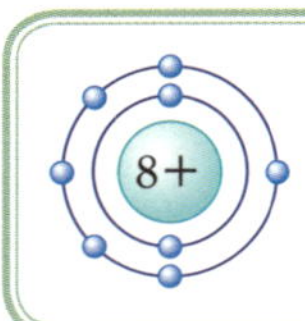

酸素原子の電子配置

K殻に2つ，L殻に6つの電子が存在する。

窒素Nと同じように，対や電子の位置を変えて
$:\overset{\cdot\cdot}{\underset{\cdot}{\mathrm{O}}}\cdot$ や $\cdot\overset{\cdot\cdot}{\underset{\cdot}{\mathrm{O}}}:$ でもいいよ。

例5　ネオン原子の電子式

ネオン原子の最外殻電子数は8なので $:\overset{\cdot\cdot}{\underset{\cdot\cdot}{\mathrm{Ne}}}:$

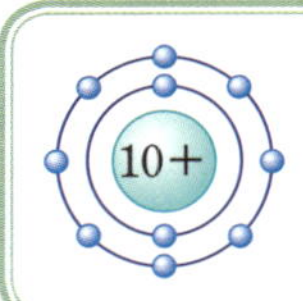

ネオン原子の電子配置

K殻に2つ，L殻に8つの電子が存在する。

ネオン原子は電子が2個ずつ配置されているね。

電子式を書いたときに，対になっていない電子(・で表される電子)があるよね。この電子を**不対電子**(ふつい)という。例1～4を見てもわかるように，水素原子は1個，炭素原子は4個，窒素原子は3個，酸素原子は2個の不対電子をもっている。

これに対し，対になった電子（：で表される電子）のことを**非共有電子対**という（他の原子とは共有せず，単独で所有している電子対ということ）。例3の窒素原子が1対，例4の酸素原子が2対，例5のネオン原子が4対の非共有電子対をもっているのがわかるよね。

ここで，必ず覚えてもらいたいことがある。それは**不対電子はとても不安定で，電子は対になって安定化する**ということだ。竹馬の棒は1本だと安定しないけど，2本の棒をもつと安定して歩けるのと同じで，電子が1個（不対電子）だと安定しないけど，電子が2個（非共有電子対）だと安定するんだよ。

不対電子をもつ原子は，なんとかして安定な電子対の形を取りたい。そのために，**他の原子の不対電子と，自分の不対電子を合わせて電子対を作り，これを共有する**んだ。このときできる電子対を**共有電子対**と呼び，共有電子対を形成してできる結びつきを**共有結合**という。

共有結合（水素 H_2）

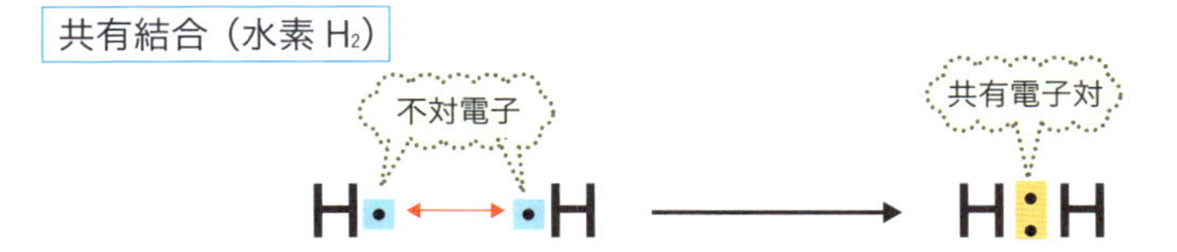

1対の共有電子対による共有結合を**単結合**，2対，3対の共有電子対による共有結合をそれぞれ**二重結合**，**三重結合**というよ。

水素原子間の結合は，
1対の共有電子対による結合なので，単結合だね。

この考え方を踏まえて，共有結合によってできる分子の，結びつきの様子を見てみよう。

例1　メタン(CH_4)分子の電子式

4つの水素原子の不対電子と炭素原子の不対電子が4つの共有電子対を作る。

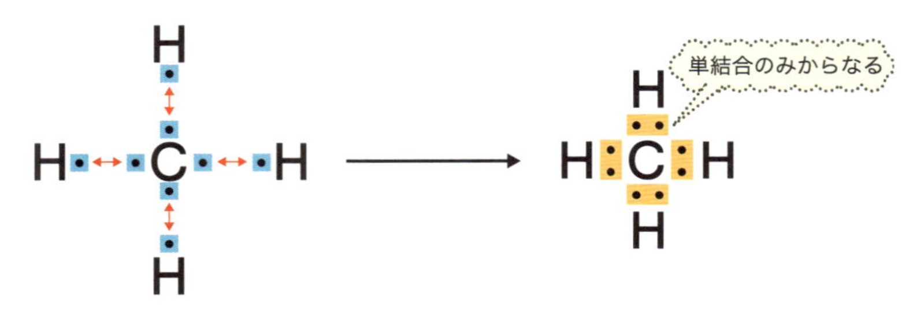

水素原子と炭素原子が単結合を作っているね。

例2　アンモニア(NH_3)分子の電子式

3つの水素原子の不対電子と窒素原子の不対電子が3つの共有電子対を作る。

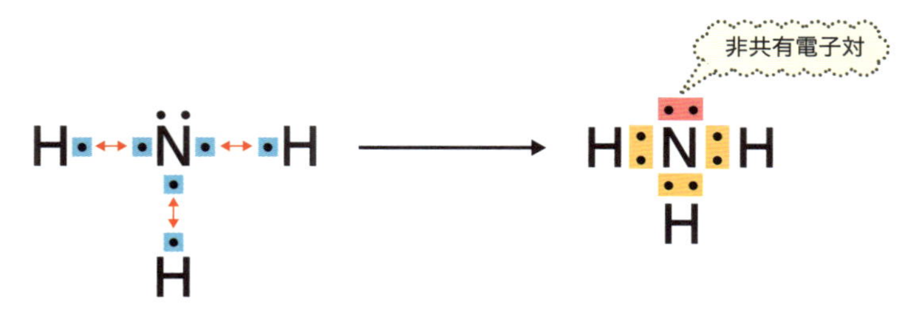

水素原子が窒素原子と共有結合を作るよ。
非共有電子対が1つあるね。

例3　水(H_2O)分子の電子式

2つの水素原子の不対電子と酸素原子の不対電子が2つの共有電子対を作る。

水素原子が酸素原子と共有結合を作るよ。

例4　窒素(N_2)分子の電子式

窒素原子どうしの不対電子がそれぞれ3つの共有電子対を作る。

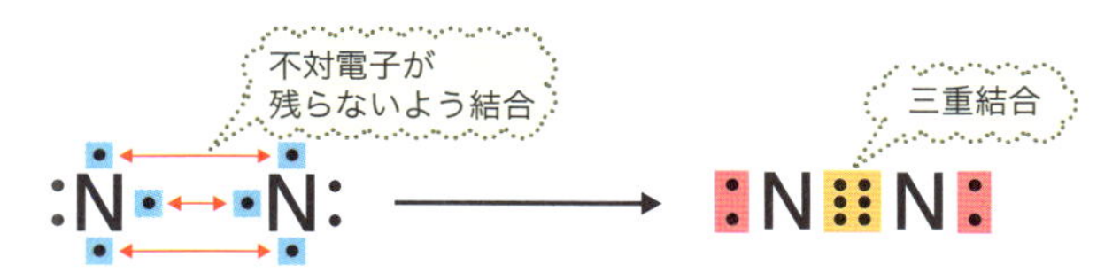

3対の共有電子対による，
三重結合であることがわかるかな。

例5　二酸化炭素(CO_2)分子の電子式

2つの酸素原子の不対電子と炭素原子の不対電子がそれぞれ共有電子対を作る。

2対の共有電子対による，
二重結合であることがわかるかな。

❷ 構造式の書き方

1 対の共有電子対を 1 本の線（**価標**（かひょう）という）で表したものを**構造式**という。p.92，93 の例 1 ～ 5 の分子の構造式は以下のようになる。

<table>
<tr><th>名称と
分子式</th><th>メタン
CH_4</th><th>アンモニア
NH_3</th><th>水
H_2O</th><th>窒素
N_2</th><th>二酸化炭素
CO_2</th></tr>
<tr><td>電子式</td><td>H
‥
H : C : H
‥
H</td><td>‥
H : N : H
‥
H</td><td>‥
H : O : H
‥</td><td>: N ⋮⋮ N :</td><td>‥ ‥
O : : C : : O
‥ ‥</td></tr>
<tr><td>構造式</td><td>H
|
H−C−H
|
H</td><td>H−N−H
|
H</td><td>H−O−H</td><td>N≡N</td><td>O＝C＝O</td></tr>
</table>

単結合は「−」で表す

三重結合は「≡」で表す

二重結合は「＝」で表す

構造式に非共有電子対を書く必要はないよ。

2. 配位結合

ここまで説明してきた共有結合は，互いに電子を出し合って結合を作っていたが，**一方の原子から非共有電子対がそのまま提供されてできる**共有結合もある。これを特に**配位結合**（はいいけつごう）というよ。

ここでは，アンモニア分子(NH_3)や水分子が，それぞれ水素イオンと配位結合して，アンモニウムイオン NH_4^+やオキソニウムイオン H_3O^+を作るということを知っておこう。

配位結合では，アンモニウムイオンと
オキソニウムイオンの 2 つを押さえてけばいいよ！

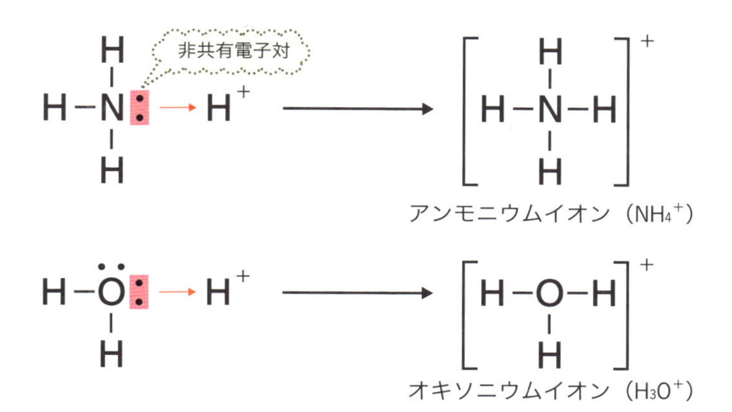

配位結合は，共有結合とは結合の仕組みは違うけど，できてしまえば見た目は共有結合と同じになる。だから，アンモニウムイオンの４つのN−H結合，及びオキソニウムイオンの３つのO−H結合は，**どれが配位結合によってできたものか，区別はできない**んだ。

共有結合との結合の仕組みの違いは
理解できたかな？
共有結合では，互いに不対電子を出し合っているけど
配位結合では，片方だけが非共有電子対を出しているね。

Point!

共有結合のまとめ

① 非金属元素の原子どうしが作る。

② 結びつきが強い化学結合である。

③ 各原子の不対電子がなくなるように，電子を共有して共有電子対を作る。

④ １対の共有電子対を１本の価標で表したものを構造式という（単結合は−，二重結合は＝，三重結合は≡で表す）。

⑤ 一方の原子の非共有電子対を別の原子が共有してできる共有結合を**配位結合**という。

>> 3. 分子の立体構造

構造式は，分子の結合を平面的に表したものなので，実際の形とは異なる場合もある。分子の立体的な形を**立体構造**といい，**直線形**，**折れ線形**，**三角錐(すい)形**，**正四面体形**など，それぞれの分子によって様々な形があるんだ。下の表におもな例を挙げるので，しっかり覚えておこう。

分子の形	直線形	折れ線形	三角錐形	正四面体形
例	塩化水素HCl※	水H_2O	アンモニアNH_3	メタンCH_4
	二酸化炭素CO_2	硫化水素H_2S		四塩化炭素CCl_4（テトラクロロメタン）

※　塩化水素に限らず，二原子分子（構成原子の数が2つのもの。H_2，O_2，N_2，Cl_2など）はすべて直線形になる。

二原子分子が直線形になるのは
感覚的にわかるよね。

4. 電気陰性度と極性

❶ 電気陰性度

異なる原子が共有結合を作るとき，共有電子対は一方の原子に偏(かたよ)る。これは，原子によって共有電子対を引きつける力に差があるからだ。原子が**共有電子対を引きつける力の強さ**を数値で表したものを，**電気陰性度(でんきいんせいど)**という。

電気陰性度の値が大きいほど，電子をより強く引きつける。下の電気陰性度の表を見てほしい。フッ素原子 F，酸素原子 O，塩素原子 Cl，窒素原子 N の順に電気陰性度が大きい。

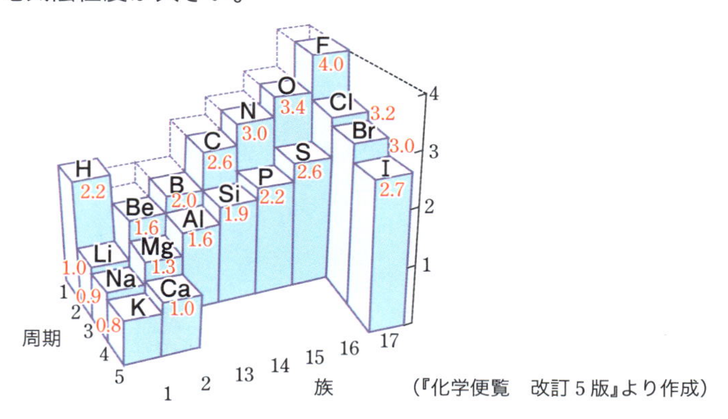

（『化学便覧　改訂５版』より作成）

電気陰性度は相対的なものなので，他の原子と結合しない貴ガスは，数値化できない。だから，**電気陰性度は貴ガスを除いて定義する**よ。

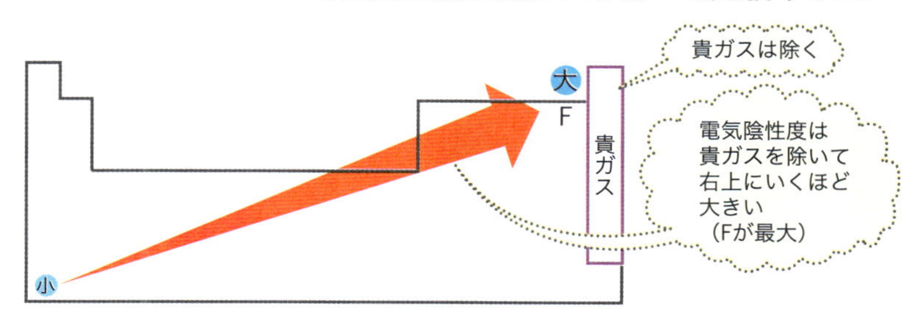

共有結合している原子は，
共有電子対を互いに引っ張ろうとするんだ。
原子間で綱引きをしているようなイメージかな。
電気陰性度は綱を引く強さに相当するよ。

❷ 二原子分子の極性

2つの原子が共有結合を作る場合，共有電子対は電気陰性度の大きい原子へと引き寄せられ，結合に電荷の偏りが生じる。これを**極性**(きょくせい)という。

●塩化水素 HCl の場合（極性分子）

塩素原子 Cl と水素原子 H が共有結合している塩化水素 HCl の場合，共有電子対は電気陰性度の大きい塩素原子側に引き寄せられる。塩素原子はわずかに負の電荷（δ(デルタ)－と表記する）を帯び，水素原子はわずかに正の電荷（δ＋と表記する）を帯びるようになるよ。

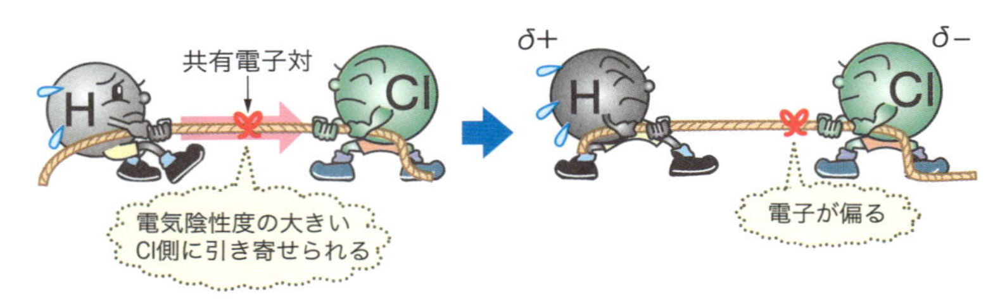

共有電子対が塩素原子側に
引き寄せられて，電子が偏るよ。

このように，共有電子対が一方の原子に偏っている状態を「結合に**極性**がある」という。分子全体で極性をもつものを**極性分子**と呼ぶよ。塩化水素は極性分子だね。

また，同じ原子からなる二原子分子では，共有電子対はどちらの原子側にも偏ることはなく，極性は生じない。このような分子を**無極性分子**と呼ぶよ。水素 H_2 は無極性分子だ。

●水素 H_2 の場合（無極性分子）

同じ力で引っ張るので，どちらかの原子に
電子が偏ることはないよ。

③ 三原子以上からなる分子の極性

三原子以上からなる分子の極性を考える場合は，**電気陰性度の差と分子の立体構造を考慮**して，極性の有無を判断するよ。

●水 H_2O の場合（極性分子）

2つの水素原子と酸素原子が共有結合した水 H_2O の場合，共有電子対は電気陰性度の大きい酸素原子側に引き寄せられる。酸素原子はわずかに負の電荷を帯び，水素原子はわずかに正の電荷を帯びるようになる。また，O－H 間に偏りが生じるので，水は極性分子となる。

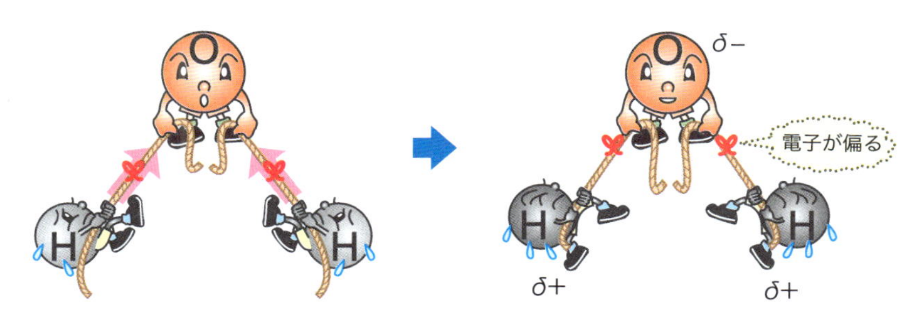

水 H_2O は折れ線形だね。

●アンモニア NH_3 の場合（極性分子）

アンモニア NH_3 の場合，窒素原子は，3つの水素原子それぞれと共有結合し，共有電子対は電気陰性度の大きい窒素原子側に引き寄せられる。その結果，窒素原子はわずかに負の電荷を，水素原子はわずかに正の電荷を帯びるため，アンモニアは極性分子となる。

アンモニア NH_3 は三角錐形だね。

●二酸化炭素 CO_2 の場合（無極性分子）

二酸化炭素 CO_2 の場合，C＝O 間には極性が生じるが，分子全体として見れば酸素原子が同じ力で反対方向に引っ張り合っているため，つり合う。つまり，二酸化炭素は無極性分子となる。

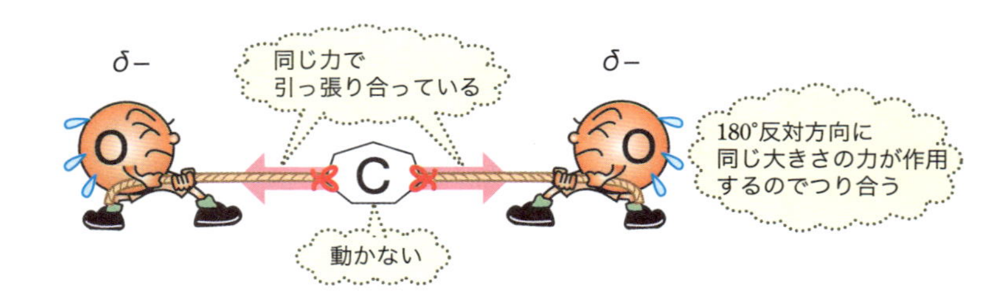

二酸化炭素 CO_2 は直線形だね。

●四塩化炭素（テトラクロロメタン）CCl_4 の場合（無極性分子）

四塩化炭素 CCl_4 の場合，C－Cl 間には極性が生じるが，分子全体として見れば正四面体の頂点方向から塩素原子が同じ力で引っ張り合っているため，つり合う。つまり，四塩化炭素は無極性分子となる。

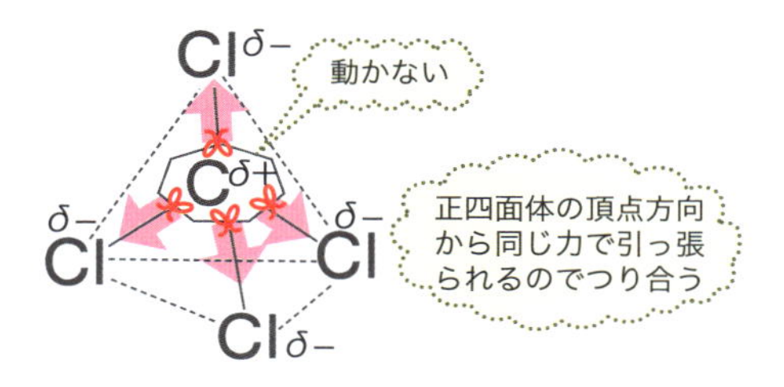

四塩化炭素 CCl_4 は正四面体形だね。
正四面体の頂点方向から「同じ力で引っ張る」もしくは
「同じ力で引っ張られる」と，つり合うと覚えておこう。

Point!

共有電子対・極性のまとめ

電気陰性度…共有電子対を引きつける力の強さ。貴ガスを除いて，周期表の右上にいくほど大きい。

極性…原子が電気陰性度の大きい原子へと引き寄せられ，結合に電荷の偏りが生じること。
極性分子（HCl，H_2O，NH_3）　無極性分子（H_2，CO_2，CCl_4）

5. 分子間力と分子結晶

分子と分子の間には，非常に弱い引力である**分子間力**（**ファンデルワールス力**）という力がはたらいているんだ。この分子間力によって多数の分子が集まってできた結晶を**分子結晶**という。

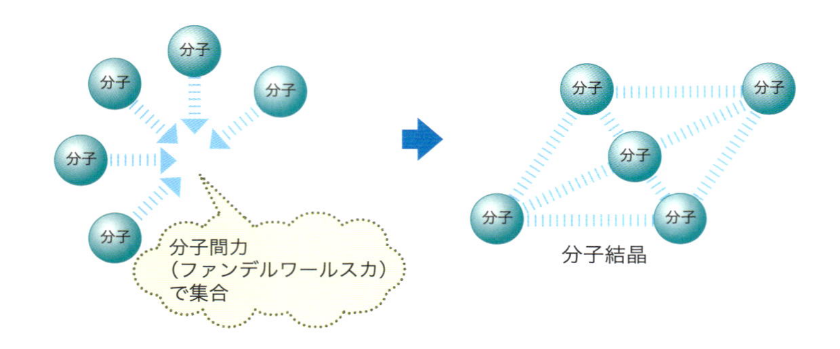

分子間力は弱い力なので，簡単に切れてしまう。だから，分子結晶は**昇華性**をもつものが多いんだ。

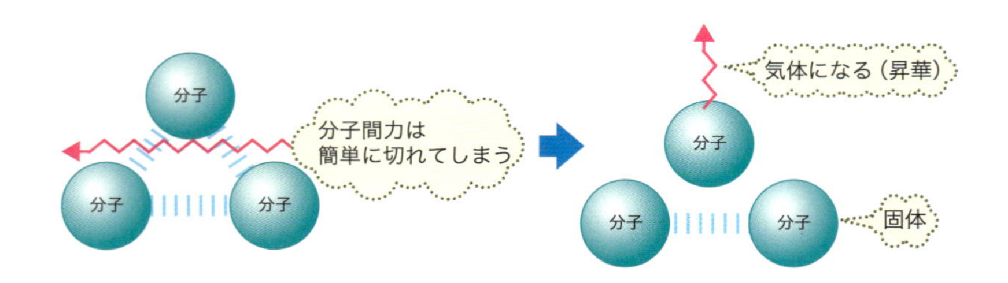

また，分子結晶は結びつきが弱いので，一般的に**融点が低く，やわらかい**固体となる。次に学習する共有結合でできた結晶（共有結合の結晶）とは真逆の性質になるよ。

分子結晶のおもな例としては，

「**ドライアイス CO_2**」，「**ヨウ素 I_2**」，
「**ナフタレン**」，「**パラジクロロベンゼン**」

の４つを覚えておこう。

Point!

分子結合・結晶のまとめ

① **分子間力**（ファンデルワールス力）により集まってできた結晶。

② **昇華性**をもつものが多い。

③ **融点が低く**，**やわらかい**。

④ 分子結晶のおもな例は，「**ドライアイス CO_2**」，「**ヨウ素 I_2**」，「**ナフタレン**」，「**パラジクロロベンゼン**」。

6. 共有結合の結晶

非金属元素の原子が多数，共有結合により結びついてできあがった固体を共有結合の結晶という。

結合の強さは，一般に**共有結合＞イオン結合＞金属結合≫分子間力**の順になっている。そのため，共有結合の結晶は，**融点が極めて高く，硬くなる**。おもな共有結合の結晶とその簡単な性質を覚えておこう。

① ダイヤモンド

ダイヤモンドは，炭素Cの同素体の1つ。正四面体を基本単位として，**立体網目構造**をもつ。非常に硬く，**電気は通さない**。

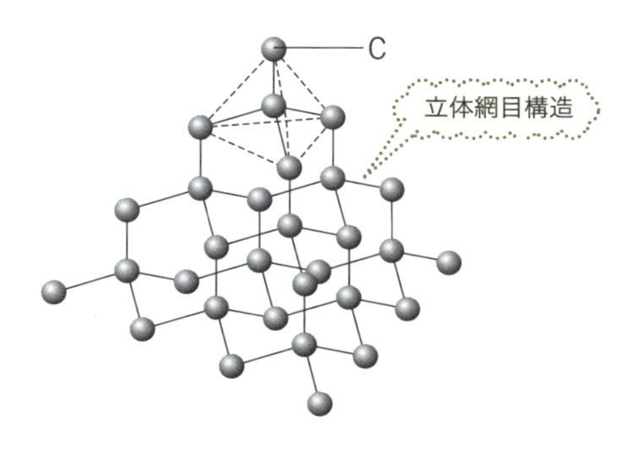

ダイヤモンドの融点は非常に高く，高圧下で加熱すると，約4000℃で融解するよ。

② 黒鉛

鉛筆の芯などに使われる黒鉛も，炭素Cの同素体の1つ。正六角形を基本単位として，平面が地層のようにいくつも積み重なった**平面層状構造**をもつ。**電気をよく通す**。

ダイヤモンドは各炭素原子の4つの価電子がすべて結合しているのに対し，黒鉛は各炭素原子の価電子のうち3つが結合し，1つが余っている。この，結合に使われなかった価電子が平面内を自由に動くことができるので，黒鉛は電気を通すことができるんだ。

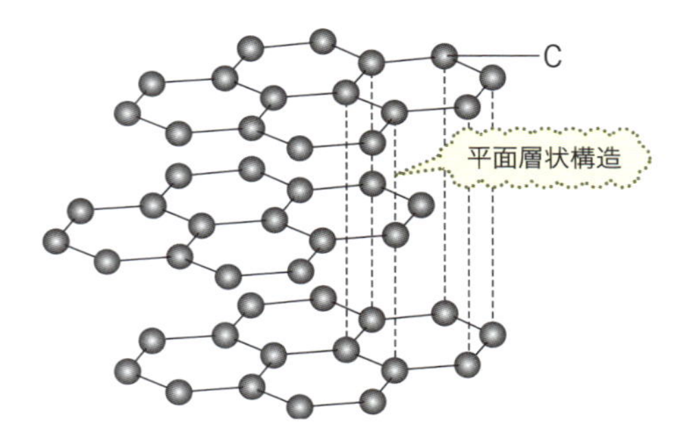

黒鉛は平面構造をしており，
他の共有結晶に比べるともろいよ。

③ ケイ素 Si

ケイ素の単体もダイヤモンドと同様に，正四面体を基本単位とする**立体網目構造**をもつ。高純度のケイ素は**半導体**として**IC チップ**や**太陽電池**などに用いられる。

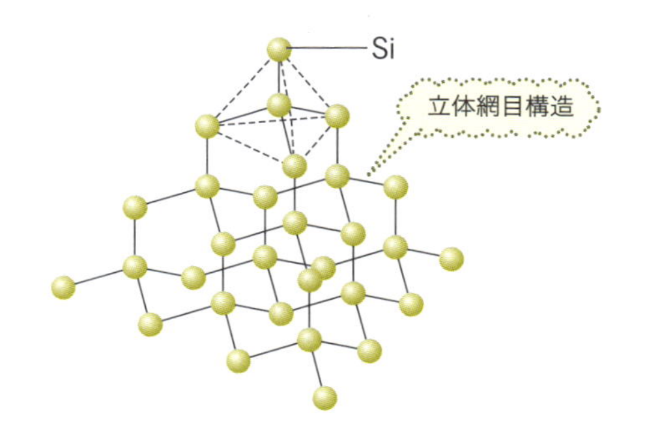

ケイ素の融点は約 1410℃だよ。
ダイヤモンドと同じような構造をしているね。

④ 二酸化ケイ素 SiO_2

ケイ素原子の周囲に 4 個の酸素原子が共有結合でつながり，この四面体を基本単位とする**立体網目構造**をもつ。二酸化ケイ素の自然界における結晶は**石英**（**水晶**）と呼ばれる。**光ファイバー**などに用いられる。

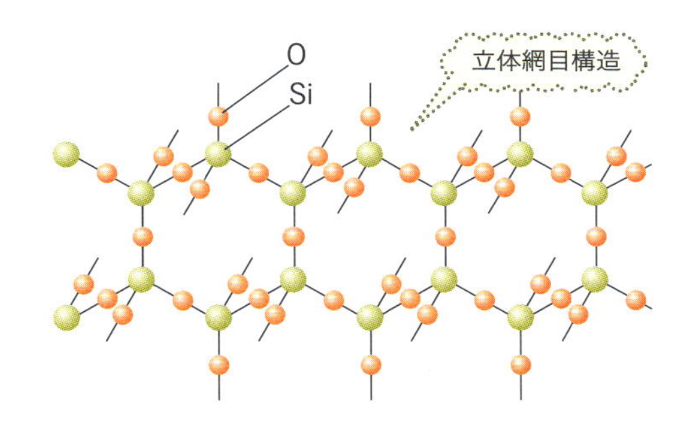

二酸化ケイ素の融点は約 1550℃だよ。

Point!

共有結合の結晶のまとめ

① 非金属元素が多数，共有結合することでできる。

② 融点が非常に高い。

③ 非常に硬い。

④ 黒鉛を除き，電気を通さない。

⑤ 共有結合の結晶のおもな例は，「**ダイヤモンド**」，「**黒鉛**」，「**ケイ素 Si**」，「**二酸化ケイ素 SiO_2**」。

Column

化学結合の見分け方

Chapter 2 のまとめに，化学結合の種類の考え方として大事なことを押さえておこう。

非金属元素どうしが結びつくときは**共有結合**

金属元素どうしが結びつくときは**金属結合**

金属元素と非金属元素が結びつくときは**イオン結合**

例えば，HCl は H(非金属) と Cl(非金属) の結合なので共有結合，NaCl は Na(金属) と Cl(非金属) の結合なのでイオン結合ということになるね。

では，NH_4Cl（固体）の場合はどうなるだろう。この化合物は，NH_4^+（アンモニウムイオン）と Cl^-（塩化物イオン）からなるイオン結晶だ。だから，NH_4^+と Cl^-の結びつきはイオン結合となる。

ここからさらに，NH_4^+内の結合を詳しく見てみよう。

アンモニア分子（NH_3）が水素イオン H^+と配位結合して，アンモニウムイオン NH_4^+を作るということは，p.94 で学習したね。残り 3 つの N－H は非金属元素どうしの結合なので，共有結合になるね。

つまり，4 つの N－H 結合のうち，3 つが共有結合，1 つが配位結合になるんだ。ただし，どれが共有結合で，どれが配位結合かは区別できない。

まとめると，NH_4Cl（固体）に存在する化学結合は全部で，**共有結合，配位結合，イオン結合の 3 種類ある**ということだよ。

練習問題

次の各分子について，下の問いに答えよ。

（ア）H_2O　（イ）CO_2　（ウ）NH_3　（エ）CH_4

問1　(ア)〜(エ)の各分子を構造式で記せ。

問2　(ア)〜(エ)の各分子の非共有電子対の数を記せ。

問3　(ア)〜(エ)の各分子の立体構造を下から選べ。

① 直線形　② 正三角形　③ 三角錐形

④ 折れ線形　⑤ 正四面体形

問4　(ア)〜(エ)のうち，無極性分子であるものをすべて選べ。

解答

問1　（ア）H−O−H　（イ）O=C=O

（ウ）
```
H−N−H
  |
  H
```
（エ）
```
    H
    |
H − C − H
    |
    H
```

問2　（ア）2　（イ）4　（ウ）1　（エ）0

問3　（ア）④　（イ）①　（ウ）③　（エ）⑤

問4　（イ），（エ）

解説

問1　構造式は立体構造を表現する必要はない。

問2　それぞれ，電子式を書いてみよう(▭が非共有電子対)。

（ア）H:Ö:H（O の上下に非共有電子対）　2 対

（イ）Ö::C::Ö（各 O の上下に非共有電子対）　4 対

問4 (イ) O原子が180°反対方向に，同じ大きさの力で引っ張り合っているのでつり合う。よって，無極性分子。

(エ) 正四面体の重心の位置にあるC原子が，正四面体の頂点方向から共有電子対を同じ力で引っ張っているのでつり合う。よって，無極性分子。

Chapter 2 共通テスト対策問題

1

次の周期表では，第２・第３周期の元素を記号 A，D，E，G，J，Lで表している。これらの元素からなる物質の分子式または組成式として**適当でないもの**を①～⑥のうちより，１つ選べ。

周期＼族	1	2	3 ～ 12	13	14	15	16	17	18
2					A		D		
3	E	G		J				L	

① AL_4　② E_2D　③ EL_2
④ GD　⑤ GL_2　⑥ J_2D_3

（センター本試）

2

以下の空欄にあてはまるものとして正しいものを，(ア)～(エ)は解答群Ⅰより１つずつ，(オ)～(ク) は解答群Ⅱより１つずつ，(ケ)～(シ) は解答群Ⅲより２つずつ選べ。

	共有結合の結晶	イオン結晶	金属結晶	分子結晶
構成粒子	原子（非金属）	陽イオンと陰イオン	金属原子（金属陽イオン）	分子
構成粒子どうしの結びつき	(ア)	(イ)	(ウ)	(エ)
機械的性質	(オ)	(カ)	(キ)	(ク)
例	(ケ)	(コ)	(サ)	(シ)

<解答群Ⅰ　(ア)～(エ)>

① 静電気的な引力　② 金属結合
③ 共有結合　④ 分子間力

<解答群Ⅱ　(オ)～(ク)>

① 展性・延性に富む　② 非常に硬い
③ やわらかい　④ 硬いがもろい

<解答群Ⅲ　(ケ)～(シ)>

① ダイヤモンド　② 塩化ナトリウム
③ ヨウ素 (I_2)　④ 黒鉛（グラファイト）　⑤ 鉛
⑥ ドライアイス　⑦ 炭酸カルシウム
⑧ アルミニウム

【解答・解説】

1

まずは，A，D，E，G，J，Lの元素記号を特定しよう。周期表より

A → C　　D → O　　E → Na

G → Mg　　J → Al　　L → Cl

となるね。そこで，①～⑥を元素記号で置き換えると

① CCl_4　　② Na_2O　　③ $NaCl_2$

④ MgO　　⑤ $MgCl_2$　　⑥ Al_2O_3

となる。これを検討していくよ。

①は非金属元素どうしの組合せなので，共有結合で結びつく。電子式で表すと

```
      ‥
     :Cl:
  ‥  ‥  ‥
 :Cl:C:Cl:
  ‥  ‥  ‥
     :Cl:
      ‥
```

分子式は CCl_4 となるので，正しい。

②，③，④，⑤，⑥は金属元素と非金属元素の組み合わせなので，イオン結合で結びつく。組成式の書き方のルールは，p.79 を確認してね。

②は Na^+ と O^{2-} からなるので

$$Na^+ \times 2 \quad + \quad O^{2-} \times 1 \longrightarrow Na_2O$$ （酸化ナトリウム）

よって，正しい。

③は Na^+ と Cl^- からなるので

$$Na^+ \times 1 \quad + \quad Cl^- \times 1 \longrightarrow NaCl$$ （塩化ナトリウム）

よって，誤り。

④は Mg^{2+} と O^{2-} からなるので

$$Mg^{2+} \times 1 + O^{2-} \times 1 \longrightarrow MgO$$（酸化マグネシウム）

よって，正しい。

⑤は Mg^{2+} と Cl^- からなるので

$$Mg^{2+} \times 1 + Cl^- \times 2 \longrightarrow MgCl_2$$（塩化マグネシウム）

よって，正しい。

⑥は Al^{3+} と O^{2-} からなるので

$$Al^{3+} \times 2 + O^{2-} \times 3 \longrightarrow Al_2O_3$$（酸化アルミニウム）

よって，正しい。

 ③

2

（オ），（ク）　共有結合は最強の結合。共有結合の結晶は，一般的に融点が高く，結合が強いほど硬くなるよ。その真逆の性質になるのが分子結晶だね。分子間力は弱い結びつきなので，一般的に融点が低く，やわらかいよ。

（ケ）　共有結合の結晶の例としては，「黒鉛（グラファイト）C」，「ダイヤモンド C」，「ケイ素 Si」，「二酸化ケイ素 SiO_2」を覚えておこう。

（コ）　イオン結晶は，陽イオンと陰イオンからなるものを選ぶよ。②は Na^+ と Cl^-，⑦は Ca^{2+} と $CO_3{}^{2-}$ からなるね。

（シ）　分子結晶の例としては，「ドライアイス CO_2」，「ヨウ素 I_2」，「ナフタレン」，「パラジクロロベンゼン」を覚えておこう。

（ア）③　（イ）①　（ウ）②　（エ）④
（オ）②　（カ）④　（キ）①　（ク）③
答　（ケ）①, ④　（コ）②, ⑦　（サ）⑤, ⑧　（シ）③, ⑥

Theme 1 原子量・分子量・式量

Chapter 1 で学んだように，原子の大きさは非常に小さく，原子を構成する粒子の数は莫大だ。Chapter 3 では，構成粒子の数を理解し，物質の量，体積など，量的な関係を学習していく。

1. 相対質量

原子 1 個の質量はとても軽くて，そのままの値では扱いづらい。そこで，原子 1 個の質量は，**質量数 12 の炭素原子 ^{12}C の質量を 12 としたときの相対質量**で表すことになっているんだ。相対質量は，ほぼ質量数に等しい値になるよ。

相対質量を，体重 50 kg のヒト，500 kg のウマ，5000 kg のゾウを例にして考えてみよう。ヒト 1 人の質量を 1 とすると，その 10 倍の重さのウマの相対質量は 10，100 倍の重さのゾウの相対質量は 100 になるね。

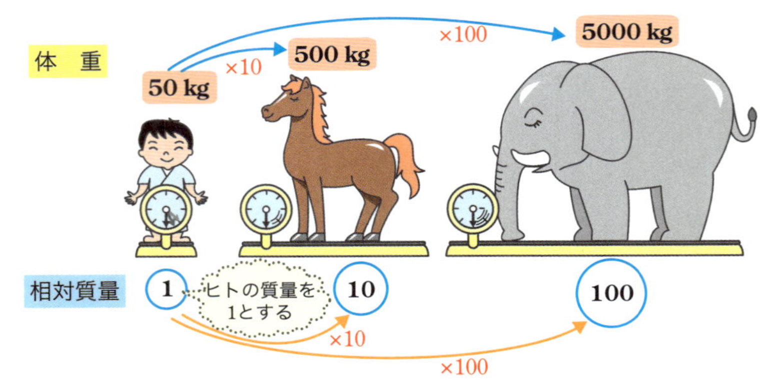

相対質量には単位はないよ。
基準となる質量に対して，他の物質の質量がどのくらいの値であるかの比を示したものだからね。

2. 原子量

元素の中には，質量数の異なる**同位体**が存在するものがあったよね(p.47)。ある元素の原子の質量を表すには，同位体の存在比についても考える必要がある。それぞれの同位体の相対質量と存在比から計算した相対質量の平均値を**原子量**というよ。

では，その計算方法を説明していくよ。天然に存在する炭素原子の同位体，^{12}C と ^{13}C の場合で考えてみよう。

原子	^{12}C	^{13}C
相対質量	12	13
存在比	98.9％	1.1％

この2種類の同位体は，^{12}C が98.9％，^{13}C が1.1％の割合で天然に存在する。このとき，相対質量の数値だけを見て，単純にその平均値を原子量としてはダメだ。

$$\text{炭素の原子量} = \frac{12+13}{2} = 12.5$$

なぜかというと，^{12}C と ^{13}C の存在比が異なるからだ。圧倒的に ^{12}C のほうが多く存在するのに，相対質量の平均をとった12.5では不自然だよね。

原子量は，**各同位体の相対質量にそれぞれの存在比を掛けて**，その和を求めるんだ。

原子量＝(同位体の相対質量×その存在比)の和

では，正しい計算で炭素の原子量を求めてみよう。

$$\text{炭素の原子量} = \underset{\text{相対質量}}{12} \times \frac{98.9}{\underset{\text{存在比}}{100}} + \underset{\text{相対質量}}{13} \times \frac{1.1}{\underset{\text{存在比}}{100}} = 12.011 \fallingdotseq 12.01$$

原子量も相対質量と同様に，単位はないよ。

原子量は，このような計算問題として出題される以外は，問題文中に与えられるので，覚える必要はない。計算の方法だけマスターしておこう。

3. 分子量

原子量と同じように $^{12}C=12$ を基準として求めた分子1個の相対質量を**分子量**という。**構成原子の原子量の総和**を求めればいいだけなので，難しくないよね。実際にやってみよう。

例えば，原子量を H=1.0，C=12，O=16 とすると，次の化合物の分子量は以下の通りだね。

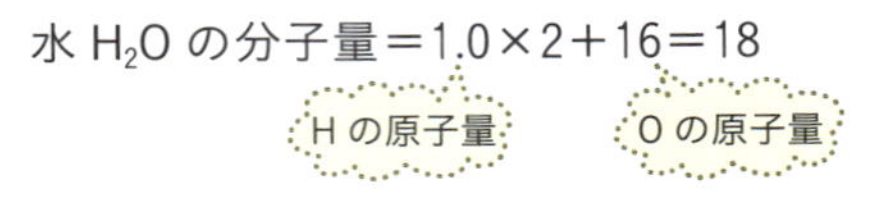

4. 式量

イオン結合の物質や金属などの組成式において，分子量の代わりに用いるのが**式量**だ。式量は，分子量と同じように**構成原子の原子量の総和**を求めることで算出できるよ。

イオンには，電子を失ってできる陽イオンと，電子を得てできる陰イオンがあったね。ただ，電子の質量は原子に比べてとても小さいので(p.45)，電子のことは，ここでは無視して考えていいんだ。

例えば，原子量を C=12，O=16，Na=23 とすると，次の化合物の式量は以下の通りになるよ。

炭酸イオン CO_3^{2-} の式量＝12＋16×3＝60

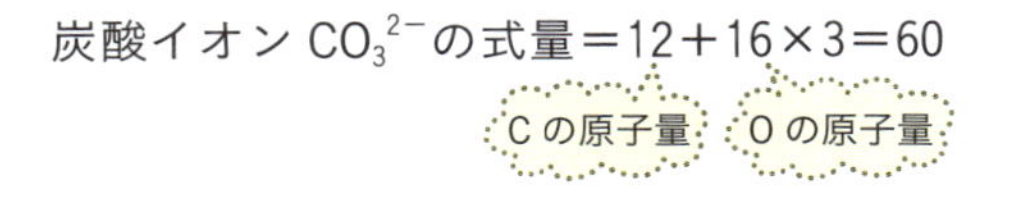

金属の単体は，原子量が式量となるよ。
元素記号が組成式そのものだからね。

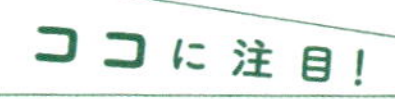

「分子式」と「組成式」

「分子式」と「組成式」の区別は，多くの受験生が苦手とするところだ。簡単に区別するには，**構造式で書ける物質の化学式が「分子式」**で，**構造式で書けない物質の化学式が「組成式」**と考えればよい。

構造式とは，分子中の原子の結合の様子を表したものだったね。例えば，メタン CH_4 は，C が 1 つ，H が 4 つと書くことができる。構造式で書くことができるから，CH_4 は分子式なんだ。

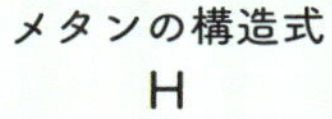

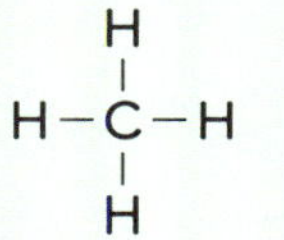

構成原子の実際の数を構造式で表現できるから分子式だ!

一方，構造式で書けない物質もある。例えば，塩化ナトリウム NaCl（固体）やダイヤモンド（C）だ。このような物質の化学式は，「構成粒子数の比」や「繰り返し単位」を表す組成式を用いる。

塩化ナトリウムNaCl（固体）

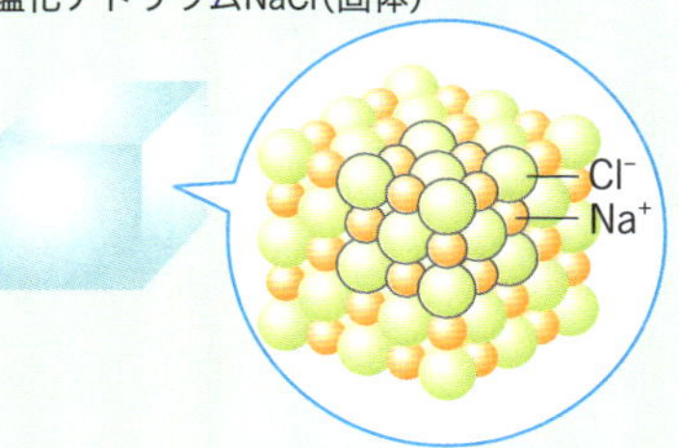

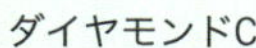

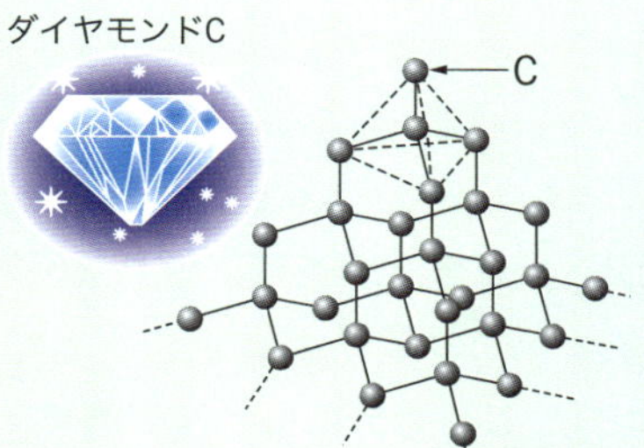

塩化ナトリウムは，Na : Cl = 1 : 1 を表しているね。
ダイヤモンドは，C の繰り返しを表しているよ。

固体の銅は化学式で Cu と表す。これも，Cu 原子の繰り返しを表したもので，組成式だ。

つまり，構造式で書けないものは，イオン結晶・金属結晶・共有結合の結晶で，組成式で表すと覚えておこう。

練習問題

問1 天然の塩素原子には ^{35}Cl と ^{37}Cl の2種類の同位体があり，その存在比は ^{35}Cl が75%，^{37}Cl が25%である。塩素原子の原子量を求めよ。

問2 次の物質の分子量，または式量を求めよ。ただし，原子量を H=1.0，C=12，N=14，O=16，S=32 とする。

① 二酸化窒素 NO_2　② エタノール C_2H_6O
③ 炭酸水素イオン HCO_3^-　④ 硫酸イオン SO_4^{2-}

解答 **問1** 35.5

問2 ① 46　② 46　③ 61　④ 96

解説

問1 原子量は，**各同位体の相対質量にそれぞれの存在比を掛けて，その和を求めればよい**。

$$\text{Cl の原子量} = \underbrace{\underset{\text{相対質量}}{35} \times \underset{\text{存在比}}{\frac{75}{100}}}_{^{35}\text{Cl}} + \underbrace{\underset{\text{相対質量}}{37} \times \underset{\text{存在比}}{\frac{25}{100}}}_{^{37}\text{Cl}} = \mathbf{35.5}$$

問2 分子量・式量は，**構成原子の原子量の総和**を求めればいい。イオン式の**電子の質量は，とても小さいので無視できる**のだったね。

① NO_2 の分子量=14+16×2=**46**
② C_2H_6O の分子量=12×2+1.0×6+16=**46**
③ HCO_3^- の式量=1.0+12+16×3=**61**
④ SO_4^{2-} の式量=32+16×4=**96**

原子量は通常与えられるものだけれど，
H=1.0，C=12，O=16ぐらいは暗記しておこう。

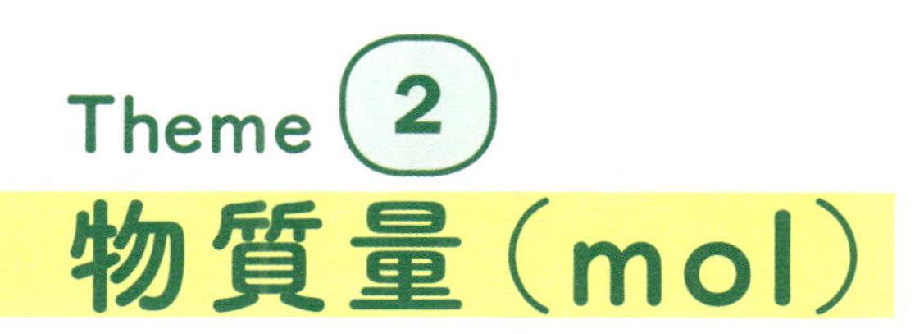

Theme 2 物質量(mol)

化学における計算は，物質量(mol)で行うものがほとんどだといっても過言ではない。この辺りから化学がわからなくなったという受験生も少なくないので，まずは物質量(mol)とは何かということをしっかり理解してほしい。ていねいに説明していくので，ついてきてね。

1．物質量(mol)

原子の相対質量の基準となるのが，質量数12の炭素原子 ^{12}C だったね。^{12}C 原子1個の質量は 1.993×10^{-23} g なので，この ^{12}C 12 g に含まれる炭素原子 ^{12}C の数は

$$\frac{12\ \mathrm{g}}{^{12}\mathrm{C}\ 原子1個の質量}=\frac{12\ \mathrm{g}}{1.993\times10^{-23}\ \mathrm{g}}\fallingdotseq6.02\times10^{23}〔個〕$$

と求められる。この数を**アボガドロ数**といい，アボガドロ数(6.02×10^{23})個の粒子の集団を**1モル(mol)**というんだ。モルを単位とした物質の量を**物質量**と呼ぶよ。2 mol の場合，粒子の個数は $6.02\times10^{23}\times2$ というように，モルに比例して粒子の個数も増えていくよ。

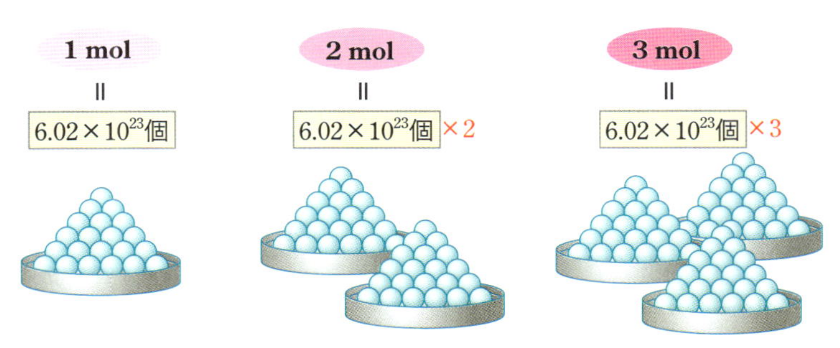

1 mol は 6.02×10^{23} 個の粒子の集団だよ。

つまり，物質量(mol)というのは，アボガドロ数というものすごく大きな数のかたまりがいくつあるのか，その「個数」を表す数値なんだ。鉛筆12本をひとまとまりとして1ダースと数えるのと同じ考え方だよ。

鉛　筆

12本＝1ダース

原子・分子・イオンなどの粒子

6.02×10^{23}個＝1 mol

鉛筆は12本で1ダース。
粒子は6.02×10^{23}個で1 molだ!

1 molあたりの粒子の数を**アボガドロ定数**(N_A)といい

$$N_A = 6.02 \times 10^{23}/\text{mol}$$

と表す。

物質量とアボガドロ定数には，次の関係式が成り立つ。

$$\textbf{物質量}〔\text{mol}〕= \frac{\textbf{粒子の数}}{\textbf{アボガドロ定数}〔/\text{mol}〕}$$

本書では，この式を「モル公式①」とするよ。

2. 物質 1 mol の質量（モル質量）

原子量・分子量・式量に(g)単位をつけたものが，物質 1 mol の質量になる。水 H_2O（分子量 18）1 mol の質量は, 水の分子量 18 に g をつけて，18 g になる。実際の水分子 H_2O 1 個の質量は，約 3.0×10^{-23} g。これが 1 mol 分，つまり 6.02×10^{23} 個集まると

$$3.0\times10^{-23}\times6.02\times10^{23}=18.06\fallingdotseq18$$

となり，分子量とほぼ一致しているんだ。

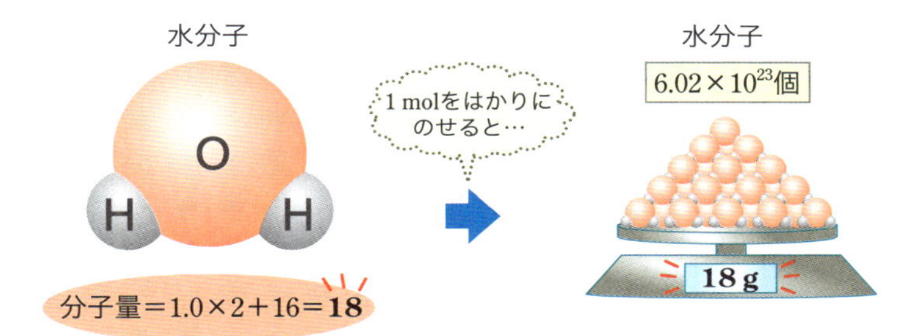

1 mol の重さは 6.02×10^{23} 個の粒子の重さだね。

物質 1 mol あたりの質量を**モル質量（g/mol）**と呼ぶよ。モル質量は，**原子量・分子量・式量に（g/mol）の単位をつけたもの**だ。

原子量・分子量・式量と物質量の関係を次ページの表にまとめたよ。

ここで押さえてほしいのは，原子量・分子量・式量がモル質量と一致している，ということだ。これより，物質量と質量，モル質量には，次の関係式が成り立つ。

$$\text{物質量〔mol〕}=\frac{\text{物質の質量〔g〕}}{\text{モル質量〔g/mol〕}}$$

この式を「モル公式②」とする。

	炭素原子 C	水分子 H_2O	アルミニウム Al	塩化ナトリウム NaCl
原子量・分子量・式量	12 原子量	1.0×2＋16＝18 分子量	27 式量	23＋35.5＝58.5 式量
1 molの粒子の数と質量	Cが 6.02×10^{23}個 12.00g 炭素	H_2Oが 18g/mol 18.00g 水	Alが 27g/mol 27.00g アルミニウム	Na^+ Cl^-が 58.5g/mol 58.50g 塩化ナトリウム
モル質量	12g/mol	18g/mol	27g/mol	58.5g/mol

原子・分子・単体・イオン性化合物の４つを
比べてみるとわかるように，構成単位の集団を
まとまりとして考えるよ。

3. 気体 1 mol の体積

1 mol の気体の体積は，**気体の種類に関係なく，標準状態(0℃，1 気圧)で 22.4 L** になるよ。つまり，水素でも酸素でも標準状態であれば 1 mol は，22.4 L の体積を占めるんだ。

例えば，水素 1 mol の気体の体積は，標準状態では 22.4 L になる。

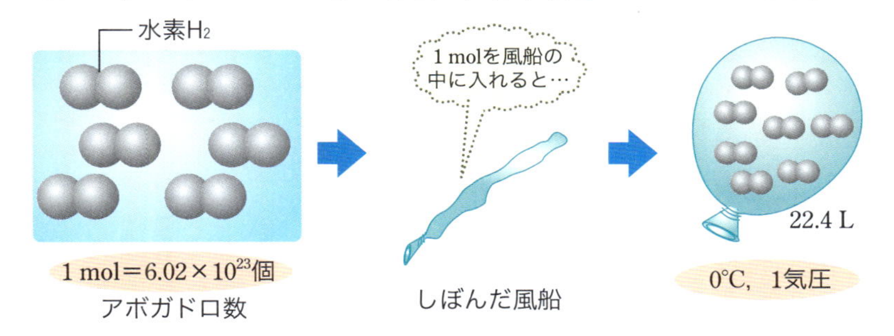

6.02×10^{23} 個の水素分子を風船に入れると，
標準状態では，22.4 L になるんだね。

物質量と標準状態での気体の体積については，次の関係式が成り立つ。

$$\text{物質量〔mol〕}=\frac{\text{標準状態での気体の体積〔L〕}}{22.4\text{〔L/mol〕}}$$

この式を「モル公式③」とするよ。

つまり，気体の体積は種類に関係なく，1 mol では 22.4 L，2 mol では 44.8 L…ということだ。ただ，これはあくまでも「標準状態」というのが条件だ。気体の体積は，温度や圧力によっても変化する。「化学基礎」の範囲では，気体の体積を標準状態以外で求めることはほとんどないけど，このことは覚えておこう。

4. 物質量のまとめ

ここまで学んできたことをまとめると，1 mol は，粒子の数，物質の質量，標準状態での気体の体積で表すことができるよ。

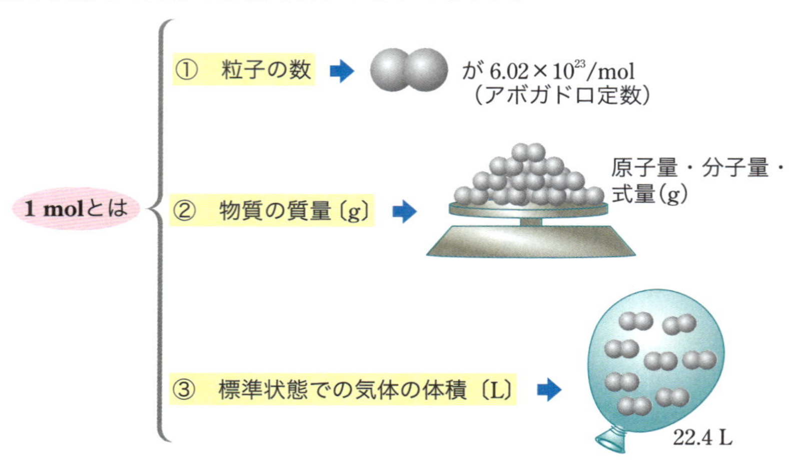

ここまで学んできたことを使うと，**物質量〔mol〕から「粒子の数」，「物質の質量〔g〕」，「標準状態での気体の体積〔L〕」**が求められるんだ。以下，この関係を表す3つのモル公式をまとめたので，必ず覚えておこう。

Point!

モル公式

① 物質量〔mol〕$=\dfrac{\text{粒子の数}}{\text{アボガドロ定数〔/mol〕}}$

② 物質量〔mol〕$=\dfrac{\text{物質の質量〔g〕}}{\text{モル質量〔g/mol〕}}$

③ 物質量〔mol〕$=\dfrac{\text{標準状態での気体の体積〔L〕}}{\text{22.4〔L/mol〕}}$

練習問題

原子量をH＝1.0，C＝12，O＝16，アボガドロ定数を6.02×10^{23}/molとして，次の各問いに答えよ。

問1　メタンCH_4 3.2 gの物質量は何molか。また，標準状態での気体の体積は何Lか。

問2　二酸化炭素CO_2 0.15 molに含まれるCO_2分子の数は何個か。

解答　**問1**　物質量…**0.20 mol**

標準状態での気体の体積…**4.48 L**

問2　**9.0×10^{22} 個**

解説

問1　まず，メタンの分子量を求めよう。

メタンの分子量＝12＋1.0×4＝16

だね。ということは，メタンのモル質量は16 g/molとなる。

物質の質量はわかっているので，**モル公式②**を使うと物質量が求められるね。

$$物質量〔mol〕=\frac{物質の質量〔g〕}{モル質量〔g/mol〕}=\frac{3.2}{16}=\mathbf{0.20}〔mol〕$$

物質量がわかったので，標準状態での気体の体積も，**モル公式③**から求められるよ。

$$物質量〔mol〕=\frac{標準状態での気体の体積〔L〕}{22.4〔L/mol〕}$$

求める気体の体積をx〔L〕として，式に代入すると

$$0.20=\frac{x}{22.4}$$

$$x=\mathbf{4.48}〔L〕$$

問2 問題文より，二酸化炭素の物質量は0.15 molだね。粒子の数を求めるには，**モル公式①**を使うよ。

$$\text{物質量〔mol〕}=\frac{\text{粒子の数}}{\text{アボガドロ定数〔/mol〕}}$$

求める粒子の数を y〔個〕として，式に代入すると

$$0.15=\frac{y}{6.0\times10^{23}}$$

$$y=0.9\times10^{23}=\mathbf{9.0\times10^{22}}\text{〔個〕}$$

モル公式①，②，③を使えば，物質量，粒子の数，物質の質量，標準状態での気体の体積がわかるね。

Theme 3
溶液の濃度

溶液の濃度には，質量パーセント濃度とモル濃度の２種類の表し方がある。ここも，苦手とする受験生が多い項目なので，例題を解きながら，わかりやすく説明していくよ。頑張ろうね。

1. 質量パーセント濃度（単位：%）

砂糖を水に加えてかき混ぜると，均一な液体となる。この現象を**溶解**といったね。溶解で生じた均一な液体を**溶液**といい，溶解した砂糖を**溶質**，溶質を溶かした液体を**溶媒**という。溶媒が水の場合は，**水溶液**というよ。

溶液全体の質量に対する，溶質の質量の割合を表すものが，**質量パーセント濃度**（単位：%）だ。

式で表すと

$$質量パーセント濃度〔\%〕=\frac{溶質の質量〔g〕}{溶液の質量〔g〕}\times 100〔\%〕$$

（溶液の質量 → 溶質の質量＋溶媒の質量）

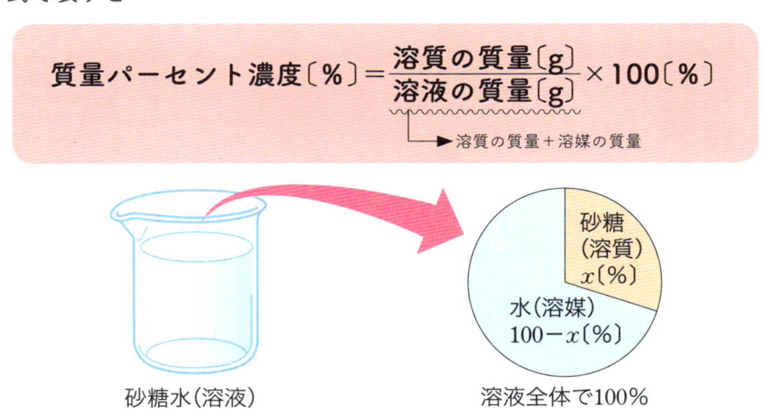

砂糖水（溶液）　溶液全体で100%

溶質の質量を，溶液全体の質量で割ることに注意してね！

では，実際に計算してみよう。

例題 1

水 100 g に塩化ナトリウム NaCl を 25 g 溶かした。この水溶液の質量パーセント濃度は何％か。

質量パーセント濃度の式に代入すればいいね。

溶液の質量は溶質の質量＋溶媒の質量だったね。

$$\text{質量パーセント濃度}〔\%〕=\frac{\text{溶質の質量}〔g〕}{\text{溶液の質量}〔g〕}\times 100〔\%〕$$

$$=\frac{25}{100+25}\times 100=\mathbf{20〔\%〕}$$ 答

例題 2

30 g のグルコース $C_6H_{12}O_6$ を溶かして 15％の水溶液を作りたい。このとき，必要な水の質量は何 g か。

まず，水溶液全体の質量を x〔g〕として，質量パーセント濃度の式に代入すると

$$15=\frac{30}{x}\times 100$$

$$15x=30\times 100$$

$$x=200〔g〕$$

水溶液 200 g のうち，グルコースは 30 g であるので，必要な水の質量は

$$200-30=\mathbf{170〔g〕}$$ 答

2. モル濃度（単位：mol/L）

溶液1L中に含まれる溶質の物質量(mol)を表すものが，**モル濃度〔mol/L〕**だ。

$$\text{モル濃度〔mol/L〕}=\frac{\text{溶質の物質量〔mol〕}}{\text{溶液の体積〔L〕}}$$

考え方としては，質量パーセント濃度〔%〕と同じだよ。

さあ，実際に計算してみよう。

例題 3

水酸化ナトリウム NaOH 4.0 g を水に溶かして 200 mL の水溶液とした。この水溶液のモル濃度は何 mol/L か。ただし，NaOH の式量を 40 とする。

NaOH の式量は 40 だから，モル質量は 40 g/mol だね。NaOH の物質量は

$$\frac{4.0}{40}=0.10\text{〔mol〕}$$

また，溶液の体積は 200 mL＝0.20 L だから，モル濃度の式に代入すると

単位を mL から L に直す

$$\text{モル濃度〔mol/L〕}=\frac{\text{溶質の物質量〔mol〕}}{\text{溶液の体積〔L〕}}$$

$$=\frac{0.10}{0.20}=\mathbf{0.50\text{〔mol/L〕}}$$

次は，質量パーセント濃度からモル濃度に換算する問題をやってみよう。質量パーセント濃度とモル濃度がそれぞれ理解できていたら，難しくないよ。

例題 4

8.0％の水酸化ナトリウム NaOH 水溶液の密度は 1.1 g/cm³ である。この水溶液のモル濃度は何 mol/L か。ただし，NaOH の式量を 40 とする。

モル濃度は「溶液 1 L 中に含まれる溶質の物質量」だから，**溶液 1 L について考える**よ。

1 L＝1000 mL＝1000 cm³ だから，この水溶液 1 L の質量は

（単位を L から cm³ に直す）

$$1000\ \text{cm}^3 \times 1.1\ \text{g/cm}^3 = 1100\ \text{g}$$

$$\text{密度〔g/cm}^3\text{〕} = \frac{\text{質量〔g〕}}{\text{体積〔cm}^3\text{〕}}$$

このうち，8.0％が NaOH（溶質）なので，NaOH の質量は

$$1100\ \text{g} \times \frac{8.0\ \%}{100\ \%} = 88\ \text{g}$$

（質量パーセント濃度の式を変形して求める）

NaOH の式量は 40 だから，モル質量は 40 g/mol だね。NaOH の物質量は

$$\frac{88\ \text{g}}{40\ \text{g/mol}} = 2.2\ \text{〔mol〕}$$

溶液 1 L について考えているので，モル濃度は

$$\frac{2.2\ \text{mol}}{1\ \text{L}} = \mathbf{2.2\ mol/L}$$ 答

$$\text{モル濃度〔mol/L〕} = \frac{\text{溶質の物質量〔mol〕}}{\text{溶液の体積〔L〕}}$$

濃度の問題は，似たようなパターンで
出題されることが多いから，
数をこなして慣れてしまおう。

練習問題

次の各問いに答えよ。ただし，原子量は H＝1.0，C＝12，O＝16，S＝32 とする。

問1　グルコース $C_6H_{12}O_6$ 9.0 g を水に溶かして 200 mL とした。この水溶液のモル濃度は何 mol/L か。最も適当な数値を，次の①～⑤より 1 つ選べ。

①　0.050　②　0.10　③　0.15　④　0.20　⑤　0.25

問2　0.10 mol/L のグルコース $C_6H_{12}O_6$ 水溶液 200 mL に含まれるグルコースは何 g か。最も適当な数値を，次の①～⑤より 1 つ選べ。

①　0.10　②　3.6　③　5.0　④　9.0　⑤　18

問3　(1)　濃度 98％ の濃硫酸 H_2SO_4 がある。この濃硫酸のモル濃度は何 mol/L か。ただし，濃硫酸の密度は 1.8 g/mL とする。最も適当な数値を，次の①～⑤より 1 つ選べ。

①　9.0　②　12　③　18　④　36　⑤　98

(2)　0.36 mol/L の濃硫酸を 200 mL 作るには，(1)の濃硫酸が何 mL 必要か。最も適当な数値を，次の①～⑤より 1 つ選べ。

①　1.0　②　2.0　③　3.0　④　4.0　⑤　5.0

問4　質量パーセント濃度が c〔％〕の過酸化水素水（H_2O_2 の水溶液）の密度を d〔g/cm^3〕とするとき，この水溶液のモル濃度〔mol/L〕を表す式として正しいものはどれか。最も適当なものを，次の①～⑥より 1 つ選べ。

①　$\dfrac{0.1c}{34d}$　②　$\dfrac{10c}{34d}$　③　$\dfrac{100c}{34d}$

④　$\dfrac{0.1cd}{34}$　⑤　$\dfrac{10cd}{34}$　⑥　$\dfrac{100cd}{34}$

解答 **問1** ⑤

問2 ②

問3 (1) ③ (2) ④

問4 ⑤

解説

問1 グルコース $C_6H_{12}O_6$ の分子量＝12×6＋1.0×12＋16×6＝180

よって，グルコースのモル質量は 180 g/mol だね。モル公式②より，グルコースの物質量は

$$\frac{9.0}{180}=0.050〔\text{mol}〕$$

また，溶液の体積は 200 mL＝0.20 L だから，この水溶液のモル濃度は

$$\frac{0.050}{0.20}=\mathbf{0.25〔mol/L〕}$$

問2 溶液の体積 200 mL＝0.20 L より，モル濃度 0.10 mol/L の水溶液中に含まれるグルコースの物質量は

0.10 mol/L×0.20 L＝0.020〔mol〕 モル濃度の式を変形して求める

グルコースのモル質量は 180 g/mol なので，0.020 mol のグルコースの質量は

0.020 mol×180 g/mol＝**3.6〔g〕** モル公式②を変形して求める

まず，物質量を求めてから，質量を計算するよ。

問3　(1)　質量パーセント濃度からモル濃度に換算する問題だよ。**溶液の体積は1Lで考える**んだったよね。

1L＝1000 mLだから，この溶液1Lの質量は

$$1000\ \text{mL} \times 1.8\ \text{g/mL} = 1800\,[\text{g}]$$

1Lの質量を求めるために，
まず単位を換算してから，密度 1.8 g/mL を使うよ。

濃度98％の濃硫酸ということは，溶液の質量1800 gのうち，98％が溶質のH_2SO_4ということなので，H_2SO_4の質量は

$$1800\ \text{g} \times \frac{98\,\%}{100\,\%} = 1764\,[\text{g}]$$

質量パーセント濃度の式を変形して求める

ここで，H_2SO_4の分子量＝1.0×2＋32＋16×4＝98より，モル質量は98 g/molだから，H_2SO_4の物質量は

$$\frac{1764\ \text{g}}{98\ \text{g/mol}} = 18\,[\text{mol}]$$

モル公式②より

溶液1Lについて考えているので，求めるモル濃度は **18 mol/L**

(2)　必要な濃硫酸をx〔mL〕として考えるよ。(1)の濃硫酸のモル濃度は18 mol/Lだ。この18 mol/Lから濃度を0.36 mol/Lに下げるということは，水で薄めて濃度を低くするということだね。

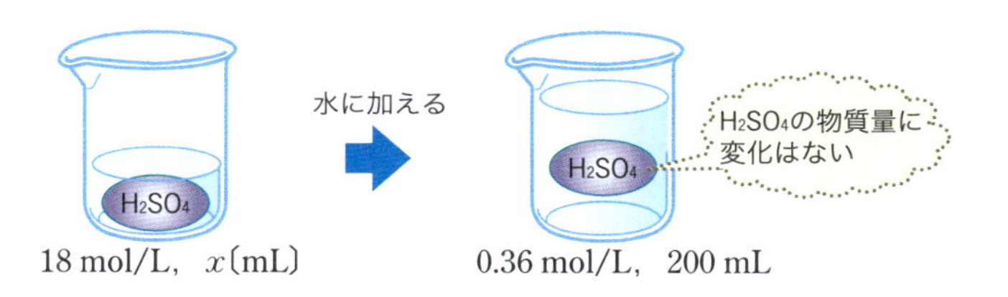

このとき，溶液を水で薄めただけなので，溶質であるH_2SO_4の**物質量に変化はない**よね。

つまり，次の関係が成り立つ。

18 mol/L，x〔mL〕中のH_2SO_4の物質量

＝0.36 mol/L，200 mL中のH_2SO_4の物質量

この関係を利用して解くよ。モル濃度の式を変形すると

溶質の物質量〔mol〕＝モル濃度〔mol/L〕×溶液の体積〔L〕

となるね。

ここで溶質 H_2SO_4 の物質量が同じだから

単位を mL から L にするため 1000 で割る

$$\underset{\text{モル濃度〔mol/L〕}}{18} \times \underset{\text{溶液の体積〔L〕}}{\frac{x}{1000}} = \underset{\text{モル濃度〔mol/L〕}}{0.36} \times \underset{\text{溶液の体積〔L〕}}{\frac{200}{1000}}$$

$$18x = 72$$

$$x = \mathbf{4.0}\,\text{〔mL〕}$$

希釈する前後で溶質の物質量は
変化しないところがポイントだよ。

問4 濃度換算の問題だね。濃度や密度などが数字じゃなく文字でおいてあるパターンだ。難しく見えるけど，解き方は同じだよ。

溶液の体積は 1 L で考える。
これはそろそろ慣れてきたかな？

問題文より，過酸化水素水 H_2O_2 の密度は d〔g/cm³〕だ。1 L＝1000 mL＝1000 cm³ より，この溶液 1 L の質量は

$$1000\ \text{cm}^3 \times d\,\text{〔g/cm}^3\text{〕} = 1000d\,\text{〔g〕}$$

過酸化水素水の質量パーセント濃度が c〔%〕ということは，質量 $1000d$〔g〕の過酸化水素水のうち c〔%〕が溶質 H_2O_2 ということなので，H_2O_2 の質量は

$$1000d\,\text{〔g〕} \times \frac{c\,\text{〔\%〕}}{100\,\%} = 10cd\,\text{〔g〕}$$

質量パーセント濃度の式を変形して求める

H_2O_2 の分子量＝34 より，モル質量は 34 g/mol だから，H_2O_2 の物質量は

$$\frac{10cd\,[\mathrm{g}]}{34\ \mathrm{g/mol}} = \frac{10cd}{34}\,[\mathrm{mol}]$$ ……モル公式②より

溶液 1 L について考えているので，求めるモル濃度は

$$\frac{10cd}{34}\,[\mathrm{mol/L}]$$

Column

単位計算

密度を利用した問題を，みんなはきちんと解けただろうか。問題を読んで，いきなり計算を始める前に，単位 mol/L に着目してほしい。この単位中の「/」が表す意味は「割る〔÷〕」だ。つまり，「〔mol〕÷〔L〕を計算せよ」ということだね。

多くの単位は，その式がどのような計算をしているか，教えてくれているんだ。計算問題でどのような式を立てればよいかわからなくても，単位をヒントに式を考えて計算することができるということだ。この計算方法を「単位計算」というよ。

化学反応式とその量的関係

物質の化学変化または化学反応を，化学式を用いて表した式を，**化学反応式**という。化学反応式から，物質の反応量や生成量が計算できるよ。まずは，化学反応式が書けるようになろう。

1. 化学反応式の作り方

化学反応式は，次の3つの手順で作ることができる。まずはこの方法を覚えて，化学反応式を作れるようになろう。

手順① 左辺に反応する物質（反応物），右辺に生成する物質（生成物）の化学式を書き，それぞれの化学式は＋で，両辺は⟶で結ぶ。

手順② 左辺と右辺で，それぞれの原子の数が等しくなるように，化学式に係数をつける。

手順③ 係数を最も簡単な整数比にして，係数が1のときは省略する。

手順①，②，③を読んだら，具体例を確認していこう！

では，水素 H_2 が空気中で燃焼して酸素 O_2 と反応し，水 H_2O を生成する反応を例にして，説明するよ。

手順①　化学式を＋で，両辺を→で結ぶ。

H_2 と O_2 を足して，H_2O と矢印でつなぐよ。

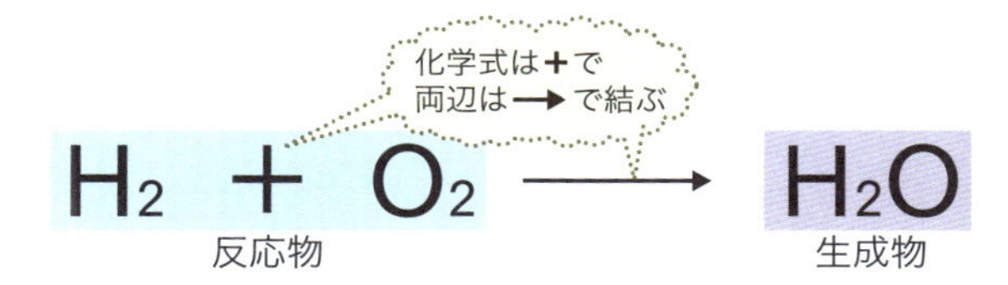

手順②　左辺と右辺で原子の数が等しくなるように係数をつける。

左辺の O と右辺の O の数，左辺の H と右辺の H の数が等しくなるようにするよ。

O に注目すると，左辺は 2 つ，右辺は 1 つだ。よって，右辺の H_2O の係数を 2 にする。次に，H に注目すると，左辺は 2 つ，右辺は H_2O の係数が 2 となったことより，4 つとなるので，左辺の H_2 の係数を 2 にする。

手順③　係数 1 を省略すると，完成だ。

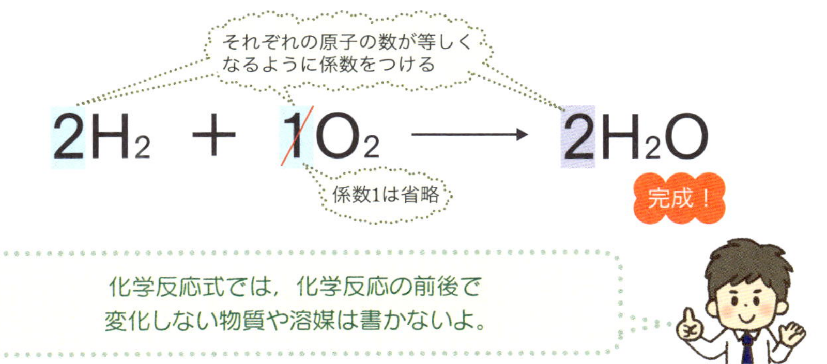

2. 有機化合物の完全燃焼式の作り方

化学反応式を利用した計算問題で，共通テストに最もよく出題されるのが，**有機化合物の完全燃焼反応（酸素 O_2 との反応）**だ。この化学反応式は，ちょっとしたコツを押さえれば簡単に作ることができるよ。

補足

有機化合物とは，炭素 C を構成元素とする化合物のこと（ただし，CO，CO_2，炭酸塩などは除く）。分子式 $C_xH_yO_z$（$z=0$ の場合もある）の化合物と考えればよい。

有機化合物は完全燃焼すると，**必ず二酸化炭素 CO_2 と水 H_2O になる**。これを利用して，式を作っていくよ。

では，分子式 C_3H_8O の有機化合物の完全燃焼式を例に，作り方を覚えよう。

手順① 左辺に反応物，右辺に生成物の化学式を書き，それぞれの化学式は＋で，両辺は→で結ぶ。

この場合は，反応物である C_3H_8O と O_2 を左辺に，生成物である CO_2 と H_2O を右辺に書くよ。

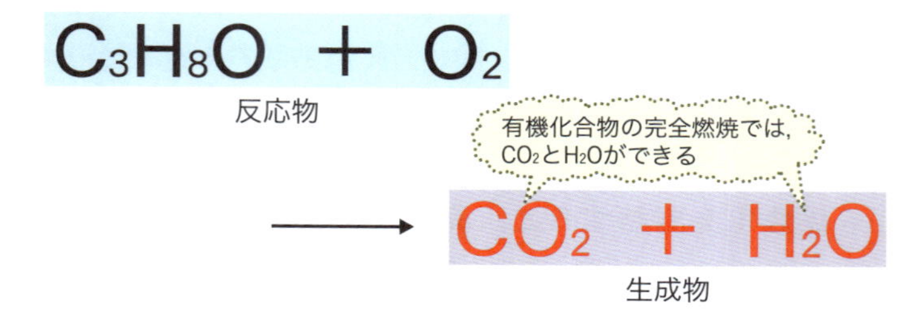

手順② 左辺と右辺で，それぞれの原子の数が等しくなるように，化学式に係数をつける。

有機化合物の完全燃焼式の場合は，係数のつけ方にコツがある。まずは，左辺の炭素原子数と同じ数字を右辺の CO_2 の係数に，左辺の水素原子数の $\frac{1}{2}$ を右辺の H_2O の係数にする。この場合は，CO_2 の係数が 3，H_2O の係数が 4 になるね。

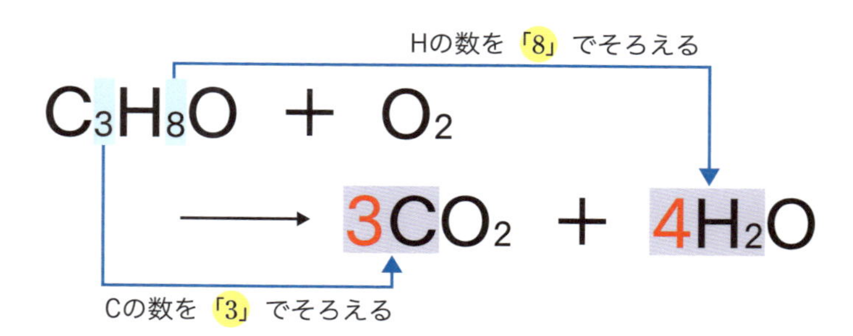

次に，両辺の酸素原子数が等しくなるように，O_2 の係数をつける。この場合は，右辺の酸素原子数が「10」だから，左辺も同じにするには，O_2 の係数は $\frac{9}{2}$ になるよ。

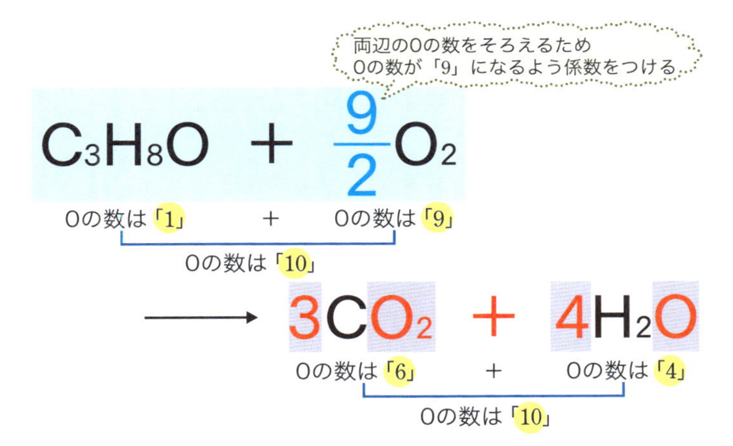

手順③　係数を最も簡単な整数比にして，係数が 1 のときは省略する。

係数から分数をなくすため，両辺に 2 を掛けて分母をはらえば完成だ。

$$2C_3H_8O + 9O_2 \longrightarrow 6CO_2 + 8H_2O$$

完成！

手順に沿ってひとつひとつ進めていこう！

3. 未定係数法

比較的簡単な化学反応式は，左辺と右辺を比較して係数をつける方法で作ることができる。複雑な化学反応式の係数をつける方法として，「**未定係数法**」というものがある。次の化学反応式をみてほしい。空白の部分に入る係数を「未定係数法」で求めてみよう。

$$\square FeS_2 + \square O_2 \longrightarrow \square Fe_2O_3 + \square SO_2$$

手順①　各係数を a，b，c，d のように文字でおく。

$$aFeS_2 + bO_2 \longrightarrow cFe_2O_3 + dSO_2$$

手順②　各原子の数が，両辺で等しいことを表す方程式を立てる。

Fe原子について　$\underset{\text{左辺}}{a} = \underset{\text{右辺}}{2c}$　……(i)

S 原子について　$\underset{\text{左辺}}{2a} = \underset{\text{右辺}}{d}$　……(ii)

O 原子について　$\underset{\text{左辺}}{2b} = \underset{\text{右辺}}{3c + 2d}$　……(iii)

手順③　$a=1$ として，b，c，d の値を求める。

$a=1$ として，それぞれの式に代入すると

（i）より　$1=2c$

よって　$c=\frac{1}{2}$　……（iv）

（ii）より　$2\times1=d$

よって　$d=2$　……（v）

（iii），（iv），（v）より

$$2b=3\times\frac{1}{2}+2\times2$$
$$2b=\frac{11}{2}$$
$$b=\frac{11}{4}$$

手順④　反応式に a，b，c，d の値を入れる。係数は最も簡単な整数比になるので，分数がある場合は分母をはらう。

省略

$$1FeS_2+\frac{11}{4}O_2 \longrightarrow \frac{1}{2}Fe_2O_3+2SO_2$$

（$a=1$，$b=\frac{11}{4}$，$c=\frac{1}{2}$，$d=2$）

両辺×4

$$4FeS_2+11O_2 \longrightarrow 2Fe_2O_3+8SO_2$$

完成！

この方法は計算に時間がかかるので，頻出の「有機化合物の完全燃焼式」に関しては，p.137 で説明したコツを使って手際よく完成させよう。

4. 化学反応式を用いる計算

化学反応式からは，化学反応における物質量，質量，体積などの関係を知ることができるよ。

メタンと酸素の化学反応式を用いて，量的な関係を見ていこう。メタンの完全燃焼式は次のように書ける。

$$\underset{\text{メタン}}{CH_4} + \underset{\text{酸素}}{2O_2} \longrightarrow \underset{\text{二酸化炭素}}{CO_2} + \underset{\text{水}}{2H_2O}$$

分子で考えると，メタン 1 分子と酸素 2 分子から，二酸化炭素 1 分子と水 2 分子ができるよね。

物質量で考えると，メタン 1 mol と酸素 2 mol から，二酸化炭素 1 mol と水 2 mol ができる。

標準状態での気体の体積で考えると，メタン 22.4 L と酸素 44.8 L から，二酸化炭素 22.4 L ができるね。

分子数，物質量，体積の比は

メタン：酸素：二酸化炭素：水＝1：2：1：2

が成り立ち，**化学反応式の係数比の関係と一致している**ことがわかる。

しかし，質量をみてみると，メタン 16 g と酸素 64 g から二酸化炭素 44 g と水 36 g ができ，その比は 1：2：1：2 ではない。このことから，質量の関係においては，化学反応式の係数比があてはまらないことがわかる。

次ページの表で確認してみよう！

反応式	メタン CH_4	+	酸素 $2O_2$	⟶	二酸化炭素 CO_2	+	水 $2H_2O$
分子の数	1分子	+	2分子	⟶	1分子	+	2分子
物質量	6.0×10^{23}個 1 mol		2 mol		1 mol		2 mol
気体の体積 (標準状態)	22.4 L		44.8 L		22.4 L		液体(水)
質量〔g〕	1×16 g		2×32 g		1×44 g		2×18 g

質量については，質量保存の法則が成り立っているよ。
つまり，反応前後で質量の総和は変化しないということ。
反応前のメタンと酸素の質量の合計は 80 g，
反応後の二酸化炭素と水の質量の総和も 80 g だね。

このような，分子数，物質量，気体の体積の関係を使って，化学反応式を用いた計算問題を解いてみよう。

例題 5

45 g のグルコース $C_6H_{12}O_6$ を完全燃焼させると，二酸化炭素と水がそれぞれ何 g ずつ生じるか。また，燃焼に必要な酸素の体積は標準状態で何 L か。ただし，原子量を H＝1.0，C＝12，O＝16 とする。

有機化合物の完全燃焼の問題だね。まずは化学反応式を作るよ。

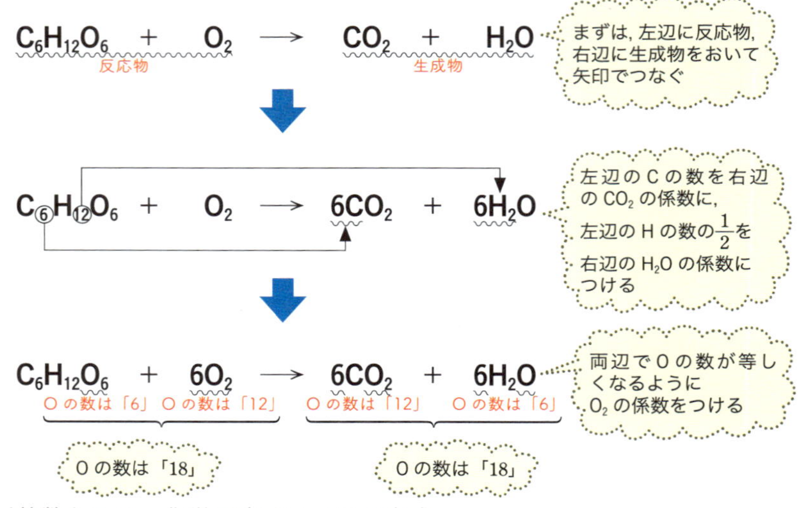

係数が整数なので，化学反応式はこれで完成！

化学反応式の係数比は反応する物質量〔mol〕比だったね。

$$
\underset{1}{C_6H_{12}O_6} + \underset{6}{6O_2} \longrightarrow \underset{6}{6CO_2} + \underset{6}{6H_2O}
$$

（1 ： 6 ： 6 ： 6）

グルコース $C_6H_{12}O_6$ 1 mol の燃焼には O_2 が 6 mol 必要となり，それによって CO_2 と H_2O が 6 mol ずつできるという意味

グルコースの分子量＝12×6＋1.0×12＋16×6

＝180

よって，45 g のグルコースの物質量は

$$
\frac{45}{180} = 0.25\,〔\mathrm{mol}〕
$$

化学反応式より，グルコース $C_6H_{12}O_6$ と二酸化炭素 CO_2 の物質量比は 1：6 だから，生じる CO_2 の物質量は

　　　0.25 mol×6＝1.5〔mol〕

CO_2 の分子量＝12＋16×2＝44 より，モル質量は 44 g/mol なので**モル公式②**を変形させて

　　　CO_2 の質量＝1.5 mol×44 g/mol

　　　　　　　＝**66**〔g〕　答

物質の質量〔g〕
＝物質量〔mol〕×モル質量〔g/mol〕

同様に考えて，生じる水 H_2O の物質量は 1.5 mol

H_2O の分子量＝1.0×2＋16＝18 より，モル質量は 18 g/mol なので

　　　H_2O の質量＝1.5 mol×18 g/mol

　　　　　　　＝**27**〔g〕　答

燃焼に必要な酸素 O_2 の物質量も，同様に考えると 1.5 mol だね。標準状態での O_2 の体積は，**モル公式③**を変形させて

　　　O_2 の体積＝1.5 mol×22.4 L/mol＝33.6≒**34**〔L〕　答

標準状態での気体の体積〔L〕＝物質量〔mol〕×22.4〔L/mol〕

分子数，物質量，標準状態での気体の体積は，化学反応式の係数と比例する（質量は比例しない）。p.143 の表を確認しながら，化学変化の量的関係を頭に入れよう。

練習問題

一酸化炭素 CO とエタン C_2H_6 の混合気体を，触媒の存在下で十分な量の酸素を用いて完全に燃焼させたところ，二酸化炭素 0.045 mol と水 0.030 mol が生成した。反応前の混合気体中の一酸化炭素とエタンの物質量(mol)の組み合わせとして正しいものを，次の①～⑥のうちから1つ選べ。

	一酸化炭素の物質量(mol)	エタンの物質量(mol)
①	0.030	0.015
②	0.030	0.010
③	0.025	0.015
④	0.025	0.010
⑤	0.015	0.015
⑥	0.015	0.010

解答 ④

解説

混合気体の場合は，それぞれの気体について，分けて化学反応式を考える必要がある。まずは，CO，C_2H_6 それぞれを燃焼させたときの化学反応式を書こう。

〈CO を燃焼させたときの化学反応式〉

$$CO + \frac{1}{2}O_2 \longrightarrow CO_2$$

反応物　生成物

CO は H 原子をもたないので，H_2O は生じない！

両辺×2

$$2CO + O_2 \longrightarrow 2CO_2 \quad \cdots\cdots ①$$

1 : 1

〈C_2H_6 を燃焼させたときの化学反応式〉

$$C_2H_6 + \frac{7}{2}O_2 \longrightarrow 2CO_2 + 3H_2O$$

反応物　生成物

両辺×2

$$2C_2H_6 + 7O_2 \longrightarrow 4CO_2 + 6H_2O \quad \cdots\cdots ②$$

1 : 2 : 3

今回は，CO と C_2H_6 の物質量(mol)を求めたいので，CO を x〔mol〕，C_2H_6 を y〔mol〕とする。

①式より，x〔mol〕の CO の燃焼によって，CO_2 は x〔mol〕生じる。

係数比 1：1

②式より，y〔mol〕の C_2H_6 の燃焼によって，CO_2 は $2y$〔mol〕，H_2O は $3y$〔mol〕生じる。

係数比 1：2　係数比 1：3

また，問題文より CO_2 の生成量は，0.045 mol なので

$$x+2y=0.045 \quad \cdots\cdots ③$$

H_2O の生成量は 0.030 mol なので

$$3y=0.030$$

$$y=0.010 \quad \cdots\cdots ④$$

③式に④式を代入して

$$x+2\times0.010=0.045$$

$$x+0.020=0.045$$

$$x=0.025$$

よって，CO の物質量：**0.025 mol**

C_2H_6 の物質量：**0.010 mol**

Chapter 3 共通テスト対策問題

1

下線部の数値が最も大きいものを，次の①～⑤のうちから1つ選べ。ただし，原子量はC＝12，アボガドロ定数は6.0×10^{23}/molとする。

① 標準状態のアンモニアNH_3 22.4 Lに含まれる<u>水素原子の数</u>
② メタノールCH_3OH 1 molに含まれる<u>酸素原子の数</u>
③ ヘリウム1 molに含まれる<u>電子の数</u>
④ 1 mol/Lの塩化カルシウム$CaCl_2$水溶液1 L中に含まれる<u>塩化物イオンの数</u>
⑤ 黒鉛（グラファイト）12 gに含まれる<u>炭素原子の数</u>

（センター本試）

2

マグネシウムは，次の化学反応式にしたがって酸素と反応し，酸化マグネシウム MgO を生成する。

$$2Mg + O_2 \longrightarrow 2MgO$$

マグネシウム 2.4 g と体積 V〔L〕の酸素とを反応させたとき，質量 m〔g〕の酸化マグネシウムが生じた。V と m の関係を示すグラフとして最も適当なものを，次の①～⑥のうちから１つ選べ。ただし，酸素の体積は標準状態における体積とし，原子量は O=16，Mg＝24 とする。

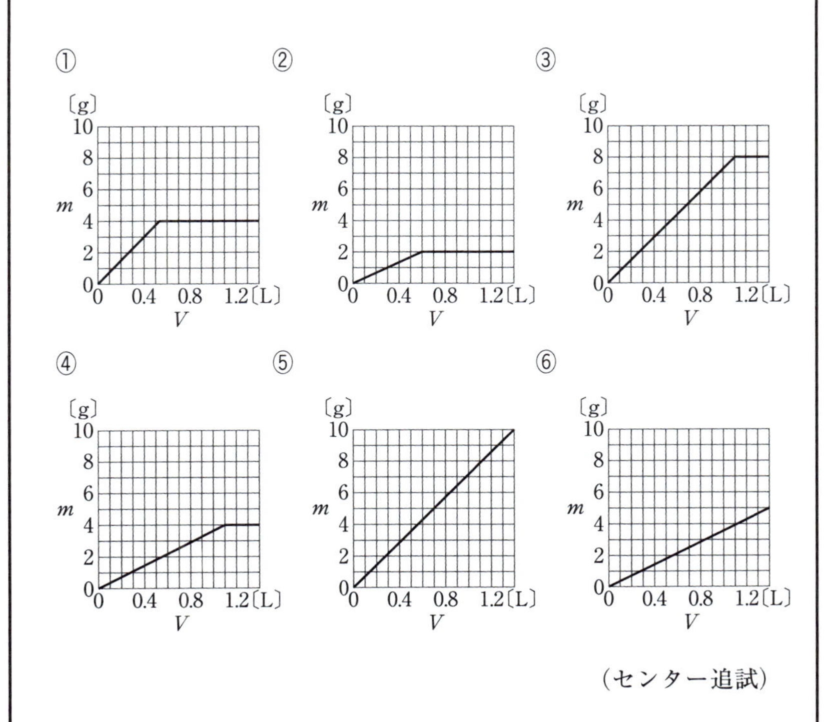

（センター追試）

【解答・解説】

1

それぞれの数値を求めて比べよう。

① 標準状態の気体 1 mol の体積は 22.4 L だったよね。ということは，このアンモニア NH_3 の物質量は 1 mol だ。NH_3 1 分子中に，H 原子は 3 個含まれているので，NH_3 1 mol 中に，H 原子は 3 mol 含まれる。

よって，H 原子の数は　$3\times6.0\times10^{23}=18\times10^{23}$ 個

アボガドロ定数

② ①と同様に考えて，メタノール CH_3OH 1 mol 中に，O 原子は 1 mol 含まれるね。

よって，O 原子の数は　$1\times6.0\times10^{23}=6.0\times10^{23}$ 個

③ $_2He$ 1 分子中に，電子は 2 個存在する。

原子番号＝陽子の数
＝電子の数

つまり，He 1 mol 中に，電子は 2 mol 存在するということだ。

よって，電子の数は　$2\times6.0\times10^{23}=12\times10^{23}$ 個

④ 塩化カルシウム $CaCl_2$ の物質量は，モル濃度 1 mol/L のものが 1 L なので　1 mol/L×1 L＝1 mol

$CaCl_2$ 1 mol 中に，Cl^- は 2 mol 含まれる。

よって，Cl^- の数は　$2\times6.0\times10^{23}=12\times10^{23}$ 個

⑤ 黒鉛 C の物質量は　$\dfrac{12\text{ g}}{12\text{ g/mol}}=1\text{ mol}$

よって，C 原子の数は　$1\times6.0\times10^{23}=6.0\times10^{23}$ 個

①～⑤の数値を比べて，最も大きいものは①

答 ①

今回は，実際の粒子の数を求めたけれど，
物質量(mol)の大きさを比較しても，答えが導き出せるよ。

2

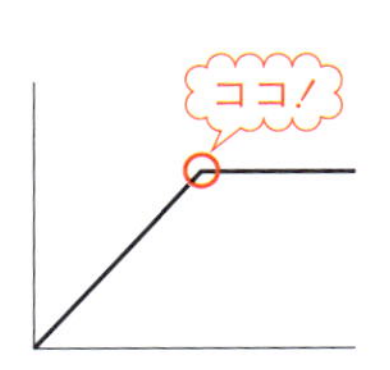

グラフを読み取る問題だ。この手の問題は，グラフの中のある1点だけを考えることで答えが1つに決まることが多いんだ。この問題で注目するポイントは，グラフが折れ曲がる点だ。

この点は，反応物が過不足なく反応するときを示している。つまり，マグネシウム2.4 gと酸素 V〔L〕が，すべて反応し終わる点ということだ。そのあとのグラフが平らなのは，反応が終わったので，生成物の酸化マグネシウムがこれ以上増えない，ということを意味している。

ここで，化学反応式の係数比を見てみよう。

$$\underset{2}{\underline{2Mg}} + \underset{1}{\underline{O_2}} \longrightarrow \underset{2}{\underline{2MgO}}$$

2 : 1 : 2

反応前のMgの物質量は $\frac{2.4\ g}{24\ g/mol} = 0.10\ mol$ だね。これと過不足なく反応する O_2 の物質量を x〔mol〕とすると，Mgとの係数比より

$$x = 0.10 \text{〔mol〕} \times \frac{1}{2} = 0.050 \text{〔mol〕}$$

標準状態での0.050 molの O_2 の体積は

$$0.050 \text{〔mol〕} \times 22.4 \text{〔L/mol〕} = 1.12 \text{〔L〕}$$

グラフが折れ曲がる点の横軸の値！

また，過不足なく反応したときに生じるMgOの物質量は，Mgとの係数比より0.10 molだね。

MgOの式量＝24＋16＝40より，生じるMgOの質量は

$$0.10 \text{〔mol〕} \times 40 \text{〔g/mol〕} = 4.0 \text{〔g〕}$$

グラフが折れ曲がる点の縦軸の値！

以上より，正しいグラフは右のようになる。

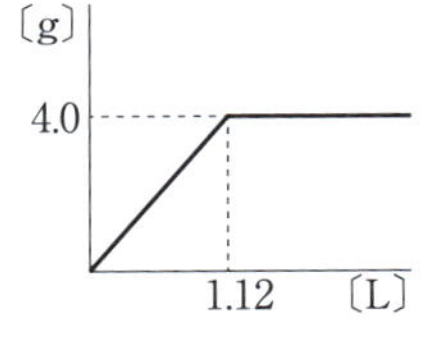

これにあてはまるのは④

Theme 1 酸・塩基の定義

私たちの身のまわりには，酸や塩基を含むものが数多くある。例えば，酸は，レモンやりんごのような果物に含まれているし，塩基は，パイプ洗浄剤などに含まれている。酸や塩基は，私たちの生活に密接に関わっている。また，酸と塩基自身が起こす変化は，重要な化学反応のひとつでもある。この Chapter では，酸と塩基の性質がどのようなものか，また，酸と塩基がどのように反応するのか，学んでいこう。

1. 酸と塩基

酸は「酸(す)っぱい」，「金属を溶かす」，「青色リトマス紙を赤色に変色させる」という性質をもち，このような性質を**酸性**という。一方，**塩基**は「酸の性質を打ち消し」たり，「赤色リトマス紙を青色に変色させる」性質をもち，このような性質を**塩基性**という。

酸と塩基の特徴

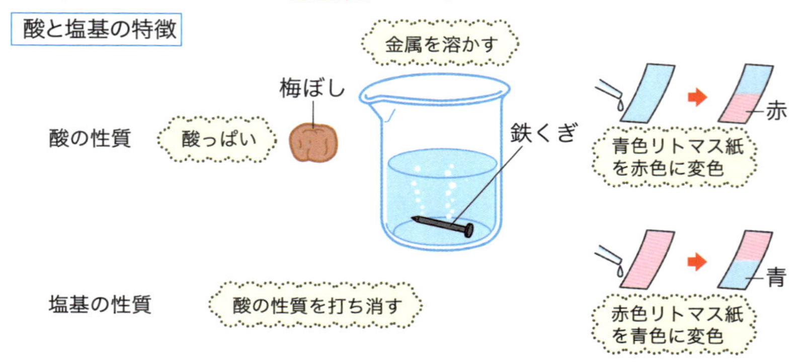

今まで学習してきた中で登場した化学物質を酸と塩基に分けると，次の表のようになる。

酸	化学式	塩基	化学式
塩酸	HCl	水酸化ナトリウム	$NaOH$
硫酸	H_2SO_4	水酸化カルシウム	$Ca(OH)_2$
酢酸	CH_3COOH	アンモニア	NH_3

化学基礎では，イオンに着目して，酸と塩基を考えていくよ。まずは，酸と塩基の定義を見てみよう！

補足

水によく溶ける塩基をアルカリという。

① アレニウスの定義

アレニウスは，水素イオン H^+ と水酸化物イオン OH^- を使って酸と塩基を次のように定義した。

- **酸とは，水溶液中で水素イオン H^+ を放出するもの**
- **塩基とは，水溶液中で水酸化物イオン OH^- を放出するもの**

アレニウスの定義によると，酸と塩基は次のように解釈することができる。

●塩化水素 HCl 水溶液（塩酸）：酸の例

塩化水素が水に溶けると，水素イオン H^+ と塩化物イオン Cl^- に電離する。塩化水素が，水溶液中で水素イオン H^+ を放出しているのがわかるね。よって，塩化水素は酸だ。

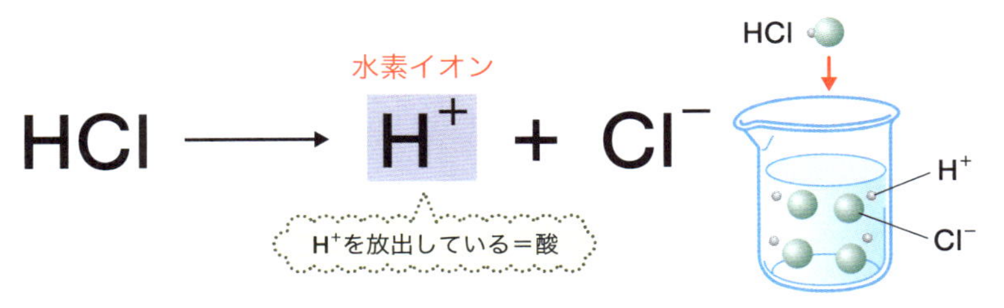

水溶液中で H^+ を放出しているから，HCl は酸だね。

●水酸化ナトリウム NaOH 水溶液：塩基の例

水酸化ナトリウムが水に溶けると，ナトリウムイオン Na^+ と水酸化物イオン OH^- に電離する。水溶液中で水酸化物イオン OH^- を放出しているのがわかるね。よって，水酸化ナトリウムは塩基だ。

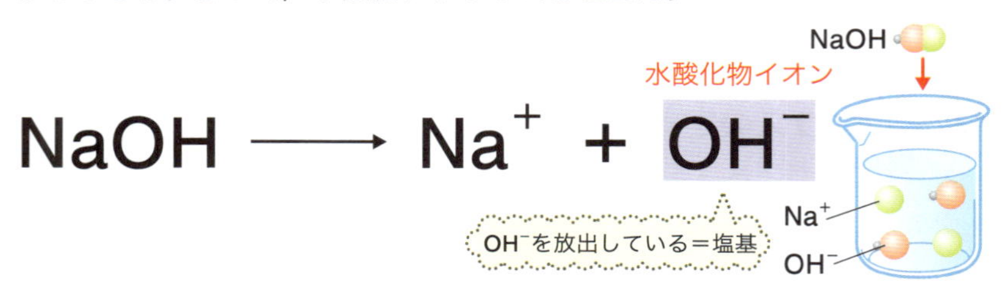

水溶液中で OH⁻を放出しているから，NaOH は塩基だね。

❷ ブレンステッド・ローリーの定義

水素イオンや水酸化物イオンに着目したアレニウスの定義は，あくまでも水溶液中で電離したイオンについての定義であり，水以外の溶媒中や気体に関して説明をすることができなかった。そこで，ブレンステッドとローリーは，幅広い状況で用いることができる，新たな定義を提唱した。

ブレンステッドとローリーは，酸と塩基を次のように定義した。

- 酸とは **H^+ を与える**もの
- 塩基とは **H^+ を受け取る**もの

ブレンステッド・ローリーの定義によると，酸と塩基は次のように解釈することができる。

●塩化水素 HCl 水溶液（塩酸）の場合

塩化水素と水の反応では，HCl は H^+を H_2O に与えたので“酸”，水 H_2O は HCl から H^+を受け取ったので“塩基”だ。

$$HCl + H_2O \rightleftarrows H_3O^+ + Cl^-$$

HCl：酸（H^+を与える）　H_2O：塩基（H^+を受け取る）

ブレンステッド・ローリーの定義においては，**同じ物質でも，反応する相手によって酸にも塩基にもなりうる**よ。

●アンモニア NH_3 水溶液の場合

アンモニア NH_3 は H_2O から H^+を受け取り，H_2O は NH_3 に H^+を与える。つまり，**NH_3 は塩基，H_2O は酸**だね。

$$NH_3 + H_2O \rightleftarrows NH_4^+ + OH^-$$

NH_3：塩基（H^+を受け取る）　H_2O：酸（H^+を与える）

●酢酸 CH_3COOH 水溶液の場合

酢酸 CH_3COOH は，水溶液中で電離し，H_2O に H^+を与え，H_2O は CH_3COOH から H^+を受け取る。つまり，**CH_3COOH は酸，H_2O は塩基**だね。

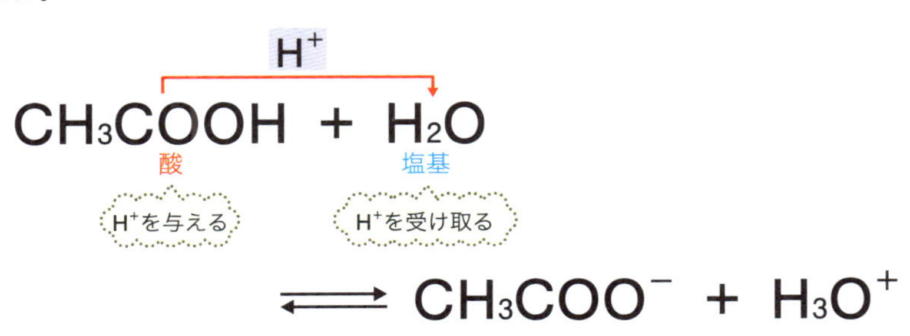

まとめると，ブレンステッド・ローリーの定義では，H_2O は反応する相手が NH_3 なら酸，CH_3COOH なら塩基になるということだ。

ブレンステッド・ローリーの定義は，
水に溶けにくく電離しない化合物についても，
定義することができるんだ。

酸と塩基の関係を簡単にイメージするには，酸はピッチャーで，塩基はキャッチャー，水素イオン H^+ をボールと考えるといいよ。酸が塩基に水素イオンを渡す，つまり，ピッチャーがキャッチャーにボールを投げることと同じだね。

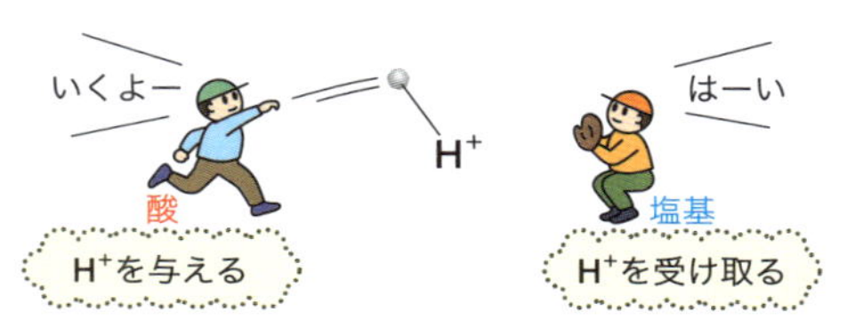

酸と塩基は，H^+の受け渡しをしていると考えよう。

Point!

酸と塩基の定義

・**アレニウスの定義**

酸とは，水溶液中で水素イオン H^+ を放出するもの。
塩基とは，水溶液中で水酸化物イオン OH^- を放出するもの。

・**ブレンステッド・ローリーの定義**

酸とは，H^+ を与えるもの。
塩基とは，H^+ を受け取るもの。

2. 酸・塩基の価数

酸1分子の中で，電離して水素イオンH^+になることのできるHの数を，その酸の**価数**という。Hの数が1個なら1価の酸，2個なら2価の酸，……というよ。

●塩化水素HClの場合

塩化水素は水溶液中でH^+とCl^-に電離する。H^+が1個生じるので，HClは1価の酸だ。

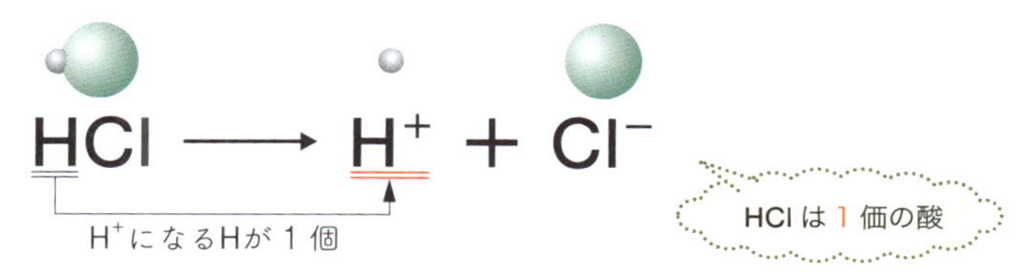

●硫酸H_2SO_4の場合

硫酸は水溶液中で2個のH^+とSO_4^{2-}に電離する。H^+が2個生じるので，H_2SO_4は2価の酸だ。

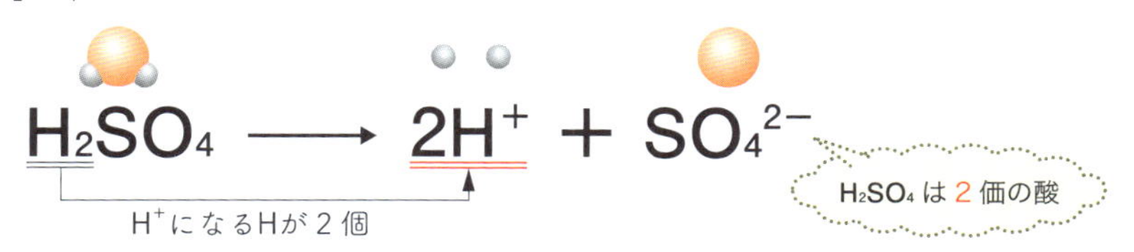

酸と塩基を学ぶ上で押さえるポイントは，
「化学式」，「価数」，「酸・塩基の強弱」の3つだよ。
しっかり学習していこう。

また，**塩基1単位の中で，電離して水酸化物イオンOH^-になることのできるOHの数を**，その塩基の価数という。OHの数が1個なら1価の塩基，2個なら2価の塩基，……というよ。

●水酸化ナトリウム NaOH の場合

水酸化ナトリウムは水溶液中で Na^+ と OH^- に電離する。OH^- が 1 個生じるので，NaOH は 1 価の塩基だ。

$$NaOH \longrightarrow Na^+ + OH^-$$

OH^- になるOHが 1 個

NaOH は 1 価の塩基

●水酸化カルシウム $Ca(OH)_2$ の場合

水酸化カルシウムは水溶液中で Ca^{2+} と 2 個の OH^- に電離する。OH^- が 2 個生じるので，$Ca(OH)_2$ は 2 価の塩基だ。

$$Ca(OH)_2 \longrightarrow Ca^{2+} + 2OH^-$$

OH^- になるOHが2個

$Ca(OH)_2$ は 2 価の塩基

●アンモニア NH_3 の場合

アンモニアは水と反応して，1 分子あたり 1 個の OH^- が生じるので，1 価の塩基だよ。NH_3 には OH が含まれていないけど，次式のように反応して OH^- を生じるんだ。

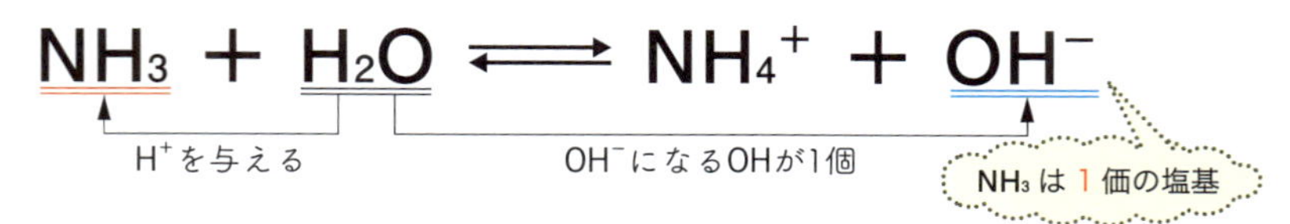

H が 3 つあるから，NH_3 は“3 価の酸”と間違えてしまう生徒が多いので，ここは注意が必要だ。NH_3 の H は H^+ にはならないからね。

アンモニアは 1 価の塩基だ。
酸ではないことを再確認しよう。

3. 酸・塩基の強弱

酸や塩基は，水溶液中で電離して，水素イオンH^+や水酸化物イオンOH^-を生じるが，実は，すべての分子が電離しているとは限らないんだ。

例えば，塩化水素 HCl は水に溶けると，**ほとんどの HCl 分子が電離**する。しかし，酢酸 CH_3COOH は**一部の分子のみ，電離する**んだ。図を見るとわかるように，塩化水素はほとんどの分子が電離しているけれど，酢酸分子は一部の分子だけが電離しているよね。

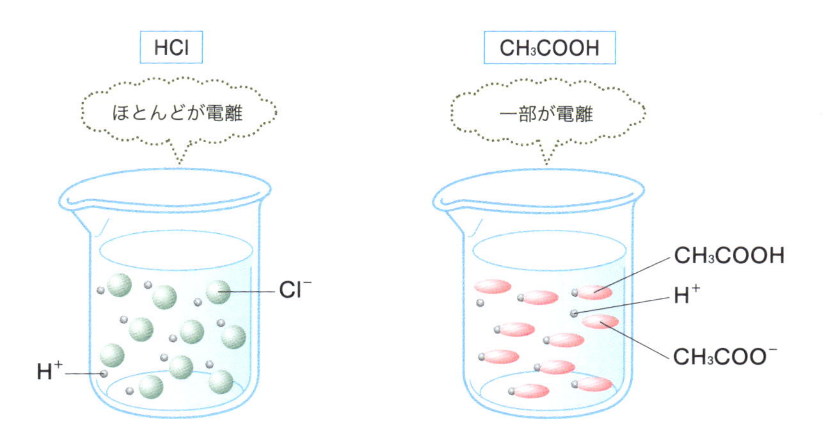

このように，電離する割合は，酸や塩基の種類によって変わる。この割合のことを**電離度**(でんりど)と呼ぶよ。

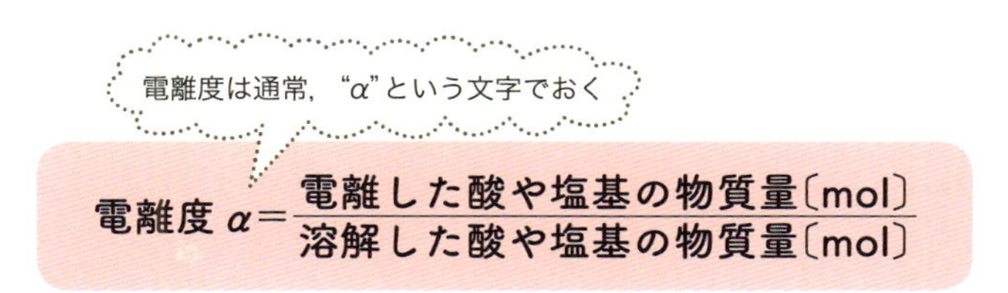

$$\text{電離度}\ \alpha = \frac{\text{電離した酸や塩基の物質量〔mol〕}}{\text{溶解した酸や塩基の物質量〔mol〕}}$$

上の図において HCl と CH_3COOH の電離度を考えてみよう。HCl は，10 分子中 10 分子すべてが電離しているので電離度は $\frac{10}{10}=1$ だ。一方，CH_3COOH は，10 分子中 2 分子が電離しているので電離度は $\frac{2}{10}=0.20$ になるね。

電離度が1（＝完全に電離している）に近い酸や塩基を**強酸・強塩基**，**電離度が1よりかなり小さい（＝一部の分子しか電離しない）酸や塩基**を**弱酸・弱塩基**という。

一般に，電離度は物質によって異なり，濃度や温度によっても変化するが，電離度が1に近い塩酸や水酸化ナトリウムなどは，濃度によって電離度は変化しない。一方，電離度がかなり小さい酢酸やアンモニアなどは，濃度が低いほど電離度は大きくなる。

電離式が一方向の矢印（⟶）である場合，**物質が完全に電離する**ことを表し，その物質は強酸や強塩基である。それに対し，**両方向の矢印**（⇄）である場合，**物質が一部だけ電離する**ことを表し，その物質は弱酸や弱塩基である。

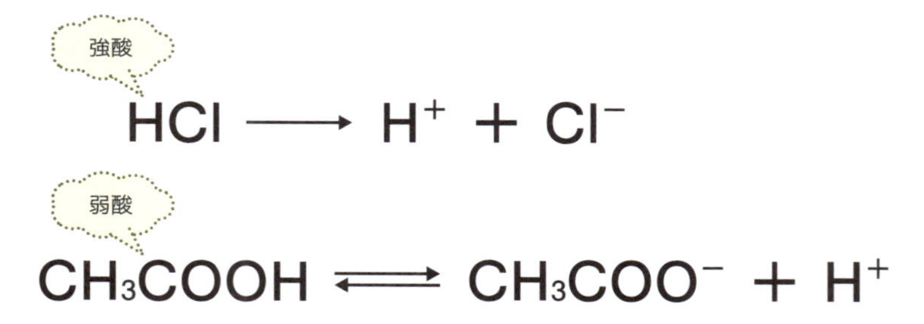

ただし，酸・塩基の強弱に価数は関係しないことに注意しよう（価数は，H^+やOH^-になることができるHやOHの数だよ）。次の表で，代表的な酸・塩基の価数と強弱を押さえよう。

Point!

酸・塩基のまとめ

電離度…水溶液中に溶解した酸や塩基の物質量に対する，電離した酸や塩基の物質量の割合。

強酸・強塩基…電離度が1に近い酸や塩基。

弱酸・弱塩基…電離度が1よりかなり小さい酸や塩基。

		化学式	価数	酸・塩基の強弱
酸	塩酸(塩化水素)	HCl	1価	強酸
	硝酸	HNO_3	1価	強酸
	硫酸	H_2SO_4	2価	強酸
	酢酸	CH_3COOH	1価	弱酸
	炭酸	H_2CO_3	2価	弱酸
	シュウ酸	$H_2C_2O_4$ ($(COOH)_2$ とも書く)	2価	弱酸
	リン酸	H_3PO_4	3価	弱酸
塩基	水酸化ナトリウム	$NaOH$	1価	強塩基
	水酸化カリウム	KOH	1価	強塩基
	水酸化カルシウム	$Ca(OH)_2$	2価	強塩基
	水酸化バリウム	$Ba(OH)_2$	2価	強塩基
	アンモニア	NH_3	1価	弱塩基

アンモニアは$NH_3 + H_2O \rightleftarrows NH_4^+ + OH^-$
と電離するので，価数が「1」の弱塩基だよ！

例えば「塩酸」ときかれたら，「HCl」「1価」「強酸」と即答できるように覚えていこう。

練習問題

酸と塩基に関する記述として**誤りを含むもの**を，次の①～⑤のうちから1つ選べ。

① 水に溶かすと電離して水酸化物イオン OH^- を生じる物質は，塩基である。
② 水素イオン H^+ を与える物質は，酸である。
③ 水は，酸としても塩基としてもはたらく。
④ 0.10 mol/L 酢酸水溶液中の酢酸の電離度は，同じ濃度の塩酸中の塩化水素の電離度より小さい。
⑤ 塩酸を水でうすめると，弱酸となる。

解答 ⑤

解説

酸・塩基の強弱は，**電離度の大きさ**で決まる。

電離度が1に近い酸や塩基 ⇒ 強酸・強塩基

電離度が1よりかなり小さい酸や塩基 ⇒ 弱酸・弱塩基

強酸である塩酸を水でうすめても，電離度が小さくなることはなく，弱酸になることはない。

水でうすめても，強酸の電離度（≒1）は変わらないけど，
モル濃度が低くなるよ。

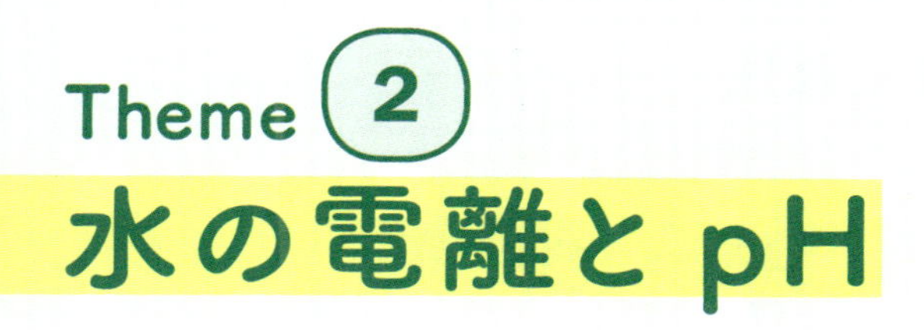

水溶液の酸性や塩基性の強さは水素イオン濃度で表されるが，水素イオン濃度の値はとても小さく，非常に扱いづらいため，**pH（水素イオン指数）**という値を用いる。まずはじめに，pHのイメージをつかんでほしい。

pH＝7が中性で，**pH＜7なら酸性**，**pH＞7なら塩基性（アルカリ性）**を示すよ。身のまわりの物でたとえると，レモンはpH＝2で酸性が強く，パイプ洗浄剤などはpH＝14で塩基性が強い。

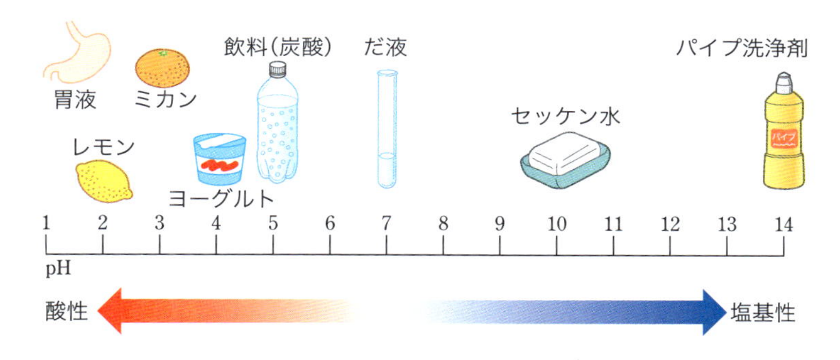

ヒトの体内の体液は，様々なpH値を示すよ。
例えば，だ液はほぼ中性で，胃液は酸性が強いんだ。

では，pHはどのように定義され，どのような方法で求めることができるのか，詳しく学習していこう。

>> 1. 水の電離と液性

水はごくごくわずかだけど，次式のように電離している。

$$H_2O \rightleftarrows H^+ + OH^-$$

このとき，**水素イオン濃度（mol/L）（［H^+］と表記）と水酸化物イオン濃度（mol/L）（［OH^-］と表記）は等しく，**［H^+］＝［OH^-］となる。つまり，**1分子の H_2O が電離すると，H^+ と OH^- は1分子ずつ生じる**ということだ。このような水溶液の状態を，**中性**というよ。

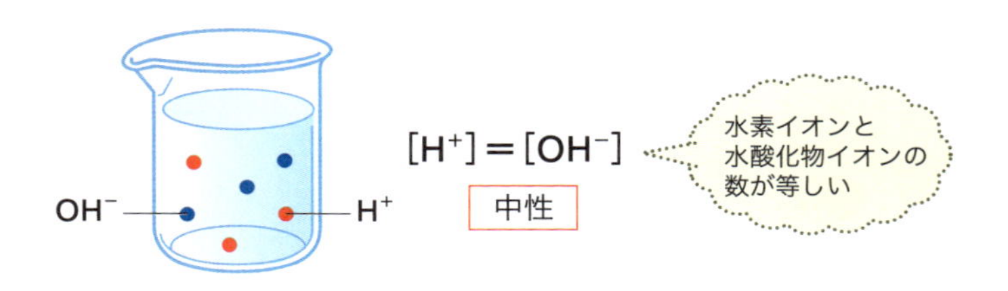

水素イオンのモル濃度を［H^+］，
水酸化物イオンのモル濃度を［OH^-］と表すよ。

ここに，外部から酸が溶け込んできて**水素イオン H^+ が過剰に生じる**と，［H^+］＞［OH^-］となる。このような水溶液の状態を**酸性**というよ。

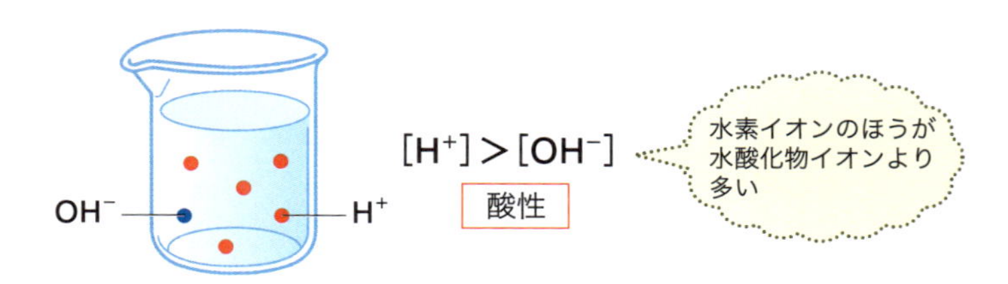

反対に，外部から塩基が溶け込んできて，**水酸化物イオン OH^- が過剰に生じる**と，$[H^+] < [OH^-]$ となるよね。このような水溶液の状態を**塩基性**という。

水溶液が酸性か中性か塩基性のいずれかを示すことを液性というよ。

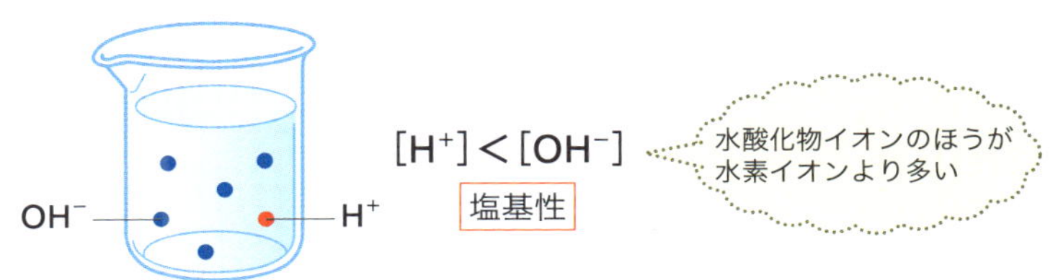

Point!

水の電離と pH

酸性…水素イオン濃度のほうが水酸化物イオン濃度より大きい。$[H^+] > [OH^-]$

中性…水素イオン濃度と水酸化物イオン濃度が等しい。$[H^+] = [OH^-]$

塩基性…水酸化物イオン濃度のほうが水素イオン濃度より大きい。$[H^+] < [OH^-]$

2. 水溶液の pH

Theme 2 のはじめで説明したように，水溶液の液性を簡単に表現した数値が pH だったね。では，実際に pH を計算していこう！

化学基礎では，pH は次の式で求められるよ。

$[H^+] = 10^{-x}$ mol/L のとき pH $= x$

例えば，$[H^+] = 10^{-2}$ mol/L のとき，pH＝2，$[H^+] = 10^{-5}$ mol/L のとき，pH＝5 という具合だよ。

補足

本来は $pH = -\log_{10}[H^+]$ の式を用いて計算する。

水素イオン濃度 $[H^+]$ の値は，与えられていない場合もあるよ。そのときは，水素イオン濃度 $[H^+]$ を次の式で求めることができる。

$[H^+]$〔mol/L〕＝価数×酸のモル濃度〔mol/L〕×電離度 α

電離度や価数が異なる水溶液の状態を，図で確認し，水素イオン濃度 $[H^+]$ はどのようにして求めることができるのか，学んでいこう。

ここで特に注意するのは，電離度や価数だ。物質によって電離度も価数も異なることに注意しようね。

●塩酸 HCl の場合

HCl は強酸なので，ほとんどが H^+ と Cl^- に電離する。$[H^+]$〔mol/L〕は次の式

$[H^+]$〔mol/L〕＝ 1（価数）×酸のモル濃度〔mol/L〕× 1（電離度）

で求めることができる。

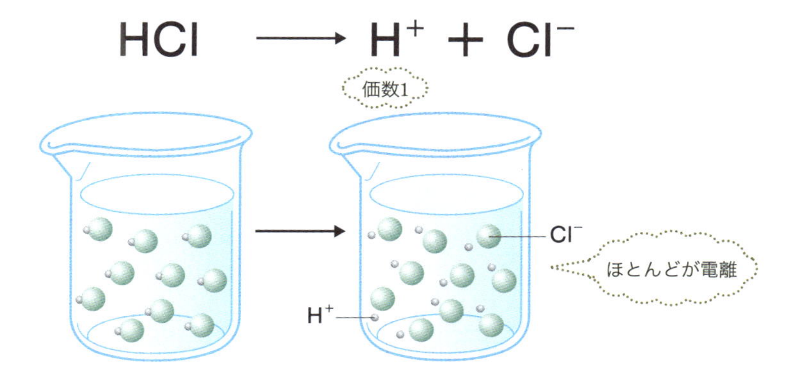

"ほとんどが電離する"場合，電離度α＝1と考えるよ。

●硫酸 H_2SO_4 の場合

H_2SO_4 は強酸なので，ほとんどが H^+ と SO_4^- に電離する。1分子の H_2SO_4 から2個の H^+ が生じることにも注意しよう。$[H^+]$〔mol/L〕は次の式

$[H^+]$〔mol/L〕＝ 2（価数）×酸のモル濃度〔mol/L〕× 1（電離度）

で求めることができる。

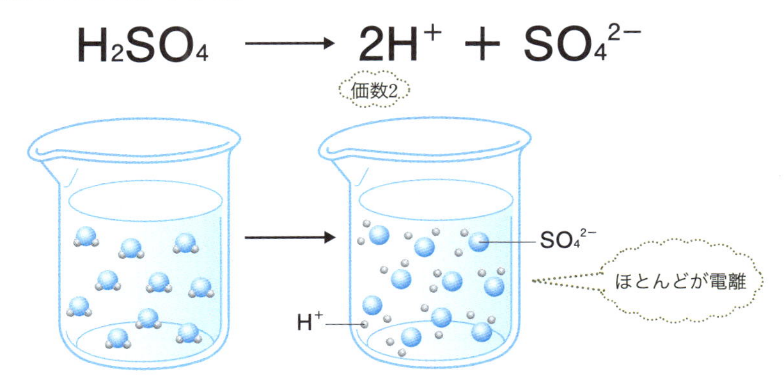

H_2SO_4 は，ほとんどが電離し，価数は2だ！

それでは，電離度が 1 ではない弱酸についても確認してみよう。

●酢酸 CH_3COOH の場合（電離度＝0.20 とする）

CH_3COOH は弱酸なので，一部の分子のみが，CH_3COO^- と H^+ に電離する。大多数の CH_3COOH は電離していないね。$[H^+]$〔mol/L〕は次の式

$[H^+]$〔mol/L〕＝ 1（価数）×酸のモル濃度〔mol/L〕× 0.2（電離度）

で求めることができる。

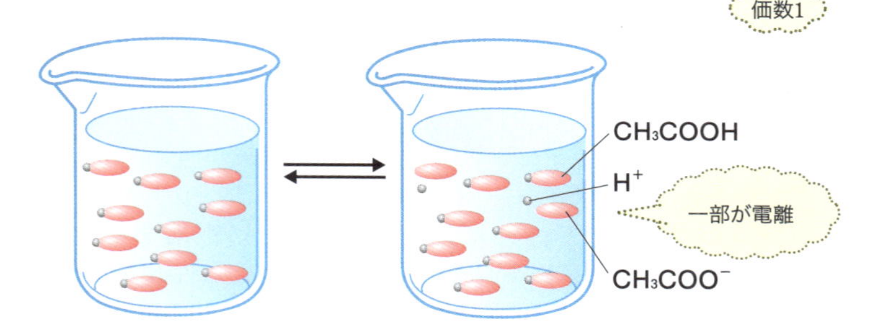

電離度 α＝0.20，価数 1 を式にあてはめると
$[H^+]$ を求めることができるね。

Point!

pH の求め方

$[H^+]=10^{-x}$ mol/L のとき pH＝x

$[H^+]$〔mol/L〕＝価数×酸のモル濃度〔mol/L〕×電離度 α

それでは，実際に pH を求めてみよう。

例題 1

0.010 mol/L の塩酸の pH はいくらか。

塩酸は次式のように電離する，1 価の強酸だね。

$$HCl \longrightarrow H^+ + Cl^-$$

ほとんどが電離しているので，電離度 $\alpha=1$ である。

$$[H^+]=\underset{価数}{1}\times 0.010\times \underset{電離度}{1}=1.0\times 10^{-2}\ (mol/L)$$

よって　pH＝**2**　答

水素イオン濃度［H⁺］は，
塩酸のモル濃度にほぼ等しいね。

例題 2

0.50 mol/L の酢酸水溶液の pH の値を求めよ。ただし，電離度は 0.020 とする。

酢酸水溶液は，次式のように電離する，1 価の弱酸である。

$$CH_3COOH \rightleftarrows CH_3COO^- + H^+$$

酢酸は完全電離ではなく，一部が電離している

電離度 0.020 より，水素イオン濃度［H⁺］は

$$[H^+]=\underset{価数}{1}\times \underset{酢酸のモル濃度}{0.50}\times \underset{電離度}{0.020}=10^{-2}\ (mol/L)$$

よって　pH＝**2**　答

ここで，水で希釈したときの水素イオン濃度についても，ふれておくよ。

例題 3

pH＝3 の塩酸を水で 100 倍に希釈したときの pH の値を求めよ。

酸性の溶液を 10 倍に希釈すると，pH の値は 1 上がる。

酸性の溶液を 100 倍に希釈すると，pH の値は 2 上がる。

塩基性の水溶液を希釈すると，10 倍ごとに pH は 1 ずつ下がる

よって，pH＝3 の塩酸を 100 倍に希釈すると，pH の値は 2 上がるので，

pH＝5 答

補足

酸性溶液や塩基性溶液を水で希釈したときに，pH＝7 を超えることはない。つまり，液性が酸性から塩基性になったり，塩基性から酸性になったりすることはない（例　pH＝3 の酸性の水溶液を 10^5 倍希釈しても，pH＝8 の塩基性の水溶液になることはない）。

練習問題

(1)　0.10 mol/L の酢酸水溶液の pH を求めよ。ただし，この濃度における酢酸の電離度は 0.010 とする。

(2)　0.50 mol/L の希硫酸を 100 倍に希釈した水溶液の pH を求めよ。ただし，希硫酸は完全に電離するものとする。

解答 (1)　3

(2)　2

解説

(1)　酢酸の電離式は次の通りだね。酢酸は，1 価の弱酸だ。

$$CH_3COOH \rightleftarrows CH_3COO^- + H^+$$

1 価の酸

$[H^+]$ ＝価数×酸のモル濃度〔mol/L〕×電離度 α の公式を使うと

$$[H^+] = \underset{価数}{1} \times 0.10 \times \underset{電離度}{0.010} = 0.001 = 10^{-3} \text{〔mol/L〕}$$

pH を求める公式より

pH＝**3**

酢酸は一部しか電離しないことがポイントだよ。

(2)　100 倍に希釈するとは，「モル濃度〔mol/L〕を $\frac{1}{100}$ にする」ということだね。

よって，希釈したあとの希硫酸のモル濃度〔mol/L〕は

$$0.50 \times \frac{1}{100} = 0.0050 \text{〔mol/L〕}$$

また，希硫酸の電離式は，次の通りだね。

$$H_2SO_4 \longrightarrow 2H^+ + SO_4^{2-}$$

2 価の酸

$[H^+]$ ＝価数×酸のモル濃度〔mol/L〕×電離度 α の公式を使うと

$$[H^+] = \underset{価数}{2} \times 0.0050 \times \underset{電離度}{1} = 0.01 = 10^{-2} \text{〔mol/L〕}$$

pH を求める公式より

pH＝**2**

Theme 3 中和の量的関係

1. 中和反応

酸と塩基の水溶液を混ぜると，酸の H^+ と塩基の OH^- が反応して水になり，酸や塩基の性質が相殺される。これを**中和反応**という。

例えば，塩酸 HCl と水酸化ナトリウム NaOH 水溶液を混ぜると，水 H_2O と塩化ナトリウム NaCl が生成される。この反応は，中和反応なんだ。NaCl のように，**酸の陰イオンと塩基の陽イオンが結びついてできた物質**を**塩**(えん)という。中和反応では，**水と同時に塩も生成される**んだ。塩については，p.190 で詳しく説明するよ。

塩化水素 ＋ 水酸化ナトリウム ⟶ 塩化ナトリウム ＋ 水
酸　　　　　塩基　　　　　　　　塩

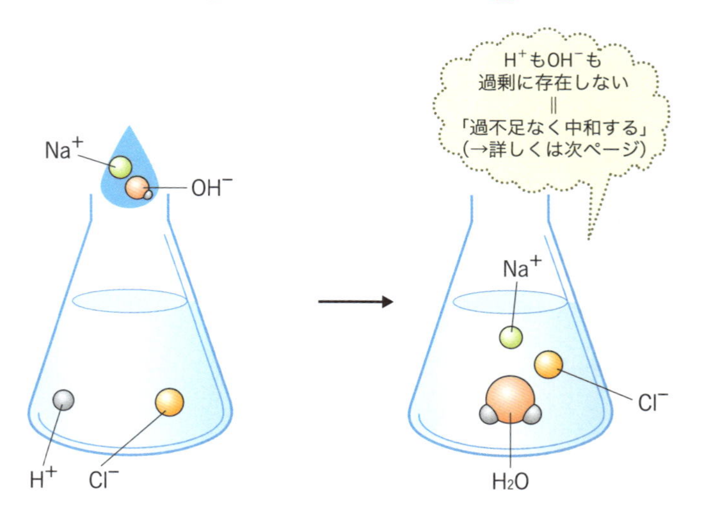

中和反応によってできた NaCl は
水溶液中で電離しているよ。

Point!

中和反応

中和反応…酸と塩基が反応して水と塩(えん)を生成する反応。

補足

気体の塩化水素 HCl とアンモニア NH_3 の中和反応のように，塩基が OH^-をもたないため，水 H_2O を生じない中和反応もある。

$$HCl + NH_3 \longrightarrow NH_4Cl$$

2. 中和反応の量的関係

中和反応では，酸と塩基がちょうど中和する，ということが重要だ。“ちょうど中和する”ことを“**過不足なく中和する**”というよ。酸と塩基が過不足なく中和するとき，次の関係が成り立つ。

酸が放出する H^+の物質量〔mol〕
＝塩基が放出する OH^-の物質量〔mol〕

中和反応の計算をするときは，「酸が放出する H^+の物質量」と「塩基が放出する OH^-の物質量」をそれぞれ求め，それらをイコールで結ぶ式を立てればいいということだね。**H^+の物質量や OH^-の物質量は，反応する酸・塩基の物質量にそれぞれの価数を掛ければ求められる**よ。

塩酸 HCl と水酸化カルシウム $Ca(OH)_2$ の中和反応を例にして，詳しく説明していこう。

まずは，酸である HCl の電離式を見てみるよ。HCl は H^+と Cl^-に電離する 1 価の酸だね。

$$HCl \longrightarrow H^+ + Cl^-$$

HClは1価の酸

HCl が放出する H^+の物質量を求める場合，例えば HCl の物質量が 1 mol だったら放出する H^+の物質量も 1 mol ということだ。

「酸が放出する H^+の物質量〔mol〕
＝酸の価数×酸の物質量〔mol〕」
という式が成り立つよ。

次に，塩基である水酸化カルシウム $Ca(OH)_2$ の電離式を見てみるよ。

$$Ca(OH)_2 \longrightarrow Ca^{2+} + 2OH^-$$

$Ca(OH)_2$は2価の塩基

$Ca(OH)_2$ は Ca^{2+} と 2 つの OH^-に電離する 2 価の塩基だね。$Ca(OH)_2$ が放出する OH^-の物質量を求める場合，例えば $Ca(OH)_2$ の物質量が 1 mol だったら放出する OH^-の物質量は，価数の 2 を掛けて 2 mol だ。

「塩基が放出する OH^-の物質量〔mol〕
＝塩基の価数×塩基の物質量〔mol〕」
という式が成り立つよ。

さて，これらをふまえて，HCl と $Ca(OH)_2$ の反応を見てみよう。HCl と $Ca(OH)_2$ の反応は，次のように表される。

$$2HCl + Ca(OH)_2 \longrightarrow CaCl_2 + 2H_2O$$

2 : 1

HCl と $Ca(OH)_2$ の係数比は 2 : 1 なので，例えば，$Ca(OH)_2$ が 1 mol のとき，HCl 2 mol と過不足なく反応するということだ。

H^+の物質量と OH^-の物質量は，反応する酸・塩基の物質量にそれぞれの価数を掛けるんだったね。HCl の価数は 1，$Ca(OH)_2$ の価数は 2 なので，これを式にあてはめてみよう。

酸が放出する H^+の物質量〔mol〕＝塩基が放出する OH^-の物質量〔mol〕

酸の価数×酸の物質量〔mol〕　　塩基の価数×塩基の物質量〔mol〕

$$1 \times 2\ \text{mol} = 2 \times 1\ \text{mol}$$

$$2\ \text{mol} = 2\ \text{mol}$$

HCl は 2 mol，1 価の酸
$Ca(OH)_2$ は 1 mol，2 価の塩基

で，式は成り立つ。したがって，過不足なく中和することがわかるね。

つまり，「酸が放出する H^+ の物質量〔mol〕＝塩基が放出する OH^- の物質量〔mol〕」は次のような式に書き換えることができる。

酸の価数×酸の物質量〔mol〕＝塩基の価数×塩基の物質量〔mol〕

HCl と $Ca(OH)_2$ の反応では，中和の反応式を書いて考えたけど，実は反応式を書かなくても求められる。価数×酸・塩基それぞれの物質量が等しくなるように式を立てていけばいいよ。

中和反応の問題では，わからない数値を x，y などとおいて，この式にあてはめて解く，というパターンが多いよ。まずは例題で，問題に慣れていこう。

例題 4

0.20 mol の塩酸とちょうど中和するアンモニアの物質量を求めよ。

化学反応式は次のようになる。酸と塩基の価数を確認しておこう。

$$HCl + NH_3 \longrightarrow NH_4Cl$$

HCl：1価の酸　NH_3：1価の塩基

1価の酸と1価の塩基が過不足なく中和する

アンモニアの物質量を x〔mol〕とおくと，
酸の価数×酸の物質量〔mol〕＝塩基の価数×塩基の物質量〔mol〕より

$$1 \times 0.20 = 1 \times x$$

（1：価数，0.20：塩酸の物質量，1：価数，x：アンモニアの物質量）

x＝**0.20〔mol〕**

0.20 mol 

例題 5

酢酸と水酸化カルシウムの中和反応式は, 次のようになる。

$$2CH_3COOH + Ca(OH)_2 \longrightarrow (CH_3COO)_2Ca + 2H_2O$$

0.20 mol の酢酸とちょうど中和する水酸化カルシウムの質量を求めよ。ただし, 原子量は, H＝1.0, O＝16, Ca＝40 とする。

まず, 化学反応式から, 酸と塩基の価数を確認しておこう。

$$\underset{1価の酸}{\underline{\underline{2CH_3COOH}}} + \underset{2価の塩基}{\underline{\underline{Ca(OH)_2}}} \longrightarrow (CH_3COO)_2Ca + 2H_2O$$

1 価の酸と 2 価の塩基が過不足なく中和する

次に, 中和する水酸化カルシウムの物質量を求めるため, x〔mol〕とおくと

$$\underset{価数}{\underline{\underline{1}}} \times \underset{酢酸の物質量}{\underline{\underline{0.20}}} = \underset{価数}{\underline{\underline{2}}} \times \underset{水酸化カルシウムの物質量}{\underline{\underline{x}}}$$

$$x = 0.10〔mol〕$$

$Ca(OH)_2$ の分子量は

$$40 + (16 + 1.0) \times 2 = 74$$

よって, 物質量が 0.10 mol のときの質量を y〔g〕とすると

$$\frac{y}{74} = 0.10$$

$$y = 7.4〔g〕$$

7.4 g 

中和では, 前の Theme で学んだような,
酸と塩基の強弱や電離度は考えなくていいよ。
物質ごとに値が異なる価数だけは, 押さえておこう。

物質量は，いつも与えられているわけではない。中和したときの酸や塩基の体積から，物質量やモル濃度を求める場合もあるよ。

例題 6

0.036 mol/L の酢酸水溶液 10.0 mL と水酸化ナトリウム水溶液 18.0 mL が過不足なく中和する。このとき，水酸化ナトリウム水溶液のモル濃度を求めよ。

化学反応式は次のようになる。酸と塩基の価数を確認しておこう。

$$\underset{1\text{価の酸}}{\underline{CH_3COOH}} + \underset{1\text{価の塩基}}{\underline{NaOH}} \longrightarrow CH_3COONa + H_2O$$

1価の酸と1価の塩基が過不足なく中和する

水酸化ナトリウムのモル濃度を x〔mol/L〕とおくと

$$\underset{\text{価数}}{1} \times \underset{\text{酢酸の物質量}}{0.036\text{〔mol/L〕} \times \frac{10.0}{1000}\text{〔L〕}} = \underset{\text{価数}}{1} \times \underset{\text{水酸化ナトリウムの物質量}}{x\text{〔mol/L〕} \times \frac{18.0}{1000}\text{〔L〕}}$$

物質量〔mol〕＝モル濃度〔mol/L〕×体積〔L〕だったね。
1 L＝1000 mL より，
単位を mL から L に変えるときは，1000 で割るといいよ。

よって　x＝**0.020〔mol/L〕**

0.020 mol/L 答

Point!

中和反応の量的関係

酸が放出する H^+ の物質量〔mol〕
＝塩基が放出する OH^- の物質量〔mol〕

⇕

酸の価数×酸の物質量〔mol〕
＝塩基の価数×塩基の物質量〔mol〕

練習問題

2価の酸 0.300 g を含んだ水溶液を完全に中和するのに，0.100 mol/L の水酸化ナトリウム水溶液 40.0 mL を要した。この酸の分子量として適当な数値を，次の①～⑤のうちから1つ選べ。

① 75.0　② 133　③ 150　④ 266　⑤ 300

解答 ③

解説

酸の物質量を x〔mol〕とすると，次式が成り立つ。

$$\underset{\text{価数}}{2} \times \underset{\text{酸の物質量}}{x} = \underset{\text{価数}}{1} \times \underset{\text{水酸化ナトリウムの物質量}}{0.100 \times \frac{40.0}{1000}}$$

物質量は，モル濃度〔mol/L〕×体積〔L〕で
求めることができたね。
単位の変換に注意しよう。

よって　$x = 0.00200$〔mol〕

酸の分子量を y とすると，物質量 0.00200 mol，質量 0.300 g より

$$\frac{0.300}{y} = 0.00200$$

$$y = 150$$

Theme 4 中和滴定

濃度がすでにわかっている酸（塩基）と，濃度が未知の塩基（酸）が，ちょうど中和したときの体積を求める実験を**中和滴定**（ちゅうわてきてい）という。中和滴定によって，濃度のわからない塩基（酸）の濃度を求めることができるんだ。**中和がちょうど完了する**点を，**滴定の終点**，または**中和点**というよ。

>> 1. 中和滴定の操作

中和滴定で用いるおもな器具には次のようなものがある。それぞれの器具の用途を知っておこう！

では，これらの器具を用いて，中和滴定の操作を見てみよう！

濃度が不明の食酢に，濃度がわかっている水酸化ナトリウム NaOH 水溶液を滴下する実験を行う。

① 濃度が不明の食酢 10 mL をホールピペットでとり，100 mL のメスフラスコに入れて水で 10 倍にうすめる(希釈)。

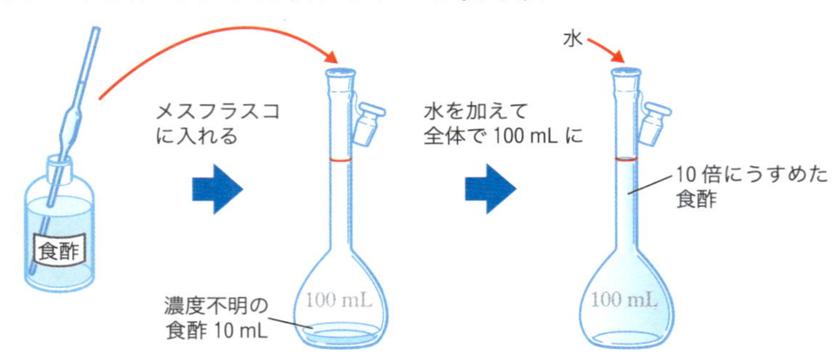

② ①で 10 倍にうすめた食酢を 10 mL とり，コニカルビーカーに入れ，**指示薬**(しじやく)を 1，2 滴加える。

中和点は，指示薬の変色で確認するんだ。
指示薬とは，ある pH 領域で色が変わる試薬だよ。
詳しくは，p.184 で説明するよ。

③　濃度のわかっているNaOH水溶液をビュレットに入れ，②に滴下する。指示薬の色の変化で中和点を判断し，中和に要したNaOH水溶液の体積をビュレットの目盛りから読み取り，食酢の濃度を計算で求める。

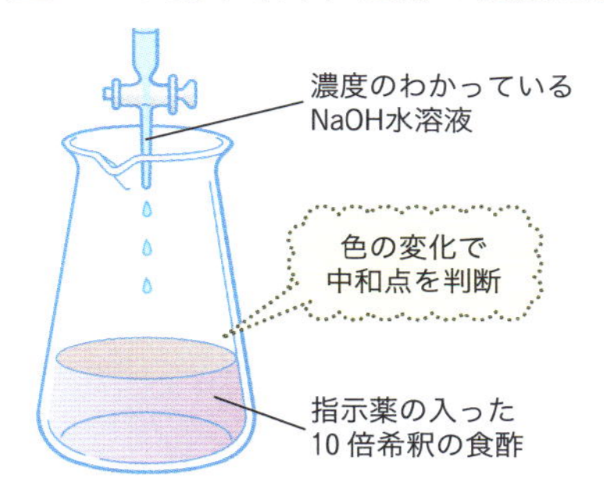

濃度の計算はもう大丈夫かな？
わからなくなったらp.173を復習しよう。

Point!

中和のまとめ

中和滴定…濃度がわかっている酸（塩基）を濃度未知の塩基（酸）に滴下する実験。中和反応の量的関係により未知の濃度が求められる。

中和点…中和が完了する点。

2. 滴定曲線

中和滴定において，滴下する酸(塩基)の滴下量と，受け器であるコニカルビーカー内の水溶液の pH の関係をグラフで表したものを**滴定曲線**(てきていきょくせん)という。滴定曲線は，横軸に滴下した水溶液の体積，縦軸に pH の変化をとったグラフだよ。滴定曲線を見れば，中和点の前後で pH が激しく変化することがわかる。また，受け器の水溶液の pH が描く曲線によって，滴下される溶液の液性や受け器の溶液の液性を知ることができる。おもに，以下の 3 つのタイプの概形を覚えておこう！

❶ 強酸に強塩基を滴下した場合

下図を見ると，pH がある滴下量で大きく変化しているのがわかるね。このときの pH 変化の幅を **pH ジャンプ**という。**pH ジャンプが現れたときの滴下量が中和点**だ。

強酸と強塩基の滴定曲線は pH ジャンプの幅が大きいよ。

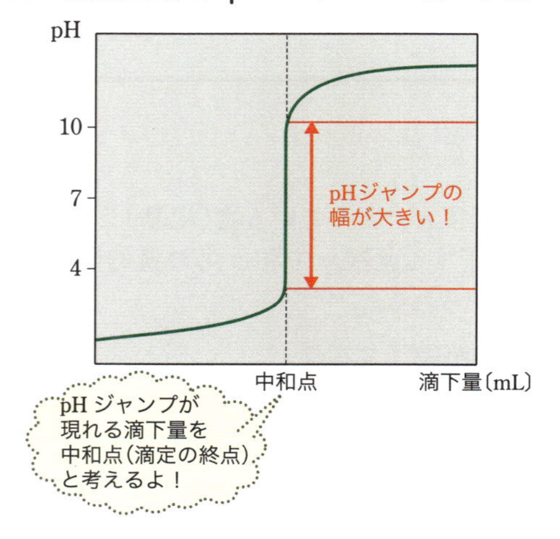

中和点の前後で pH 値がかなり変化したね!

❷ 弱酸に強塩基を滴下した場合

弱酸と強塩基の滴定曲線はpHジャンプの幅が狭く，塩基性側に偏っている。これは，中和点で存在する，中和によって生じる塩が塩基性を示すからなんだ。

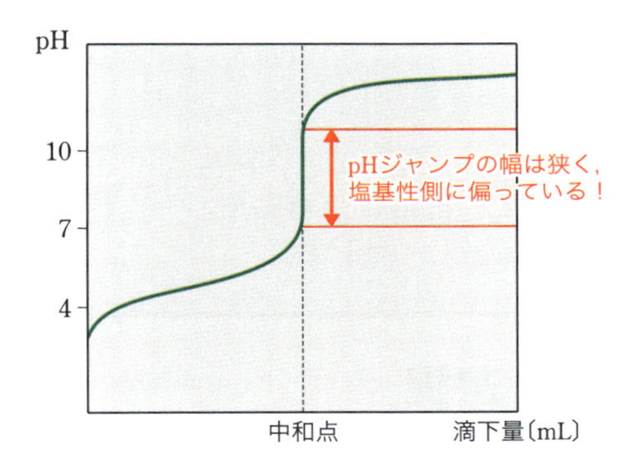

pHジャンプが塩基性側に見られるね。
詳しくはp.185で確認しよう。

❸ 弱塩基に強酸を滴下した場合

弱塩基と強酸の滴定曲線はpHジャンプの幅が狭く，酸性側に偏っている。これは，中和点で存在する，中和によって生じる塩が酸性を示すからなんだ。

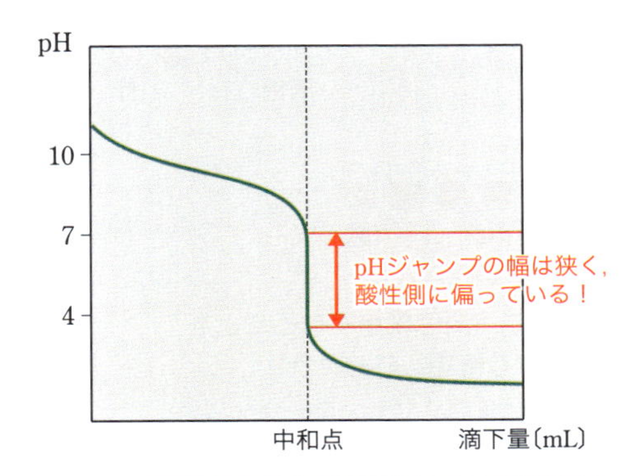

pHジャンプが酸性側に見られるね。
詳しくはp.186で確認しよう。

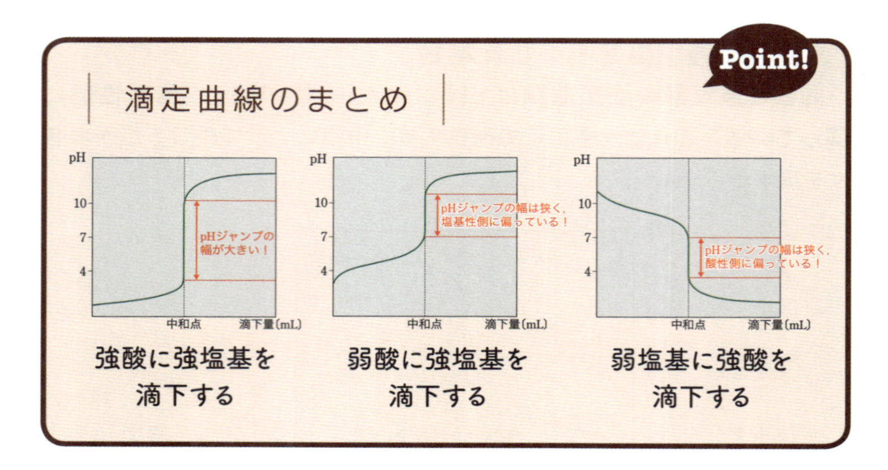

3. 指示薬の選択

中和滴定において，中和がちょうど終了することを確認するために，**指示薬**を用いる。指示薬とは，**液体の色調の変化で pH を確認できる薬品**だ。おもに，「**フェノールフタレイン**」と「**メチルオレンジ**」が用いられるが，これらは色の変化が起こる pH 領域(変色域)が異なるので，使い分けが必要だ。

指示薬の色の変化

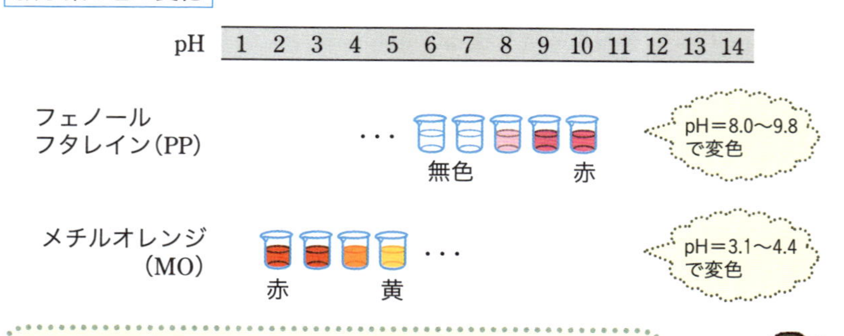

指示薬によって，変色域が異なることを，しっかり確認しておこう！

指示薬は，中和点で色が変わらなければならない。つまり，フェノールフタレインを用いる場合は，中和点での pH 変化が pH＝8.0 〜 9.8 を含み，メチルオレンジを用いる場合は，中和点での pH 変化が pH＝3.1〜4.4 を含

む滴定実験でなければいけないね。滴定曲線でいうと，**pHジャンプ内に指示薬の変色域が収まっていなければならない**。では，滴定曲線を見ながら，どのように指示薬を使い分ければいいか，確認しよう。

❶ 強酸に強塩基を滴下した場合

強酸と強塩基の滴定曲線はpHジャンプの幅が大きいので，**フェノールフタレインの変色域も，メチルオレンジの変色域もpHジャンプ内に収まる**。つまり，この場合はどちらの指示薬も使用可能だ。

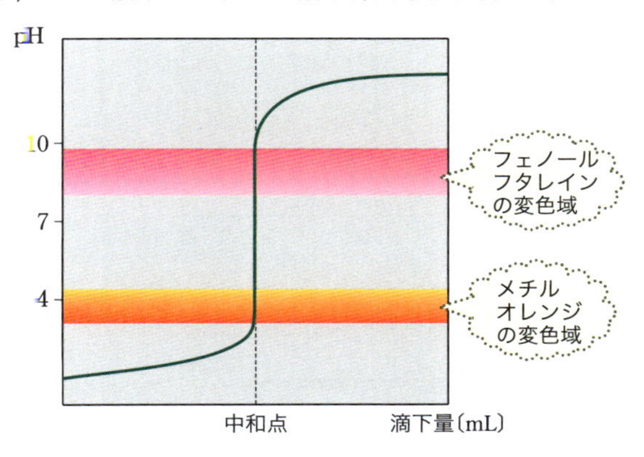

❷ 弱酸に強塩基を滴下した場合

弱酸と強塩基の滴定曲線はpHジャンプの幅が狭く，塩基性側に偏っているので，変色域が塩基性側(pH＝8.0～9.8)にある**フェノールフタレインを使用**する。

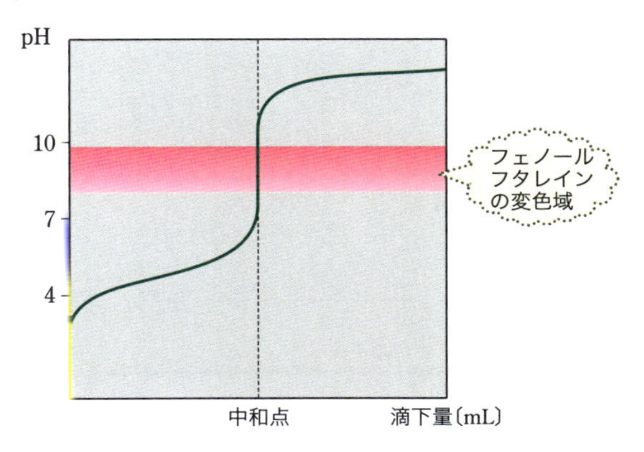

❸ 弱塩基に強酸を滴下した場合

弱塩基と強酸の滴定曲線はpHジャンプの幅が狭く，酸性側に偏っているので，変色域が酸性側(pH＝3.1 ～ 4.4)にある**メチルオレンジのみが使用可能**なんだ。

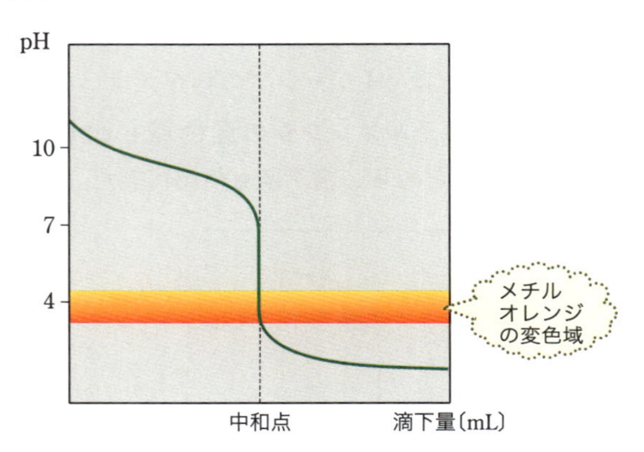

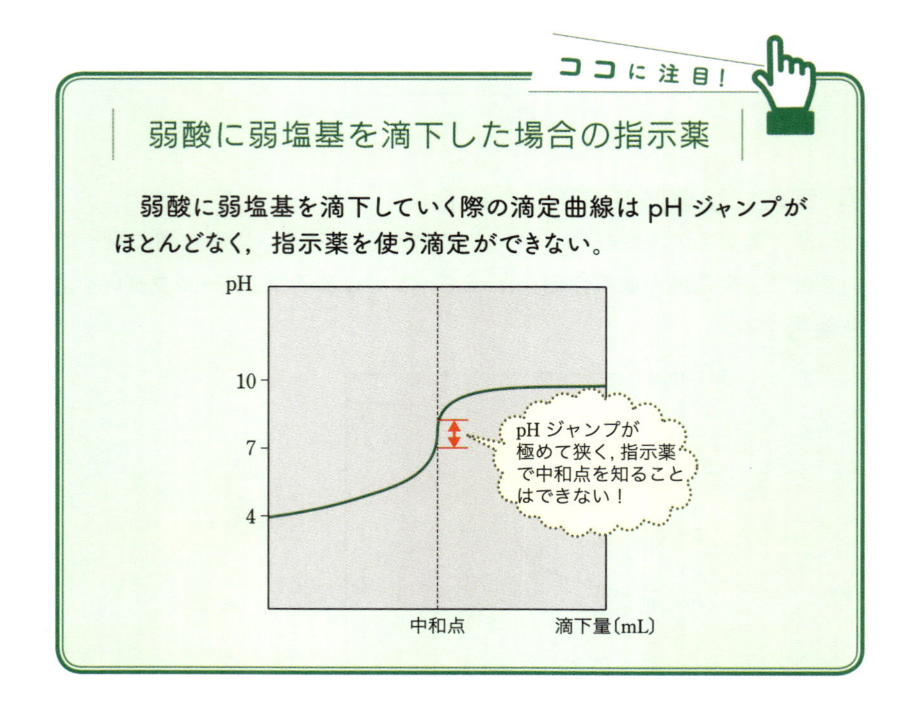

弱酸に弱塩基を滴下した場合の指示薬

弱酸に弱塩基を滴下していく際の滴定曲線はpHジャンプがほとんどなく，指示薬を使う滴定ができない。

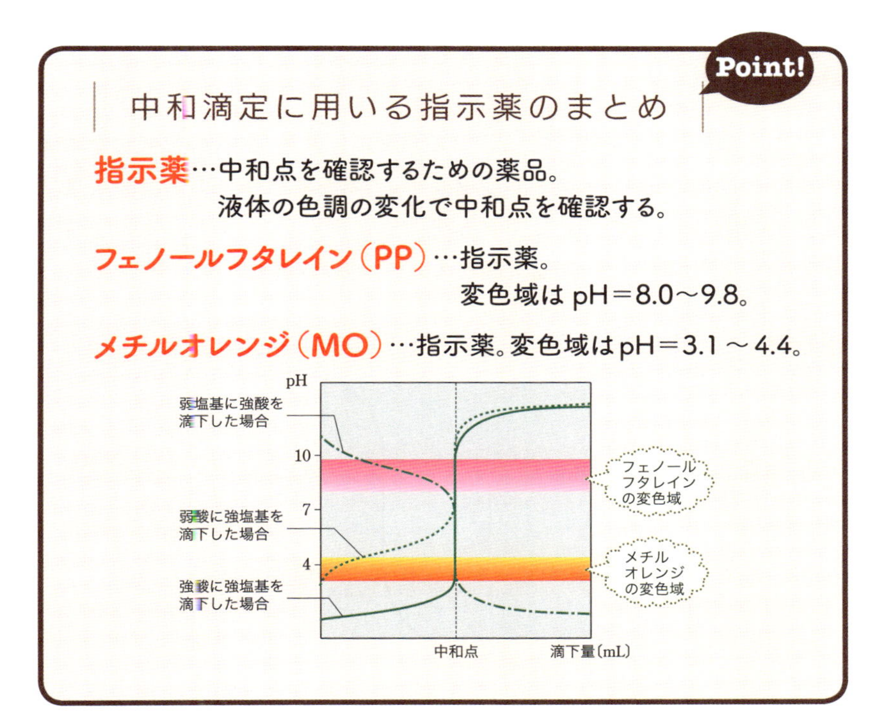

フェノールフタレインとメチルオレンジの
どちらでも使用可能なのは
強酸と強塩基の組み合わせだけ!

練習問題

下の図は中和滴定曲線である。この滴定にはメチルオレンジ(変色域は pH 3.1 〜 4.4)またはフェノールフタレイン(変色域は pH 8.0 〜 9.8)を指示薬として用いた。このことに関する記述として正しいものを，次の①〜④のうちから 2 つ選べ。ただし，解答の順序は問わない。

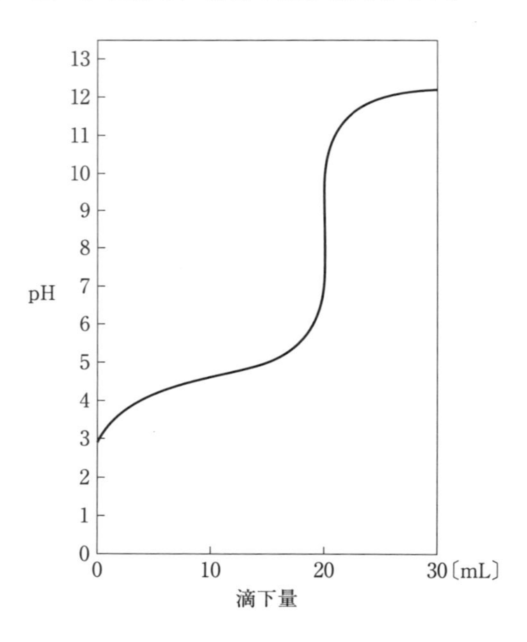

① 0.10 mol/L の酢酸水溶液 10 mL に，0.050 mol/L の水酸化ナトリウム水溶液を滴下していくと，図の曲線が得られる。

② 0.10 mol/L の硝酸 10 mL に，0.050 mol/L の水酸化ナトリウム水溶液を滴下していくと，図の曲線が得られる。

③ 図の曲線の滴定のときに，中和点(終点)の指示薬としてメチルオレンジは使えない。

④ 図の曲線の滴定のときに，中和点(終点)の指示薬としてフェノールフタレインは使えない。

 ①，③

解説

曲線が pH＝3 から始まり，pH ジャンプが塩基性側に偏っているので，弱酸に強塩基を滴下したときの滴定曲線である。よって，①の酢酸（弱酸）と水酸化ナトリウム（強塩基）の組み合わせが正しい。

②は，強酸に強塩基を滴下しているので，誤り。

また，pH ジャンプは塩基性側に偏っているため，変色域が塩基性側にある「フェノールフタレイン」のみ使える。よって③は正しく，④は誤り。

Theme 5 塩

1. 塩

中和反応では，酸のH^+と塩基のOH^-が反応して水になり，塩(えん)が生成されたね（p.172）。塩とは，**酸が電離して生じた陰イオン**と，**塩基が電離して生じた陽イオンが結合したもの**だったね。

酸 ＋ 塩基（アルカリ）⟶ 水 ＋ 塩

例えば，塩酸 HCl と水酸化ナトリウム NaOH の中和反応で生じた，塩化ナトリウム NaCl は“塩”だよ。

$$HCl + NaOH \longrightarrow NaCl + H_2O$$

塩(えん)

酸の陰イオン(Cl^-)＋塩基の陽イオン(Na^+)

2. 塩の分類

塩には，おもに正塩・酸性塩・塩基性塩の 3 種類がある。

① 正塩

酸と塩基が反応して生成した塩の組成式に，酸の H，塩基の OH が残っていないものを**正塩(せいえん)**という。

例 $HCl + NaOH \longrightarrow NaCl + H_2O$（NaCl：正塩）

$HCl + NH_3 \longrightarrow NH_4Cl$（$NH_4Cl$：正塩）

NH_4ClのHは，酸のHではないよ。

❷ 酸性塩

酸と塩基が反応して生成した塩の組成式に，酸の H が残っているものを**酸性塩**(さんせいえん)という。

例　H_2SO_4 ＋ NaOH ⟶ $NaHSO_4$ ＋ H_2O
（$NaHSO_4$：酸性塩）

❸ 塩基性塩

酸と塩基が反応して生成した塩の組成式に，塩基の OH が残っているものを**塩基性塩**(えんきせいえん)という。

例　HCl ＋ $Mg(OH)_2$ ⟶ MgCl(OH) ＋ H_2O
（MgCl(OH)：塩基性塩）

HCl ＋ $Ca(OH)_2$ ⟶ CaCl(OH) ＋ H_2O
（CaCl(OH)：塩基性塩）

Point!

塩の分類

正塩…酸の H，塩基の OH が残っていない塩。

酸性塩…酸の H が残っている塩。

塩基性塩…塩基の OH が残っている塩。

塩は，酸の H，塩基の OH が
残っているかどうかで分類する!

3. 正塩の水溶液の液性

塩を水に溶解させたときの水溶液の液性は，塩の分類とは関係がない。つまり，酸性塩の水溶液が酸性とは限らない，ということだよ。例えば，塩化水素 HCl とアンモニア NH_3 からは，正塩 NH_4Cl が生じるが，この塩の水溶液は，酸性を示す。

一般に，**強酸と強塩基から生じる正塩は，水に溶解させると中性**になる。しかし，強酸と弱塩基，弱酸と強塩基から生じる正塩は，酸性や塩基性を示す。これは，**中和するもとの酸と塩基の強弱に依存**している。

それでは，実際に次の 3 つの正塩 NaCl，CH_3COONa，NH_4Cl を水に溶解させたときの液性を調べてみよう。

手順①　正塩の化学式を陽イオンと陰イオンに分解する。

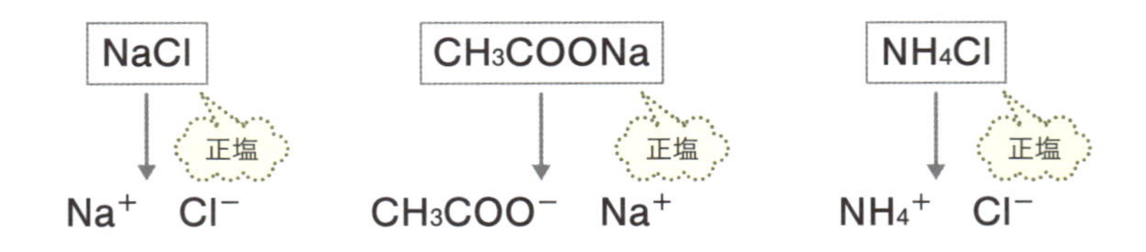

手順②　陽イオンに OH^- を陰イオンに H^+ を付け足して，中和するもとの酸と塩基を特定する。

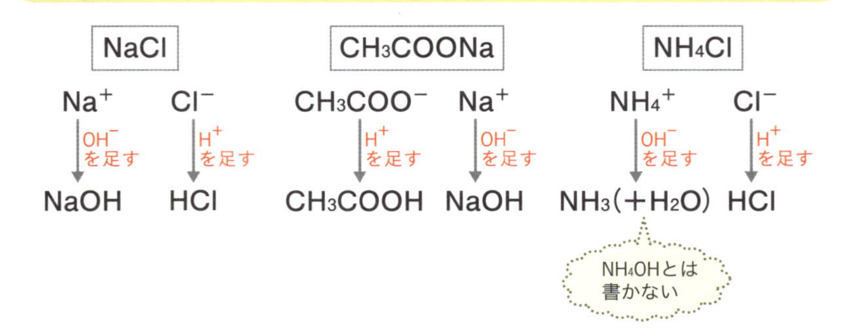

正塩 NaCl は，NaOH と HCl から作られたことがわかるね。

手順③ もとの酸と塩基の強弱の組み合わせから，次のように判断する。

「強酸」と「強塩基」からなる正塩の水溶液…「中性」
「強酸」と「弱塩基」からなる正塩の水溶液…「酸性」
「弱酸」と「強塩基」からなる正塩の水溶液…「塩基性」

NaCl	CH_3COONa	NH_4Cl
NaOH と HCl（強塩基，強酸）	CH_3COOH と NaOH（弱酸，強塩基）	NH_3 と HCl（弱塩基，強酸）
↓	↓	↓
中性	塩基性	酸性

正塩の水溶液の液性

NaCl の場合，強塩基の NaOH と強酸の HCl から作られているから，水溶液は中性だね。

塩の水溶液の液性は，もとの酸と塩基の強弱により判断することができるよ。

もとの塩基の性質 ＼ もとの酸の性質	強酸	弱酸
強塩基	中性（例：NaCl Na_2SO_4 など）	塩基性（例：CH_3COONa Na_2CO_3 など）
弱塩基	酸性（例：NH_4Cl $CuSO_4$ など）	—

同じ正塩でも，水溶液の液性は異なる。
中和するもとの酸と塩基の強弱に依存するよ。

Point!

正塩の水溶液の液性

- 強酸と強塩基からなる正塩の水溶液は中性
- 強酸と弱塩基からなる正塩の水溶液は酸性
- 弱酸と強塩基からなる正塩の水溶液は塩基性

練習問題

次の塩に関する記述として正しいものを, 次の①～④のうちから1つ選べ。

① 塩化アンモニウムは正塩であり, その水溶液は中性を示す。
② 炭酸ナトリウム(Na_2CO_3)は塩基性塩なので, その水溶液は塩基性を示す。
③ 硫酸ナトリウムは正塩であり, その水溶液は中性を示す。
④ 酢酸ナトリウムは正塩であるが, その水溶液は酸性を示す。

解答 ③

解説

「**塩の分類**」と「**塩の水溶液の液性**」は**まったく無関係**だったね。しっかり区別しておこう！

① 塩化アンモニウム NH_4Cl は**正塩**であるが, 塩酸(強酸)とアンモニア(弱塩基)からなる塩なので, その水溶液は**酸性**を示す。
② 炭酸ナトリウム Na_2CO_3 は**正塩**であり, 炭酸 H_2CO_3(弱酸)と水酸化ナトリウム NaOH(強塩基)からなる塩なので, その水溶液は**塩基性**を示す。
④ 酢酸ナトリウム CH_3COONa は**正塩**であるが, 酢酸(弱酸)と水酸化ナトリウム(強塩基)からなる塩なので, その水溶液は**塩基性**を示す。

Chapter 4 共通テスト対策問題

1

ある量の気体のアンモニアを入れた容器に 0.30 mol/L の硫酸 40 mL を加え，よく振ってアンモニアをすべて吸収させた。反応せずに残った硫酸を 0.20 mol/L の水酸化ナトリウム水溶液で中和滴定したところ，20 mL を要した。はじめのアンモニアの体積は，標準状態で何 L か。最も適当な数値を，次の①～⑤のうちから１つ選べ。

① 0.090　② 0.18　③ 0.22　④ 0.36　⑤ 0.45

（センター本試）

2

1 価の酸の 0.2 mol/L 水溶液 10 mL を，ある塩基の水溶液で中和滴定した。塩基の水溶液の滴下量と pH の関係を下図に示す。下の問いに答えよ。

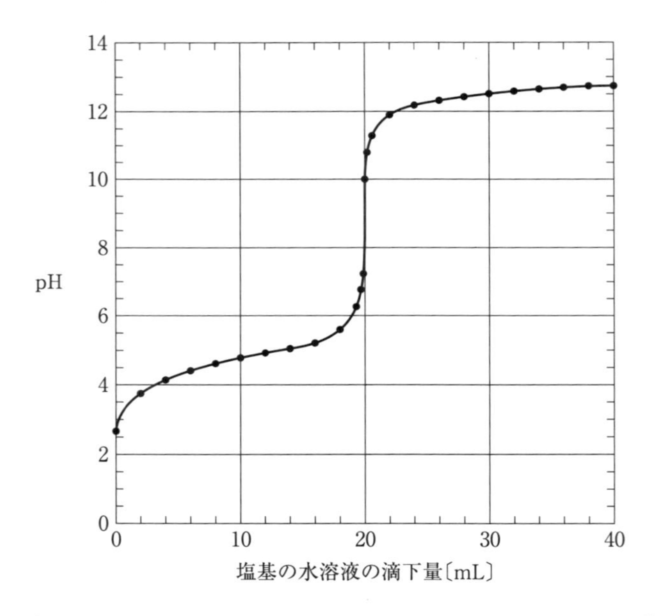

滴定に用いた塩基の水溶液として最も適当なものを，次の①〜⑥のうちから 1 つ選べ。

① 0.05 mol/L のアンモニア水
② 0.1 mol/L のアンモニア水
③ 0.2 mol/L のアンモニア水
④ 0.05 mol/L の水酸化ナトリウム水溶液
⑤ 0.1 mol/L の水酸化ナトリウム水溶液
⑥ 0.2 mol/L の水酸化ナトリウム水溶液 （センター本試）

3

ある高校生が，トイレ用洗浄剤に含まれる塩化水素の濃度を中和滴定を使って求めた。次に示したものは，その実験報告書の一部である。この報告書を読み，問１～問３に答えよ。

「まぜるな危険　酸性タイプ」の洗浄剤に含まれる塩化水素濃度の測定

【目的】

トイレ用洗浄剤のラベルに「まぜるな危険　酸性タイプ」と表示があった。このトイレ用洗浄剤は塩化水素を約10％含むことがわかっている。この洗浄剤（以下「試料」という）を水酸化ナトリウム水溶液で中和滴定し，塩化水素の濃度を正確に求める。

【試料の希釈】

滴定に際して，試料の希釈が必要かを検討した。塩化水素の分子量は36.5なので，試料の密度を1 g/cm^3 と仮定すると，試料中の塩化水素のモル濃度は約3 mol/Lである。この濃度では，約0.1 mol/Lの水酸化ナトリウム水溶液を用いて中和滴定を行うには濃すぎるので，試料を希釈することとした。試料の希釈溶液10 mLに，約0.1 mol/Lの水酸化ナトリウム水溶液を15 mL程度加えたときに中和点となるようにするには，試料を［ア］倍に希釈するとよい。

【実験操作】

1．試料10.0 mLを，ホールピペットを用いてはかり取り，その質量を求めた。
2．試料を，メスフラスコを用いて正確に［ア］倍に希釈した。
3．この希釈溶液10.0 mLを，ホールピペットを用いて正確にはかり取り，コニカルビーカーに入れ，フェノールフタレイン溶液を２，３滴加えた。
4．ビュレットから0.103 mol/Lの水酸化ナトリウム水溶液を少しずつ滴下し，赤色が消えなくなった点を中和点とし，加えた水酸化ナトリウム水溶液の体積を求めた。
5．3と4の操作を，さらにあと２回繰り返した。

【結果】

1．実験操作１で求めた試料 10.0 mL の質量は 10.40 g であった。

2．この実験で得られた滴下量は次のとおりであった。

	加えた水酸化ナトリウム水溶液の体積〔mL〕
１回目	12.65
２回目	12.60
３回目	12.61
平均値	12.62

3．加えた水酸化ナトリウム水溶液の体積を，平均値 12.62 mL とし，試料中の塩化水素の濃度を求めた。なお，試料中の酸は塩化水素のみからなるものと仮定した。

希釈前の試料に含まれる塩化水素のモル濃度は，2.60 mol/L となった。

4．試料の密度は，結果１より 1.04 g/cm^3 となるので，試料中の塩化水素（分子量 36.5）の質量パーセント濃度は［イ］%であることがわかった。

問１　［ア］に当てはまる数値として最も適当なものを，次の①～⑤のうちから一つ選べ。

①　2　　②　5　　③　10　　④　20　　⑤　50

問２　別の生徒がこの実験を行ったところ，水酸化ナトリウム水溶液の滴下量が，正しい量より大きくなることがあった。どのような原因が考えられるか。最も適当なものを，次の①～④のうちから１つ選べ。

① 実験操作３で使用したホールピペットが水でぬれていた。

② 実験操作３で使用したコニカルビーカーが水でぬれていた。

③ 実験操作３でフェノールフタレイン溶液を多量に加えた。

④ 実験操作４で滴定開始前にビュレットの先端部分にあった空気が滴定の途中でぬけた。

問３　［イ］に当てはまる数値として最も適当なものを，次の①～⑤のうちから一つ選べ。

①　8.7　　②　9.1　　③　9.5　　④　9.8　　⑤　10.3

（試行調査問題）

【解答・解説】

1

アンモニア NH_3 と硫酸 H_2SO_4 と水酸化ナトリウム NaOH の量的関係を図解すると，次のようになるね。

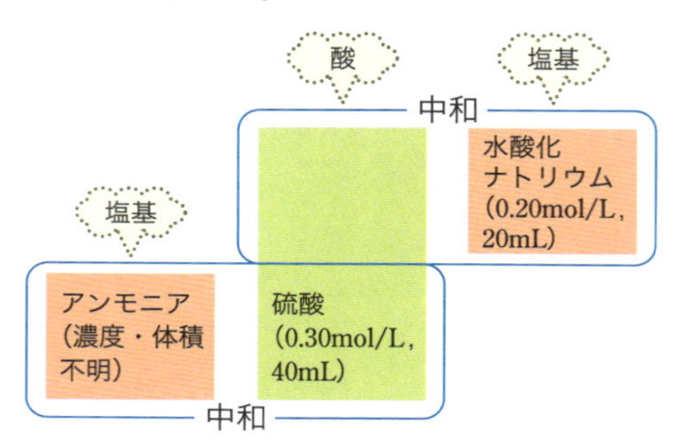

つまり，酸である H_2SO_4 と，塩基である NH_3 と NaOH がちょうど中和している，ということだね。これを，「**酸の価数×酸の物質量＝塩基の価数×塩基の物質量**」の式にあてはめると，次のようになる。

$$\underbrace{2}_{H_2SO_4\text{の価数}} \times H_2SO_4\text{の物質量}〔\text{mol}〕$$

$$= \underbrace{1}_{NH_3\text{の価数}} \times NH_3\text{の物質量}〔\text{mol}〕 + \underbrace{1}_{\text{NaOH の価数}} \times \text{NaOH の物質量}〔\text{mol}〕$$

求める NH_3 の標準状態の体積を x〔L〕とすると

$$\underbrace{2}_{H_2SO_4\text{の価数}} \times \underbrace{0.30〔\text{mol/L}〕\times\frac{40}{1000}〔\text{L}〕}_{H_2SO_4\text{の物質量〔mol〕}} = \underbrace{1}_{NH_3\text{の価数}} \times \underbrace{\frac{x}{22.4}〔\text{mol}〕}_{NH_3\text{の物質量〔mol〕}} + \underbrace{1}_{\text{NaOHの価数}} \times \underbrace{0.20〔\text{mol/L}〕\times\frac{20}{1000}〔\text{L}〕}_{\text{NaOHの物質量〔mol〕}}$$

これを解くと

x＝**0.448〔L〕**

求める NH_3 は気体の体積なので，
標準状態での 1 mol の体積（22.4 L）で割っているんだね。

2

滴定曲線が，pH＝2.5 から始まり，pH ジャンプが狭く塩基性側に偏っていることから，弱酸に強塩基を滴下したものだとわかる。よって，滴定に用いた塩基は水酸化ナトリウム NaOH と決定できるので，選択肢④～⑥に絞ることができる。

ここで，求めたい NaOH 水溶液のモル濃度を x〔mol/L〕とおく。0.2 mol/L の 1 価の酸 10 mL が，x〔mol/L〕の 1 価の塩基である NaOH 水溶液 20 mL（グラフから読み取る）とちょうど中和したので，**「酸の価数×酸の物質量＝塩基の価数×塩基の物質量」**の式を立てると

$$\underbrace{1}_{\text{酸の価数}} \times \underbrace{0.2\,〔\text{mol/L}〕 \times \frac{10}{1000}〔\text{L}〕}_{\text{酸の物質量〔mol〕}} = \underbrace{1}_{\text{NaOHの価数}} \times \underbrace{x\,〔\text{mol/L}〕 \times \frac{20}{1000}〔\text{L}〕}_{\text{NaOHの物質量〔mol〕}}$$

これを解くと

x＝**0.1〔mol/L〕**

3

問題文がとても長いが，必要な情報を的確に**抜き出していこう**。解説では，塩化水素の水溶液を「塩酸」と説明するよ。

問 1　「試料の希釈溶液 10 mL に，約 0.1 mol/L の水酸化ナトリウム水溶液を 15 mL 程度加えたときに中和点となる…」を言い換えると，**あるモル濃度の塩酸 10 mL と 0.1〔mol/L〕の水酸化ナトリウム水溶液 15 mL が過不足なく中和する**ということになるね。

中和の量的関係を表す式**「酸の価数×酸の物質量＝塩基の価数×塩基の物質量」**より，希釈後の塩酸の濃度を x〔mol/L〕とすると，

$$1 \times x\,〔\text{mol/L}〕 \times \frac{10.0}{1000}〔\text{L}〕 = 1 \times 0.1\,〔\text{mol/L}〕 \times \frac{15}{1000}〔\text{L}〕$$

これを解いて　x＝0.15〔mol/L〕

希釈前の塩酸の濃度が3〔mol/L〕なので，3÷0.15＝20。3〔mol/L〕を$\frac{1}{20}$倍すると0.15〔mol/L〕になる。つまり，20倍に希釈すればよい。

3 mol/L×$\frac{1}{20}$＝0.15 mol/L だよね！

答 ④

問2

① 誤り。

実験操作3で使用したホールピペットが水でぬれていた場合，塩酸が薄まってしまうため，中和点までに必要な水酸化ナトリウム水溶液の体積は小さくなる。

ちなみに，もし実験操作4で使用したビュレットが使用前に水でぬれていた場合，中に入れる水酸化ナトリウム水溶液が薄まってしまい，モル濃度が0.103〔mol/L〕より小さくなる。

その結果，中和点までに必要な水酸化ナトリウム水溶液の体積は大きくなる。

そのため，**ホールピペットとビュレットは使用前に中に入れる溶液ですすいでおく**んだ。この操作を**共洗い**というよ。

② 誤り。

コニカルビーカーは水でぬれていても，滴定結果に影響はない。この問題の場合，水でぬれているコニカルビーカーに0.15〔mol/L〕の塩酸を10.0 mLはかり入れたとしても，溶質HClの物質量は，0.15〔mol/L〕×$\frac{10.0}{1000}$ L＝1.5×10^{-3} molであり，中和に必要な水酸化ナトリウムの量は変わらないよね。つまり，**コニカルビーカーは水でぬれたまま使用可能**ということなんだ。

ちなみに，正確な濃度水溶液を調製する際に用いる**メスフラスコも水でぬれたまま使える**よ。あとで水を加えるわけだからね。

③ 誤り。

加えるフェノールフタレイン溶液の量が多くてもコニカルビーカー内のHClの物質量は変わらず，変色する際のpHも変わらない。よって，測定される滴下量は変化しない。

④ 正解。

実験操作4で滴定開始前にビュレット先端部分に空気が入っていたとすると，コックを開いた際，**空気が抜けた分だけビュレットの目盛りは下がる**ことになる。でも，実際には水酸化ナトリウム水溶液は滴下されていないよね。

つまり，最終的な目盛りの読み取り値は実際の滴下量よりも大きくなってしまうね。

なので，**ビュレットは滴定開始前に先端部分まで滴下する溶液で満たしておかなければならない**。

問3 この問題のテーマは濃度変換。**密度1.04〔g/cm^3〕でモル濃度2.60〔mol/L〕の塩酸中の塩化水素の質量パーセント濃度を求めればよい**。溶液の体積を**1L**として考えてみよう！

塩酸1L＝1000 cm^{3}の質量は，

$$1.04\,〔\mathrm{g/cm^3}〕\times 1000\,\mathrm{cm^3} = 1040\,\mathrm{g}$$

また，このうち塩化水素（分子量36.5より，モル質量36.5 g/mol）の質量は，

$$36.5\,〔\mathrm{g/mol}〕\times 2.60\,\mathrm{mol} = 94.9\,\mathrm{g}$$

よって，求める質量パーセント濃度は，

$$\frac{94.9}{1040}\times 100 = 9.125\,\% \fallingdotseq 9.1\,\%$$

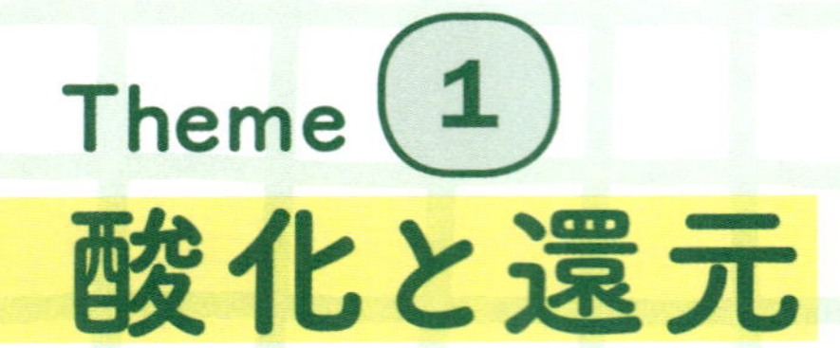

Theme 1 酸化と還元

中学校で学習した酸化と還元を覚えているかな。中学校では，酸化は「物質が酸素と化合すること（水素を失うこと）」，還元は「物質が酸素を失うこと（水素と化合すること）」と習ったはずだ。化学基礎では，酸化と還元の反応について，酸素や水素の授受だけでなく，電子の授受にも着目して学習していくよ。

>> 1. 酸化と還元（酸素の授受による定義）

まずは，酸素の授受による酸化・還元の定義を見ていこう。

銅 Cu を空気中で加熱すると，空気中の酸素 O_2 と反応して，酸化銅（Ⅱ）CuO ができる。

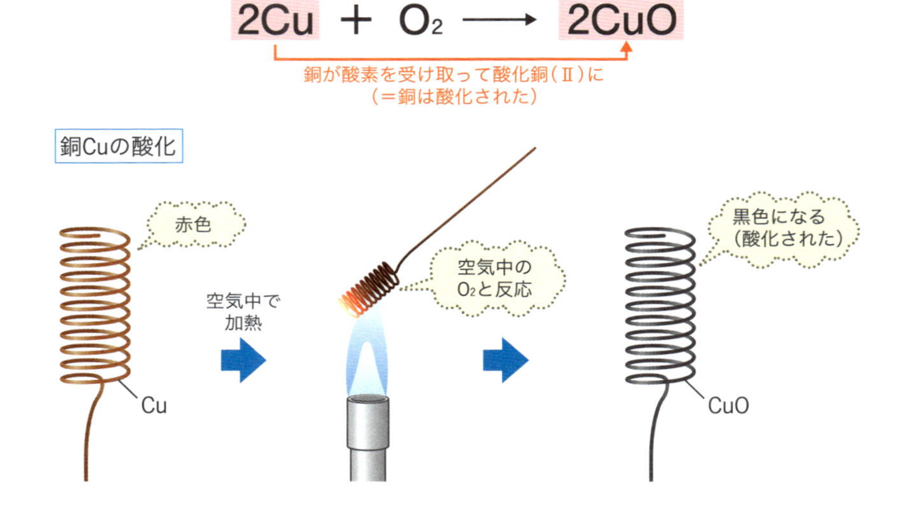

このとき，銅は赤色から黒色へ変化する。このように，**物質が酸素と反応して化合物を生成すること**を，**酸化**といい，Cu は“**酸化された**”という。

一方，加熱した酸化銅(Ⅱ)CuO を水素 H_2 と接触させると，酸化銅(Ⅱ)は再び銅 Cu に戻る。

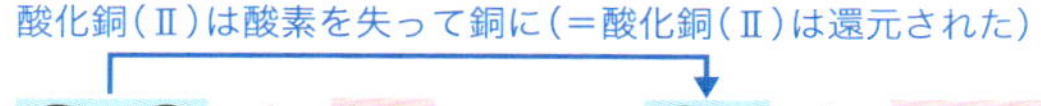

$$CuO + H_2 \longrightarrow Cu + H_2O$$

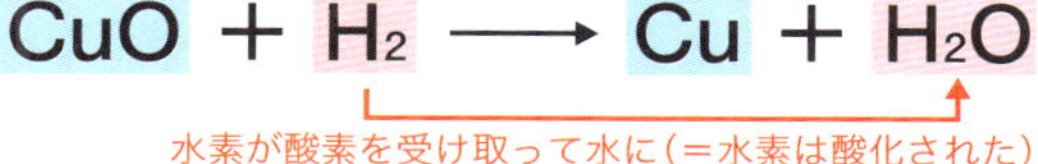

酸化銅CuOの還元

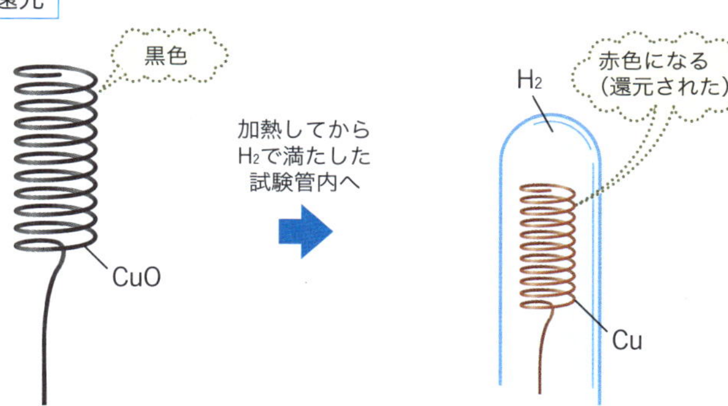

このとき，酸化銅(Ⅱ)は，黒色からもとの銅の色(赤色)へ戻る。このように，**物質が酸素を失うこと**を，**還元**といい，酸化銅(Ⅱ)CuO は“**還元された**”という。同時に，水素 H_2 は酸素を受け取ったので，“酸化された”ことになる。

Point!

酸化と還元(酸素の授受による定義)

「酸素を受け取る」…酸化される
「酸素を失う」………還元される

では，次の反応式について，「酸化されたもの」と「還元されたもの」を答えてみよう！

例題 1

次の反応で，酸化された物質，還元された物質は何か。

$$2Mg + CO_2 \longrightarrow 2MgO + C$$

化学反応式より，マグネシウム Mg は，酸素を受け取って酸化マグネシウム MgO になり，同時に，二酸化炭素 CO_2 は，酸素を失って炭素 C になっていることがわかる。

以上より，酸化された物質　Mg 答
　　　　　還元された物質　CO_2 答

酸素を受け取ることを「酸化される」，
酸素を失うことを「還元される」といったね。

2. 酸化と還元（水素の授受による定義）

次に，水素の授受によって定義される酸化と還元を見ていくよ。

硫化水素 H_2S の水溶液に過酸化水素 H_2O_2 の水溶液（過酸化水素水）を加えると，硫黄 S と水 H_2O が生じ，溶液が白濁する。

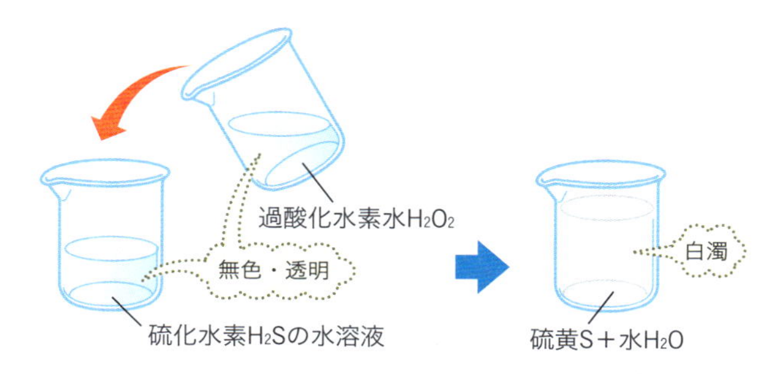

溶液が白く濁るのは
水に溶けにくい硫黄が生じたからだよ。

このとき，「酸化されたもの」と，「還元されたもの」はなんだろう。酸素の授受で考えると，酸素の移動がないから，"酸化"も"還元"も関係ないように思えるね。そこで，**水素に着目して**化学反応式を見てみよう。H_2S は，水素を失って，硫黄 S になるね。一方，H_2O_2 は，水素を受け取って H_2O になる。このとき，硫化水素 H_2S は，**水素を失って"酸化された"**といい，過酸化水素 H_2O_2 は，**水素を受け取って"還元された"**というよ。

過酸化水素が水素を受け取って水に（＝過酸化水素は還元された）

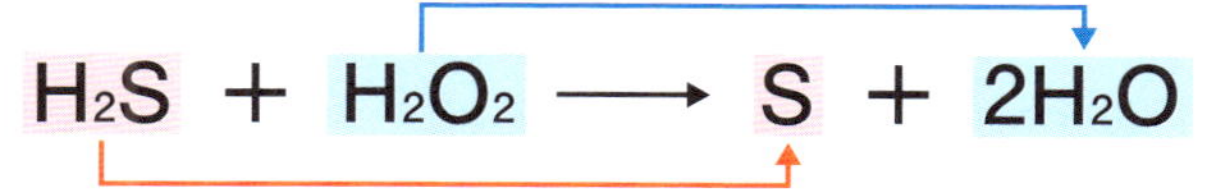

$$H_2S + H_2O_2 \longrightarrow S + 2H_2O$$

硫化水素が水素を失って硫黄に（＝硫化水素は酸化された）

このように，酸素の受け渡しがない，
酸化還元反応もあることを覚えておこう。

Point!

酸化と還元（水素の授受による定義）

「水素を受け取る」…還元される
「水素を失う」………酸化される

では，次の反応式について，「酸化されたもの」と「還元されたもの」を答えてみよう！

例題 2

次の反応で，酸化された物質，還元された物質は何か。

$$H_2S + I_2 \longrightarrow S + 2HI$$

化学反応式より，硫化水素 H_2S は，水素を失って硫黄 S になり，同時に，ヨウ素 I_2 は，水素を受け取ってヨウ化水素 HI になっていることがわかる。

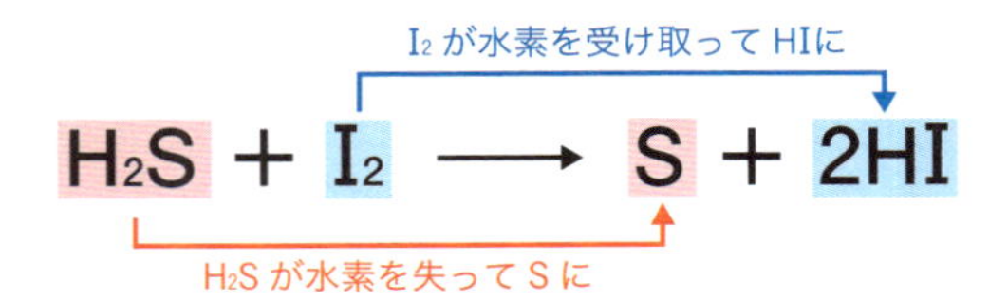

以上より，酸化された物質 H_2S 答
還元された物質 I_2 答

水素を受け取ることを「還元される」，
水素を失うことを「酸化される」といったね。

3. 酸化と還元（電子の授受による定義）

今度は，電子の授受で定義される酸化と還元を見ていく。

加熱した銅線(Cu)を塩素ガス(Cl_2)の中に入れると，激しく反応して黄色い煙が発生し，塩化銅(Ⅱ)$CuCl_2$ができる。この反応を化学反応式で表すと，次のようになる。

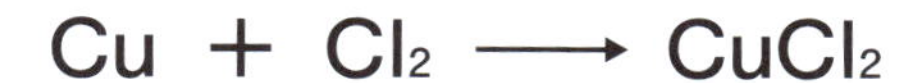

$$Cu + Cl_2 \longrightarrow CuCl_2$$

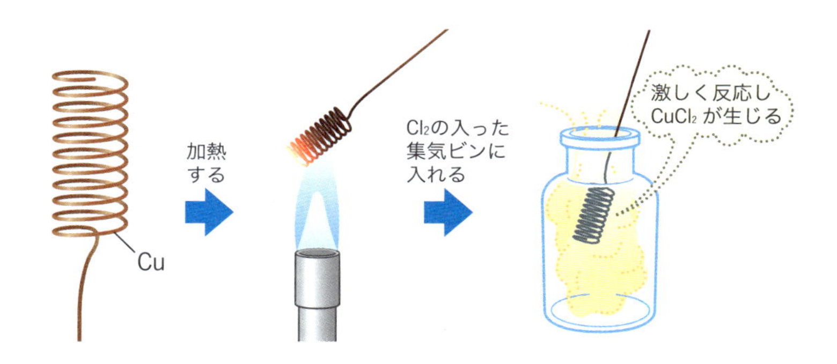

このとき，「酸化されたもの」と，「還元されたもの」はなんだろう。反応式では，酸素も水素も移動していないね。そこで，**電子 e^- に着目して**考えるんだ。

塩化銅(Ⅱ)は，銅イオン Cu^{2+} と塩化物イオン Cl^- からなる，**イオン結晶**だね。銅原子 Cu は，電子 e^- を失って銅イオン Cu^{2+} になり，塩素原子 Cl は，電子 e^- を受け取って塩化物イオン Cl^- になっている。

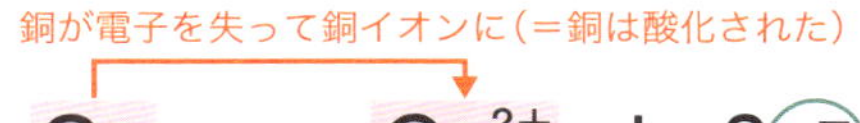

$$Cu \longrightarrow Cu^{2+} + 2e^-$$

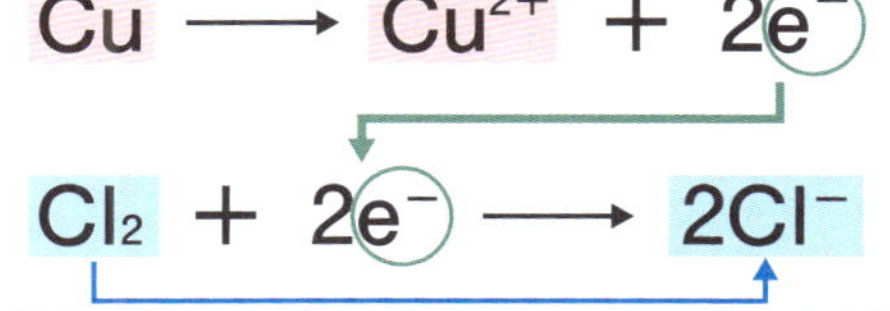

$$Cl_2 + 2e^- \longrightarrow 2Cl^-$$

このとき，銅は，**電子を失って“酸化された”**といい，塩素は，**電子を受け取って“還元された”**という。

このように，**酸素や水素の受け渡しがない，酸化と還元の反応**もあるんだ。電子の授受による酸化・還元の定義は，特に重要なので，しっかり理解しておこう。

Point!

酸化と還元（電子の授受による定義）

「**電子を受け取る**」…**還元される**
「**電子を失う**」………**酸化される**

では，次の反応式について，「酸化されたもの」と「還元されたもの」を答えてみよう！

例題 3

次の反応で，酸化された物質，還元された物質は何か。

$$2Na + Cl_2 \longrightarrow 2NaCl$$

化学反応式より，ナトリウム Na は，ナトリウムイオン Na^+ になって電子 e^- を失い，同時に，塩素 Cl_2 は，塩化物イオン Cl^- になり，電子 e^- を受け取っていることがわかる。

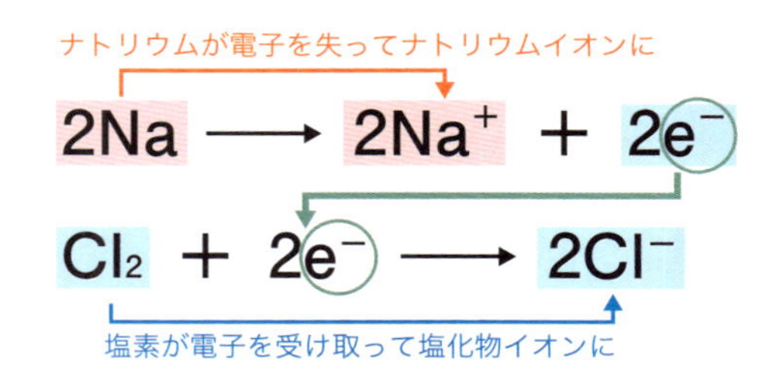

以上より，酸化された物質 **Na** 答
　　　　　還元された物質 **Cl_2** 答

このように，酸化と還元は，酸素や水素，電子の授受による定義から説明することができる。また，酸化と還元は，必ず同時に起こるので，まとめて**酸化還元反応**というよ。

Point!

酸化還元反応のまとめ

	酸素の授受	水素の授受	電子(e^-)の授受
酸化される	酸素と結合	水素を失う	電子を失う
還元される	酸素を失う	水素と結合	電子を受け取る

酸素を受け取ったら「酸化される」，
水素，電子を受け取ったら「還元される」，
ややこしく感じるけど，理解してしまえば簡単だよ。

Theme 2 酸化数

1．酸化数

次の化学反応式について，硫黄原子Sが酸化されたか，還元されたか説明することができるだろうか。

$$H_2O_2 + \underline{S}O_2 \longrightarrow H_2\underline{S}O_4$$

過酸化水素と二酸化硫黄が硫酸になる化学反応式だね。

Theme 1では，酸素を受け取ることを「酸化される」，水素を受け取ることを「還元される」と説明したね。この方法で考えると，二酸化硫黄 SO_2 の硫黄原子Sは，酸素とも結合しているし，同時に水素とも結合している。

さらに，硫酸 H_2SO_4 はイオン結晶ではないので，電子に着目して酸化や還元を容易に判定することはできない。

このように，酸化されたのか，還元されたのかを容易に判断できない反応もある。

そこで登場するのが**酸化数**だ。酸化数とは，**酸化の程度を数値で表したもの**だ。化学反応の前後で，**「酸化数が増加」**したら「**酸化された**」，**「酸化数が減少」**したら「**還元された**」というよ。

酸化数を求めるためのルールがあるので，まずはこのルールを覚え，正しく酸化数を求められるようになろう。

2. 酸化数の求め方

次の５つのルールを確認して，酸化数を求めていこう。酸化数は原子１個あたりで求めるよ。

ルール①　単体中の原子の酸化数は０とする。
例　H_2 の H，Cl_2 の Cl，Cu，S いずれの原子も酸化数は「0」

ルール②　単原子イオンの酸化数は，イオンの電荷と同じとする。
例　Cu^{2+} なら Cu の酸化数は「＋2」，Cl^- なら Cl の酸化数は「－1」

ルール③　化合物中のアルカリ金属の酸化数は「＋1」，２族元素は「＋2」，ハロゲンは「－1」とする。
例　NaCl の Na の酸化数は「＋1」，Cl の酸化数は「－1」，CaO の Ca の酸化数は「＋2」

ルール④　化合物中の水素原子の酸化数は「＋1」とする。
例　H_2O の H の酸化数は「＋1」

ルール⑤　化合物中の酸素原子の酸化数は「－2」とする。
例　CO_2 の O の酸化数は「－2」

ルール③から⑤には優先順位があり，その順位は**③＞④＞⑤**だ。

ルール③から⑤にもとづいて，化合物や多原子イオンを構成する原子の酸化数を決めたら，最後に次の２点を確認する。

- **化合物を構成する原子の酸化数の総和は0になる。**
- **多原子イオンを構成する原子の酸化数の総和は，イオンの電荷と同じになる。**

この2つは，ルールというより，前提条件になるよ。

これらのルールにもとづいて，次の酸化数を求めてみよう。

● NH_3 の窒素原子Nの酸化数

まず，求めたい窒素原子Nの酸化数を x とおく。

ルール①，②，③は該当しない。

ルール④より，化合物中の水素原子Hの酸化数は「+1」。

前提条件より，化合物を構成する原子の酸化数の総和は「0」。これより，次の式が成り立つ。

$$x+(+1)\times 3=0$$

これを解いて　$x=-3$

よって，窒素原子Nの酸化数は「−3」

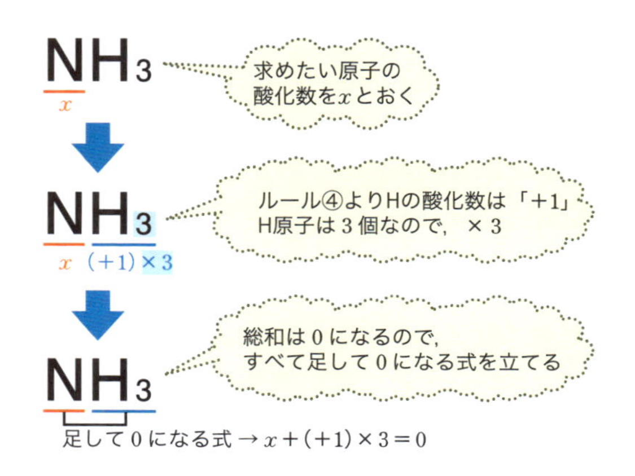

● SO_4^{2-} の硫黄原子 S の酸化数

求めたい硫黄原子 S の酸化数を x とおく。

ルール①から④は該当しない。

ルール⑤より，化合物中の酸素原子 O の酸化数は「−2」。

前提条件より，多原子イオンを構成する原子の酸化数の総和は，イオンの電荷と同じなので「−2」。これより，次の式が成り立つ。

$$x+(-2)\times 4=-2$$

これを解いて　$x=+6$

よって，硫黄原子 S の酸化数は「+6」

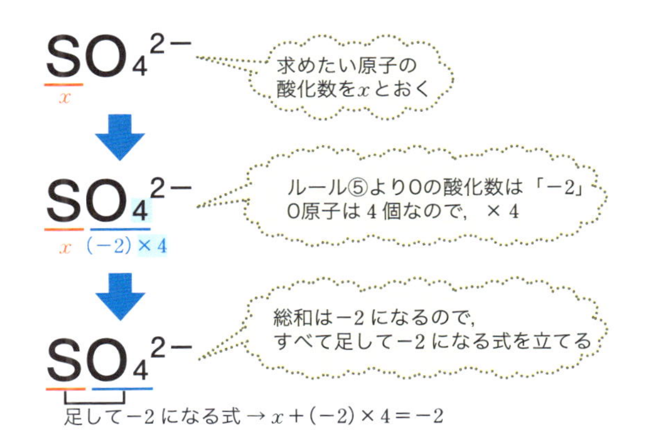

ルールを理解すれば，計算は簡単だね。
では，実際に問題を解いてみよう。

例題

次の下線部の原子の酸化数を答えよ。

(1) $\underline{I}_2$　　(2) $\underline{Cr}^{3+}$　　(3) $H_2\underline{S}$

(1) ルール①より，単体中の原子の酸化数は0なので
　ヨウ素原子Iの酸化数は「**0**」 **答**

(2) ルール②より，単原子イオンの酸化数は，イオンの電荷と同じなので
　クロム原子Crの酸化数は「**＋3**」 **答**

(3) 硫黄原子Sの酸化数をxとおく。ルール④より，化合物中の水素原子の酸化数は「＋1」，化合物を構成する原子の酸化数の総和は0なので

$$(+1)\times 2+x=0$$

これを解いて　$x=-2$

よって，硫黄原子Sの酸化数は「**－2**」 **答**

酸化数の求め方はわかったかな？　ここで，Theme 2の冒頭で出てきた反応式の硫黄原子Sの酸化数の変化を見てみよう。

$$H_2O_2 + \underline{S}O_2 \longrightarrow H_2\underline{S}O_4$$

まず，反応前のSO_2について，求める硫黄原子Sの酸化数をxとする。

ルール①から④は該当しない。

ルール⑤より，化合物中の酸素原子の酸化数は「－2」。

前提条件より，化合物を構成する原子の酸化数の総和は0なので，次の式が成り立つ。

$$x+(-2)\times 2=0$$

これを解いて　$x=+4$

次に，反応後のH_2SO_4について，求める硫黄原子Sの酸化数をyとする。

ルール④，ルール⑤にもとづいて，同様に式を立てる。

$$(+1)\times 2+y+(-2)\times 4=0$$

これを解いて　$y=+6$

これより，反応前のSO_2の硫黄原子Sの酸化数は「＋4」，反応後のH_2SO_4の硫黄原子Sの酸化数は「＋6」で，酸化数が「＋4」から「＋6」に増加していることがわかる。

よって，硫黄原子Sは“酸化された”ということがわかる。

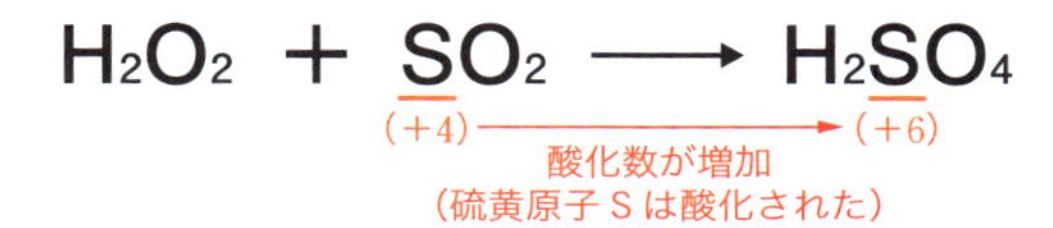

Point!

酸化数のまとめ

- 酸化数は0以外の場合，「＋」や「－」の符号をつけて，原子1個あたりで求める。
- 化合物を構成する原子の酸化数の総和は0になる。
- 多原子イオンを構成する原子の酸化数の総和は，イオンの電荷と同じになる。

構成原子の酸化数は以下のルールにしたがって求めていく。

ルール①　単体中の原子の酸化数は「0」とする。

ルール②　単原子イオンの酸化数は，イオンの電荷と同じとする。

ルール③　化合物中のアルカリ金属の酸化数は「＋1」，2族元素は「＋2」，ハロゲンは「－1」とする。

ルール④　化合物中の水素原子の酸化数は「＋1」とする。

ルール⑤　化合物中の酸素原子の酸化数は「－2」とする。

＊優先順位は，ルール③＞ルール④＞ルール⑤

練習問題

次の下線部の原子の酸化数を答えよ。

(1) $\underline{S}O_2$　(2) $K_2\underline{Cr}O_4$　(3) $\underline{Fe}_2O_3$　(4) $\underline{Cr}_2O_7^{2-}$　(5) $H_2\underline{O}_2$

(6) $Na\underline{H}$

解答 (1) $+4$　(2) $+6$　(3) $+3$　(4) $+6$

(5) -1　(6) -1

解説

(1) 求めたい硫黄原子 S の酸化数を x とおく。ルール⑤より，化合物中の酸素原子の酸化数は「-2」，化合物を構成する原子の酸化数の総和は 0 なので

$$x+(-2)\times 2=0$$

これを解いて　$x=+4$

カリウムKはアルカリ金属

K_2CrO_4

$(+1)\times 2$　x　$(-2)\times 4$

(2) 求めたいクロム原子 Cr の酸化数を x とおく。ルール③より，アルカリ金属(K)の酸化数は「$+1$」，ルール⑤より，酸素原子の酸化数は「-2」，酸化数の総和は 0 なので

$$(+1)\times 2+x+(-2)\times 4=0$$

これを解いて　$x=+6$

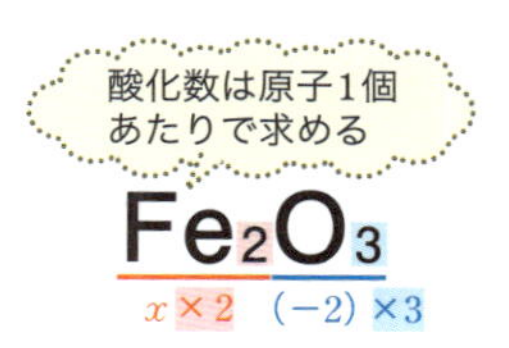

(3) 求めたい鉄原子 Fe の酸化数を x とおく。ルール⑤より，酸素原子の酸化数は「-2」，酸化数の総和は 0 なので

$$x\times 2+(-2)\times 3=0$$

これを解いて　$x=+3$

⑷　求めたいクロム原子 Cr の酸化数を x とおく。ルール⑤より，酸素原子の酸化数は「−2」，多原子イオンを構成する原子の酸化数の総和は，イオンの電荷と同じなので「−2」となる。これより式を立てると

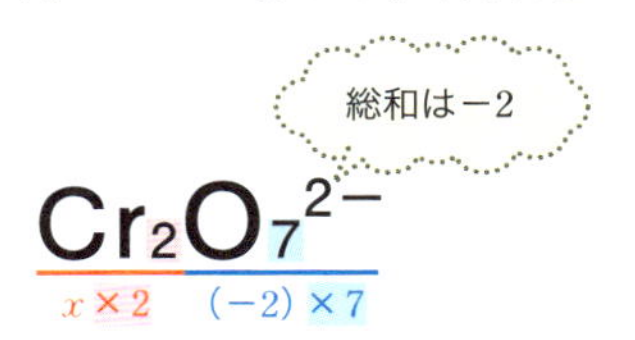

$$x\times2+(-2)\times7=-2$$

これを解いて　$x=+6$

⑸　求めたい酸素原子 O の酸化数を x とおく。化合物中に水素原子と酸素原子の両方があるので，ルール④・⑤を考える。ルールの優先順位は④＞⑤なのでルール④より，水素原子の酸化数は「＋1」となり，酸素原子の酸化数はそれを基準に計算することになる。酸化数の総和は 0 なので

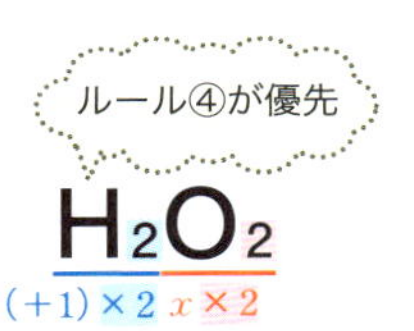

$$(+1)\times2+x\times2=0$$

これを解いて　$x=-1$

⑹　求めたい水素原子 H の酸化数を x とおく。化合物中にアルカリ金属(Na)と水素原子の両方があるので，ルール③・④を考える。優先順位は③＞④なので，ルール③より，ナトリウム原子 Na の酸化数は「＋1」となり，水素原子の酸化数はそれを基準に計算する。酸化数の総和は 0 なので

$$(+1)+x=0$$

これを解いて　$x=-1$

Theme 3 酸化剤と還元剤

1. 酸化剤と還元剤

これまで学習してきたように，1つの化学反応において，酸化と還元は同時に起こる。下の図で改めて確認しておこう。

例えば，AからBに酸素Oが渡されたとしよう。

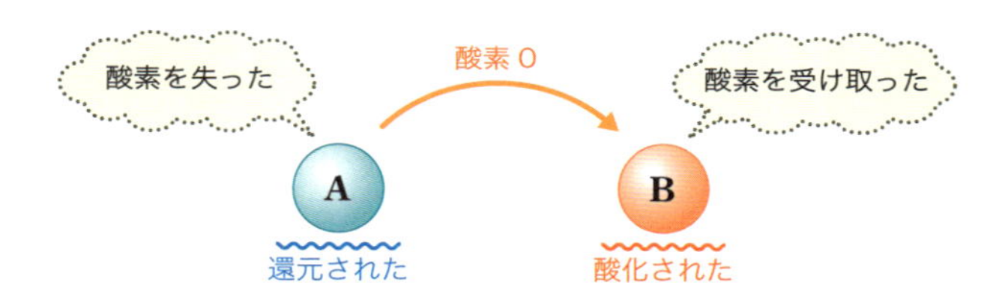

このとき，Bは酸素を受け取ったので，酸化されたことになる。逆に，Aは酸素を失ったので，還元されたことになるね。要するに，**酸化されたものがあれば，同時に還元されたものもある**ということだ。

このとき，**反応する相手を酸化したもの**を**酸化剤**，**反応する相手を還元したもの**を**還元剤**という。

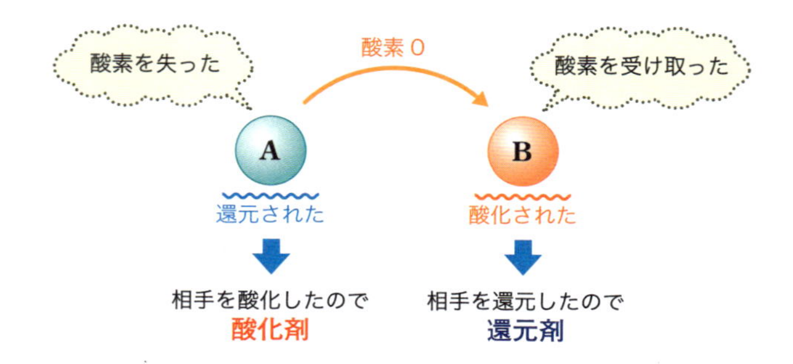

自身が酸化されたか，還元されたか，ではなく，
反応する相手を酸化したか，還元したかで，
酸化剤・還元剤と呼ぶんだ。

では次に，p.209 で説明したように，電子の受け渡しに着目して，酸化剤と還元剤を考えてみよう。

電子を失って自身が酸化されるとき，同時に**相手を還元する**ことになるので，この物質は**還元剤**だ。

逆に，電子を受け取って自身が還元されるとき，同時に**相手を酸化する**ことになるので，この物質は**酸化剤**ということになる。

図の例では，A が酸化剤，B が還元剤になるね。

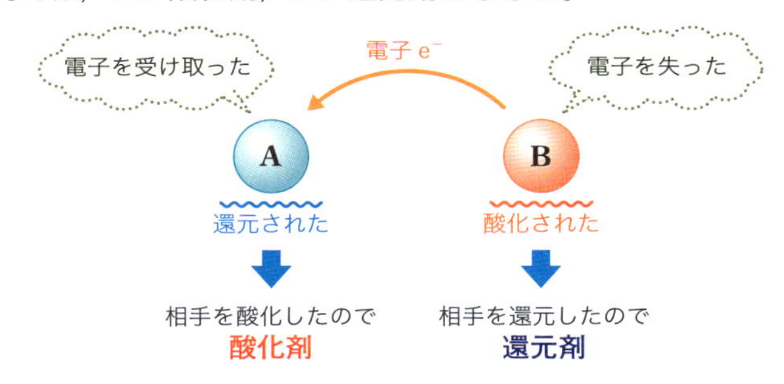

この関係を簡単にイメージするために，次のように「サル社会の上下関係」で考えてみよう。

電子 e^-　⇒　バナナ
酸化剤　⇒　強いサル（バナナを奪うもの）
還元剤　⇒　弱いサル（バナナを奪われるもの）

強いサルは，相手からバナナを奪い，
弱いサルは，バナナを奪われる。
この関係をイメージしておくと，酸化還元反応の全体も，
簡単にイメージすることができるよ。

Point!

酸化剤と還元剤

酸化剤…**相手を酸化するもの**。電子 e^- を相手から奪う（自身は還元される）。

還元剤…**相手を還元するもの**。電子 e^- を相手に奪われる（自身は酸化される）。

2. 半反応式

酸化剤が電子を受け取ったあと，どう変化するか，または還元剤が電子を奪われたあと，どう変化するかを追跡した反応式を**半反応式**というよ。

おおまかに書くと，次のような式になる。酸化剤は相手から電子を奪い，還元剤は相手に電子を奪われているね。

酸化剤 ＋ e^- ⟶ 反応後の酸化剤
還元剤 ⟶ 反応後の還元剤 ＋ e^-

教科書などには，いろいろな半反応式が掲載されているけど，すべて暗記することなんてできないよね。でも，大丈夫！　半反応式を書くには，**それぞれの酸化剤や還元剤の変化の前後だけを覚えておけばいい。**反応前後を覚えておけば，あとは **H_2O，H^+，e^-を付け足して**，自分で完成させることができるよ。

そのために，次に挙げた酸化剤・還元剤の反応前後だけは覚えてほしい。これでも少し大変だけど，このあとも出てくる重要なものなので，一気に覚えてしまおう！

❶ 酸化剤の反応前後

酸化剤	変化前（反応前）		変化後（反応後）
オゾン O_3	O_3	→	O_2
過酸化水素 H_2O_2（酸性条件下）	H_2O_2	→	$2H_2O$
希硝酸 HNO_3 注1)	HNO_3	→	NO
濃硝酸 HNO_3 注1)	HNO_3	→	NO_2
過マンガン酸イオン MnO_4^-（過マンガン酸カリウム $KMnO_4$）注2)（酸性条件下）	MnO_4^-（赤紫色）	→	Mn^{2+}（淡桃色）
二クロム酸イオン $Cr_2O_7^{2-}$（二クロム酸カリウム $K_2Cr_2O_7$）注2)	$Cr_2O_7^{2-}$	→	$2Cr^{3+}$
二酸化硫黄 SO_2（相手が H_2S のとき）	SO_2	→	S
熱濃硫酸 H_2SO_4 注3)	H_2SO_4	→	SO_2

注1） 硝酸は濃度によって，反応後に生じる物質が異なる。

注2） カリウムイオン K^+ は酸化剤としての反応に全く関与しないので，半反応式では省略する。

注3） 特に，e^- を奪い取る酸（濃硝酸，希硝酸，熱濃硫酸）を**酸化力のある酸**という。その他の酸（塩酸や希硫酸など）は**酸化力のない酸**という。

❷ 還元剤の反応前後

還元剤	変化前（反応前）		変化後（反応後）
鉄（Ⅱ）イオン Fe^{2+}	Fe^{2+}	→	Fe^{3+}
過酸化水素 H_2O_2 注1)	H_2O_2	→	O_2
シュウ酸 $(COOH)_2$（$H_2C_2O_4$とも書く）	$(COOH)_2$	→	$2CO_2$
硫化水素 H_2S	H_2S	→	S
二酸化硫黄 SO_2 注1)	SO_2	→	SO_4^{2-}
スズ（Ⅱ）イオン Sn^{2+}	Sn^{2+}	→	Sn^{4+}
ヨウ化物イオン I^-（ヨウ化カリウム KI）注2)	$2I^-$	→	I_2
陽イオン化しやすい金属単体（Na，Ca，Znなど）	Na Zn	→ →	Na^+ Zn^{2+}

注１） 過酸化水素 H_2O_2 と二酸化硫黄 SO_2 は，反応相手によって酸化剤にも還元剤にもなる。相手よりも電子を奪うはたらきが強ければ酸化剤になるし，弱ければ還元剤になる。

注２） ヨウ化カリウムの K^+ は還元剤としてのはたらきに全く関与しないので，半反応式では省略する。

反応相手によって酸化剤にも還元剤にもなる，ということを，サル社会の上下関係で考えると，次のようになるよ。バナナは，より強いサルに奪われていくのがわかるかな。つまり，酸化剤・還元剤の考え方は，反応する相手と比べて，電子を奪うはたらきが強いかどうか，ということだよ。

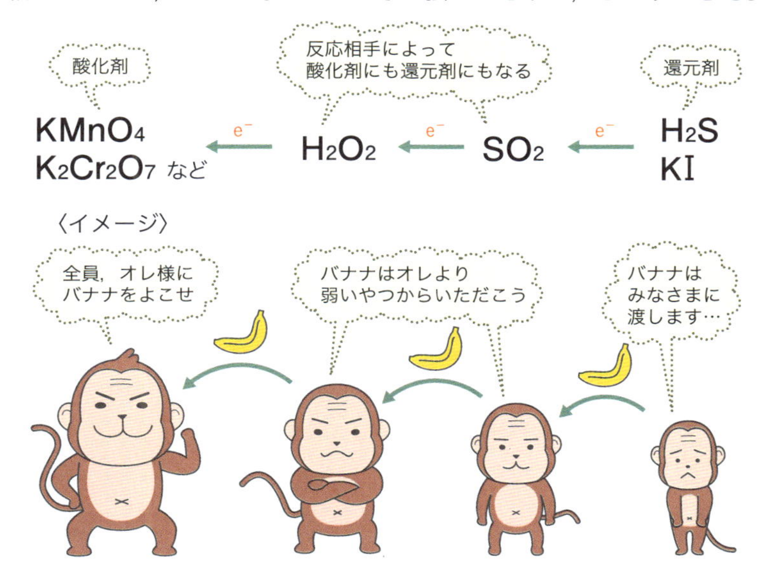

電子を奪いやすいものは，酸化剤になりやすく，
電子を奪われやすいものは還元剤になりやすい。
相手によって，変わるんだ。

③ 酸化剤，還元剤の半反応式

酸化剤，還元剤の反応前後を確認したら，最後に H_2O，H^+，e^-を付け足して半反応式を完成させよう。

●ニクロム酸カリウム $K_2Cr_2O_7$ の場合

手順① 反応前後の化学式を書いて矢印でつなぐ。

$$Cr_2O_7^{2-} \longrightarrow 2Cr^{3+}$$

手順② 両辺の O 原子の数が等しくなるように，H_2O を付け足す。

今回は，左辺に O 原子が 7 個，右辺には 0 個なので，両辺で数を等しくするために，右辺に $7 \times H_2O$ を加えるよ。

$$Cr_2O_7^{2-} \longrightarrow 2Cr^{3+}$$

O原子7個　O原子なし

右辺に $7H_2O$ を加える

$$Cr_2O_7^{2-} \longrightarrow 2Cr^{3+} + 7H_2O$$

O原子7個　O原子7個

Oの数が等しくなった

手順③ 両辺の H 原子の数が等しくなるように，H^+を付け足す。

今回は，左辺に H 原子が 0 個，右辺に 14 個なので，両辺で数を等しくするために左辺に $14 \times H^+$を加えるよ。

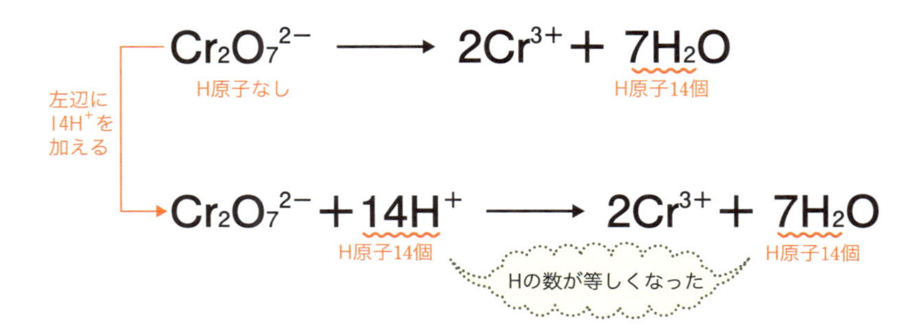

$$Cr_2O_7^{2-} \longrightarrow 2Cr^{3+} + 7H_2O$$

H原子なし　H原子14個

左辺に $14H^+$ を加える

$$Cr_2O_7^{2-} + 14H^+ \longrightarrow 2Cr^{3+} + 7H_2O$$

H原子14個　H原子14個

Hの数が等しくなった

手順④　両辺の電荷の総和がつり合うように，e^-を付け足す。

今回は，左辺の電荷が＋12，右辺の電荷が＋6なので，両辺でつり合うように左辺に$6 \times e^-$を加えるよ。

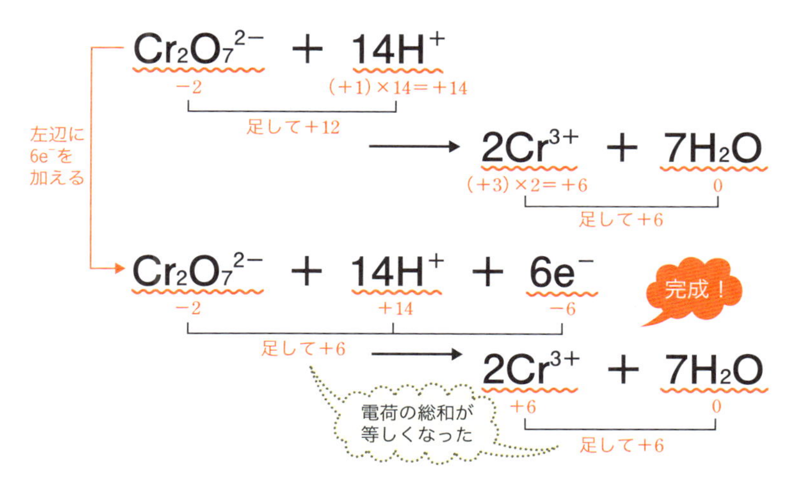

●過酸化水素 H_2O_2（還元剤）の場合

手順①　反応前後の化学式を書いて矢印でつなぐ。

$$H_2O_2 \longrightarrow O_2$$

手順②　両辺のO原子の数が等しくなるように，H_2Oを付け足す。

今回は，すでに両辺のO原子の数が等しいのでそのまま手順③に進むよ。

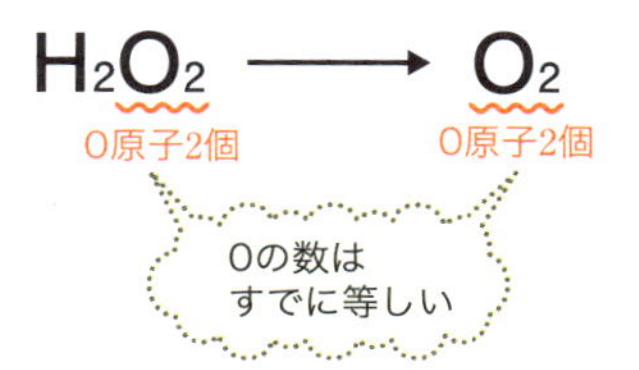

手順③　両辺のH原子の数が等しくなるように，H^+を付け足す。

今回は，左辺にH原子が2個，右辺には0個なので，右辺に$2\times H^+$を加えるよ。

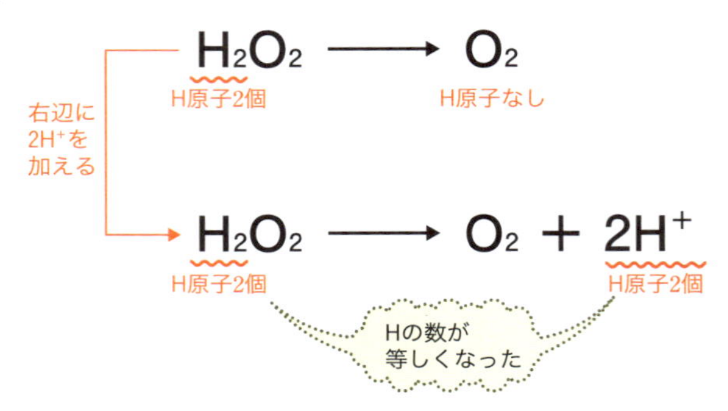

手順④　両辺の電荷の総和がつり合うように，e^-を付け足す。

今回は，左辺の電荷は0，右辺の電荷が+2なので，両辺でつり合うように，右辺に$2\times e^-$を加えるよ。

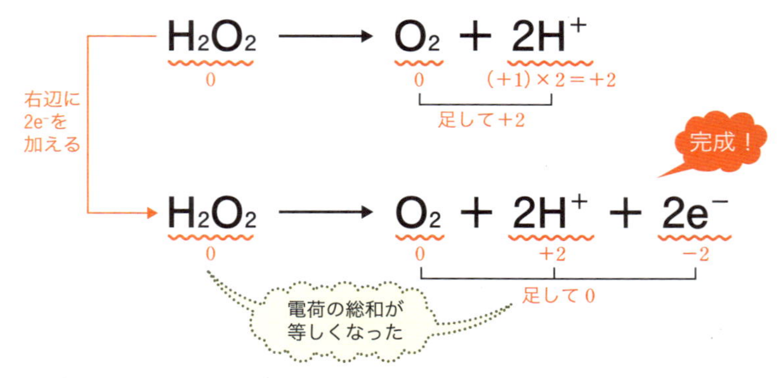

半反応式の書き方はわかったかな？　次の半反応式を自分で完成させられるか確認しておいてね。

おもな酸化剤の半反応式

酸化剤	半反応式
オゾン O_3	$O_3 + 2H^+ + 2e^- \longrightarrow O_2 + H_2O$
過酸化水素 H_2O_2 (酸性条件下)	$H_2O_2 + 2H^+ + 2e^- \longrightarrow 2H_2O$
希硝酸 HNO_3	$HNO_3 + 3H^+ + 3e^- \longrightarrow NO + 2H_2O$
濃硝酸 HNO_3	$HNO_3 + H^+ + e^- \longrightarrow NO_2 + H_2O$
過マンガン酸イオン MnO_4^- (酸性条件下)	$MnO_4^- + 8H^+ + 5e^-$ $\longrightarrow Mn^{2+} + 4H_2O$
二クロム酸イオン $Cr_2O_7^{2-}$	$Cr_2O_7^{2-} + 14H^+ + 6e^-$ $\longrightarrow 2Cr^{3+} + 7H_2O$
二酸化硫黄 SO_2	$SO_2 + 4H^+ + 4e^- \longrightarrow S + 2H_2O$
熱濃硫酸 H_2SO_4	$H_2SO_4 + 2H^+ + 2e^- \longrightarrow SO_2 + 2H_2O$

おもな還元剤の半反応式

還元剤	半反応式
鉄(Ⅱ)イオン Fe^{2+}	$Fe^{2+} \longrightarrow Fe^{3+} + e^-$
過酸化水素 H_2O_2	$H_2O_2 \longrightarrow O_2 + 2H^+ + 2e^-$
シュウ酸 $(COOH)_2$	$(COOH)_2 \longrightarrow 2CO_2 + 2H^+ + 2e^-$
硫化水素 H_2S	$H_2S \longrightarrow S + 2H^+ + 2e^-$
二酸化硫黄 SO_2	$SO_2 + 2H_2O \longrightarrow SO_4^{2-} + 4H^+ + 2e^-$
スズ(Ⅱ)イオン Sn^{2+}	$Sn^{2+} \longrightarrow Sn^{4+} + 2e^-$
ヨウ化物イオン I^-	$2I^- \longrightarrow I_2 + 2e^-$

3．酸化還元反応式の作り方

最後に，酸化還元反応をひとつの式にまとめてみよう。酸化還元反応式は非常に複雑で，暗記することは難しい。しかし，先程学習した半反応式を組み合わせることで，酸化還元反応式は簡単に作ることができる。

希硫酸で酸性にした過マンガン酸カリウム $KMnO_4$ 溶液は強い酸化剤としてはたらく。この溶液と反応するとき，過酸化水素 H_2O_2 は還元剤としてはたらく。この酸化還元反応式を例に見ていこう。

●硫酸酸性の過マンガン酸カリウム $KMnO_4$ と過酸化水素 H_2O_2 の酸化還元反応式

手順①　酸化剤・還元剤の半反応式を書く。

$$MnO_4^- + 8H^+ + 5e^- \longrightarrow Mn^{2+} + 4H_2O$$ （酸化剤）………①

$$H_2O_2 \longrightarrow O_2 + 2H^+ + 2e^-$$ （還元剤）………②

手順②　電子 e^- を消去して，ひとつの式にまとめる。

①式の e^- の係数 5 と，②式の e^- の係数 2 の最小公倍数は 10 であるので，係数をそろえて足し合わせる（①式×2＋②式×5）。

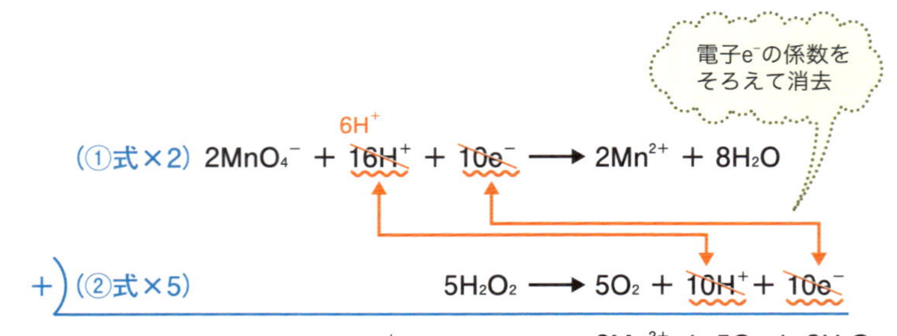

$$2MnO_4^- + 6H^+ + 5H_2O_2 \longrightarrow 2Mn^{2+} + 5O_2 + 8H_2O$$

こうしてできた式を，**イオン反応式**というよ。

手順③　省略されていた陽イオンを両辺に加える。

今回は，過マンガン酸カリウム $KMnO_4$ を使ったので，省略されていた陽イオンはカリウムイオン K^+ だね。これを両辺に2個ずつ加えて，もとの $KMnO_4$ に戻すよ。

MnO_4^- は1価の陰イオンなので，1つの MnO_4^- に対して，K^+ を1つ加えることになるよね。今回は，MnO_4^- が左辺に2つなので，K^+ も2つ必要になるんだ。

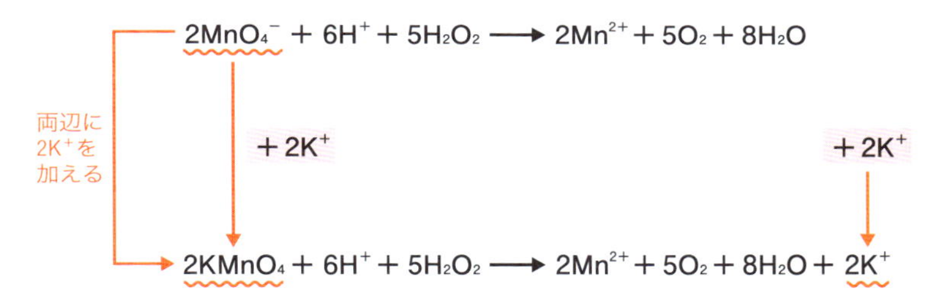

手順④　省略されていた陰イオンを両辺に加え，両辺からイオンをなくして化学反応式を完成させる。

今回は，「硫酸酸性の過マンガン酸カリウム」となっているね。これは，**硫酸 H_2SO_4（厳密には希硫酸）により溶液が酸性になっている**ということだ。つまり，**溶液中には，硫酸イオン SO_4^{2-} がたくさん残っている**ということなんだ。「硫酸酸性」と出てきたら，省略されている陰イオンは SO_4^{2-} と考えていいよ。この SO_4^{2-} に残った陽イオンが結合するので，両辺に SO_4^{2-} を3個ずつ付け足すんだ。

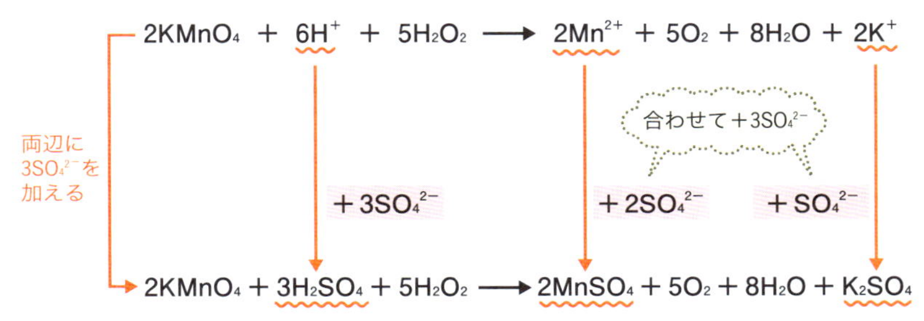

これで，両辺からイオンがなくなったので，酸化還元反応式の完成だ。

練習問題

次の酸化還元反応を化学反応式で記せ。

(1) 二酸化硫黄 SO_2 と硫化水素 H_2S を混合したときに起こる反応

(2) 硫酸酸性の過マンガン酸カリウム $KMnO_4$ 溶液に，シュウ酸 $(COOH)_2$ 水溶液を加えたときに起こる反応

解答 (1) $SO_2 + 2H_2S \longrightarrow 3S + 2H_2O$

(2) $2KMnO_4 + 3H_2SO_4 + 5(COOH_2)$
$\longrightarrow 2MnSO_4 + 8H_2O + 10CO_2 + K_2SO_4$

解説

(1) p.215 で説明したように，SO_2 は相手が H_2S のときは酸化剤としてはたらく。では，手順にしたがって酸化還元反応式を書いていこう。

手順① 酸化剤・還元剤の半反応式を書く。

$SO_2 + 4H^+ + 4e^- \longrightarrow S + 2H_2O$ (酸化剤) ………①

$H_2S \longrightarrow S + 2H^+ + 2e^-$ (還元剤) ………②

手順② 電子 e^- を消去して，ひとつの式にまとめる。

①式の e^- の係数は 4，②式の e^- の係数は 2 なので，②式に 2 を掛けて係数をそろえ，足し合わせて e^- を消去する。

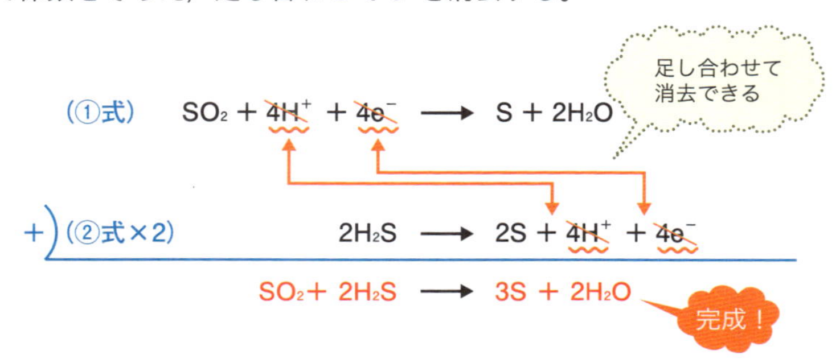

省略されていたイオンはないので，これで化学反応式は完成。

(2)　同様に，手順通りに解いていくよ。

手順①

$$MnO_4^- + 8H^+ + 5e^- \longrightarrow Mn^{2+} + 4H_2O$$　（酸化剤）　………①

$$(COOH)_2 \longrightarrow 2CO_2 + 2H^+ + 2e^-$$　（還元剤）　………②

手順②

①式と②式の e^- の係数をそろえて足し合わせ，e^- を消去する。（①式×2＋②式×5）

（①式×2）　$2MnO_4^- + 16H^+ + 10e^- \longrightarrow 2Mn^{2+} + 8H_2O$　（$16H^+$ → $6H^+$）

＋）（②式×5）　$5(COOH)_2 \longrightarrow 10CO_2 + 10H^+ + 10e^-$

$$2MnO_4^- + 6H^+ + 5(COOH)_2 \longrightarrow 2Mn^{2+} + 8H_2O + 10CO_2$$

イオン反応式

手順③　省略されていた陽イオンを両辺に加える。

省略されていた陽イオンはカリウムイオン K^+ だね。

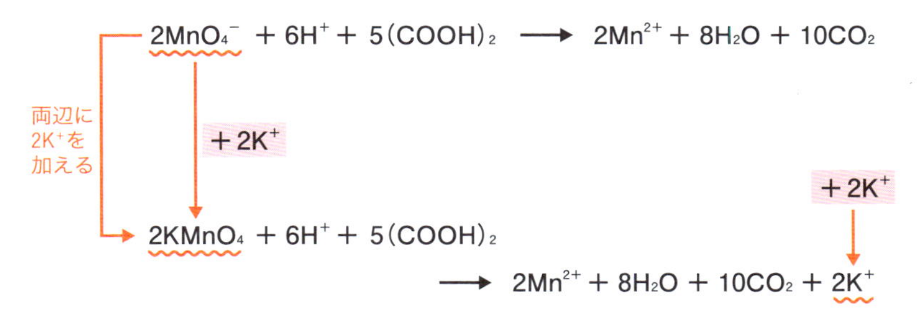

手順④　省略されていた陰イオンを両辺に加え，両辺からイオンをなくして化学反応式を完成させる。

「硫酸酸性」なので，省略されていた陰イオンは SO_4^{2-} だね。

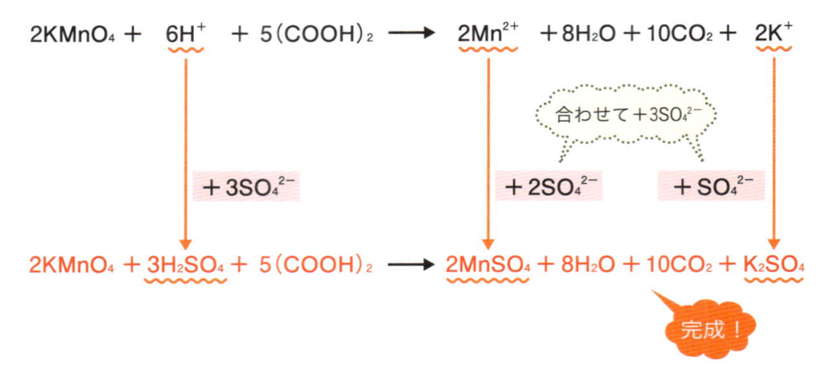

両辺からイオンがなくなったので，完成だ。

Theme 4 酸化還元反応の量的関係

1. 酸化還元反応の量的関係

これまで学習してきたように，酸化還元反応は「電子 e^- の奪い合い」で説明することができる。酸化剤は電子を奪い取るもので，還元剤は電子を奪われるものだったね。酸化還元反応式全体で考えると，**酸化剤が奪った電子の数（物質量）と，還元剤が奪われた電子の数（物質量）は等しくなる**と考えることができる。

サルの関係に例えると，強いサル（酸化剤）が奪い取ったバナナの数と，弱いサル（還元剤）が奪われたバナナの数は同じということだ。

バナナの数自体は，増えたり減ったりしていないよ。

酸化剤が奪った電子の物質量や，還元剤が奪われた電子の物質量は，Chapter 4「酸・塩基」の中和の量的関係（p.172 〜）で学習したのと同じように，求めることができる。

酸化剤が奪い取る電子 e^- の物質量〔mol〕
＝酸化剤の価数×酸化剤の物質量〔mol〕
還元剤が奪われる電子 e^- の物質量〔mol〕
＝還元剤の価数×還元剤の物質量〔mol〕

酸化還元反応において，価数は，「**半反応式の電子 e^- の係数**」と考えればいい。

●過マンガン酸カリウムの半反応式

$MnO_4^- + 8H^+ + 5e^- \longrightarrow Mn^{2+} + 4H_2O$ ➡ MnO_4^-は **5 価**の酸化剤

●過酸化水素の半反応式

$H_2O_2 \longrightarrow O_2 + 2H^+ + 2e^-$ ➡ H_2O_2 は **2 価**の還元剤

冒頭で学習した通り，**酸化剤が奪った電子の数（物質量）と還元剤が奪われた電子の数（物質量）は等しい**ので，酸化還元反応が起こるときの量的関係は，以下のようにまとめることができる。

酸化剤の価数×酸化剤の物質量〔mol〕
（酸化剤が奪い取る e^- の物質量〔mol〕）
＝還元剤の価数×還元剤の物質量〔mol〕
（還元剤が奪われる e^- の物質量〔mol〕）

つまり，酸化剤の価数と物質量，
還元剤の価数と物質量がわかればいいってことだね。

2. 酸化還元滴定

酸化剤と還元剤の物質量の関係式を使うと，濃度不明の酸化剤や還元剤の濃度〔mol/L〕を，滴定実験から求めることができる。この滴定を，**酸化還元滴定**というんだ。

用いるガラス器具や操作手順などは，Chapter 4 で学習した中和滴定(p.179 〜)と同じなんだけど，**指示薬に大きな違い**がある。

中和滴定では，「フェノールフタレイン」や「メチルオレンジ」といった指示薬を使ったよね。酸化還元滴定(過マンガン酸カリウム $KMnO_4$ 水溶液を用いるもの)では**指示薬は不要**なんだ。

なぜかというと，酸性条件下で**過マンガン酸イオン MnO_4^-** は「**赤紫色**」であるのに対して，反応後にできる**マンガン(Ⅱ)イオン Mn^{2+}** は「**ほぼ無色**」であり，指示薬を入れなくても反応前後で溶液の色が変わるからなんだ。**過マンガン酸イオン自身が指示薬**になっているということだね。

例えば，濃度のわからない過酸化水素 H_2O_2 の水溶液に，濃度がわかっている過マンガン酸カリウム $KMnO_4$ 水溶液を滴下していく場合，滴定の終点は「**うすい色がついて，赤紫色が消失しなくなったところ**」だよ。

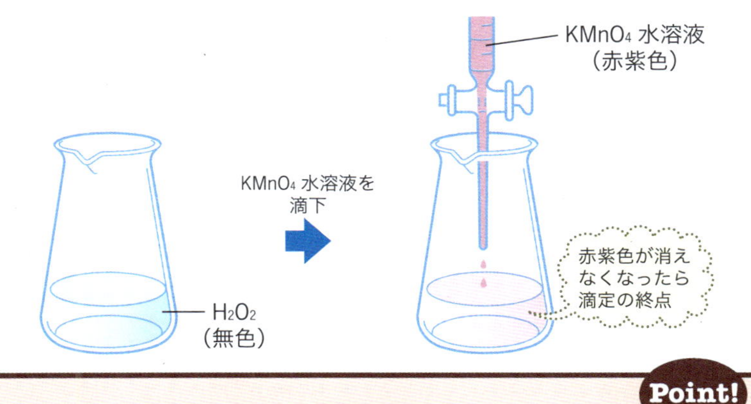

Point!

酸化還元滴定の量的関係

酸化剤の価数×酸化剤の物質量〔mol〕
酸化剤が奪い取る e^- の物質量〔mol〕

＝還元剤の価数×還元剤の物質量〔mol〕
還元剤が奪われる e^- の物質量〔mol〕

では，実際に酸化還元反応の量的関係を計算してみよう！

例題

酸性溶液中の過マンガン酸イオン MnO_4^- と，シュウ酸 $(COOH)_2$ の半反応式は次の通りである。

$$MnO_4^- + 8H^+ + 5e^- \longrightarrow Mn^{2+} + 4H_2O$$

$$(COOH)_2 \longrightarrow 2CO_2 + 2H^+ + 2e^-$$

硫酸酸性下で，濃度不明のシュウ酸水溶液 10 mL に，0.040 mol/L の過マンガン酸カリウム水溶液を少量ずつ加えたところ，シュウ酸と過不足なく反応するのに 20 mL 必要だった。シュウ酸の濃度〔mol/L〕を求めよ。

酸化還元反応において，価数は「半反応式の電子 e^- の係数」だったね。

$$MnO_4^- + 8H^+ + 5e^- \longrightarrow Mn^{2+} + 4H_2O$$

➡ MnO_4^- は **5 価**の酸化剤

$$(COOH)_2 \longrightarrow 2CO_2 + 2H^+ + 2e^-$$

➡ $(COOH)_2$ は **2 価**の還元剤

求めたいシュウ酸の濃度を x〔mol/L〕とおくと，次の式が成り立つ。

$$\underbrace{5}_{価数}\times\underbrace{0.040〔mol/L〕\times\frac{20}{1000}〔L〕}_{過マンガン酸カリウムの物質量}=\underbrace{2}_{価数}\times\underbrace{x〔mol/L〕\times\frac{10}{1000}〔L〕}_{シュウ酸の物質量}$$

これを解くと　x＝**0.20〔mol/L〕**　　**0.20〔mol/L〕** 

練習問題

硫酸酸性水溶液における過マンガン酸カリウム $KMnO_4$ と過酸化水素 H_2O_2 の反応は，次式のように表される。

$$2KMnO_4 + 3H_2SO_4 + 5H_2O_2 \longrightarrow 2MnSO_4 + 5O_2 + 8H_2O + K_2SO_4$$

濃度未知の過酸化水素水 10.0 mL を蒸留水で希釈したのち，希硫酸を加えて酸性水溶液とした。この水溶液を 0.100 mol/L の $KMnO_4$ 水溶液で滴定したところ，20.0 mL 加えたときに赤紫色が消えなくなった。希釈前の過酸化水素水の濃度〔mol/L〕として最も適当な数値を，次の①～⑥のうちから 1 つ選べ。

①　0.250　②　0.500　③　1.00　④　2.50　⑤　5.00　⑥　10.0

解答　②

解説

この酸化還元反応の半反応式は次のようになる。

$$MnO_4^- + 8H^+ + 5e^- \longrightarrow Mn^{2+} + 4H_2O$$

➡ MnO_4^- は **5 価**の酸化剤

$$H_2O_2 \longrightarrow O_2 + 2H^+ + 2e^-$$

➡ H_2O_2 は **2 価**の還元剤

求めたい過酸化水素水の濃度を x〔mol/L〕とおくと，次の式が成り立つ。

$$\underset{\text{価数}}{5} \times \underset{\text{過マンガン酸カリウムの物質量}}{0.100\,[\text{mol/L}] \times \frac{20.0}{1000}\,[\text{L}]} = \underset{\text{価数}}{2} \times \underset{\text{過酸化水素の物質量}}{x\,[\text{mol/L}] \times \frac{10.0}{1000}\,[\text{L}]}$$

これを解くと　$x =$ **0.500〔mol/L〕**

過酸化水素を希釈しても，
それに含まれる物質量は変化しないよ。

Theme 5 金属の酸化還元反応

1. 金属のイオン化傾向

亜鉛 Zn を希塩酸 HCl の中に入れると，水素 H_2 が発生すると同時に，亜鉛は溶解する。このとき，亜鉛は電子 e^- を放出して，亜鉛イオン Zn^{2+} (陽イオン)になり溶け出している。しかし，銅 Cu を希塩酸の中に入れても，反応は起こらない。このように，金属によって酸への反応性には違いがある。

水溶液中で，**金属が陽イオンになろうとする性質**を，**金属のイオン化傾向**という。先ほどの実験で見てみると，亜鉛 Zn は希塩酸中で Zn^{2+} (陽イオン)になったよね。つまり，亜鉛 Zn のほうが，銅 Cu よりも「イオン化傾向が大きい」ということだよ。

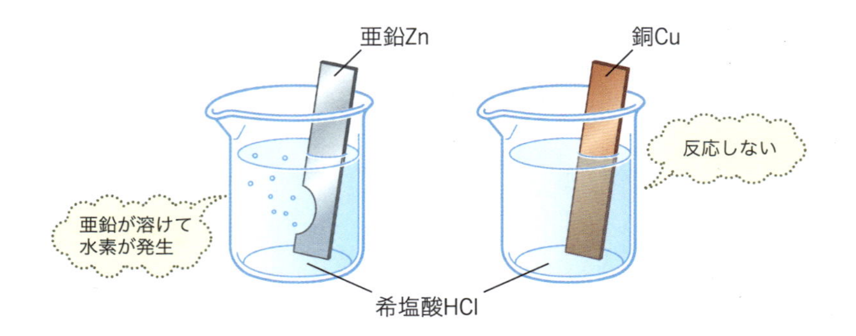

亜鉛は溶け出しているけど，
銅は何も反応が起こっていないね。

次の表を見てほしい。これは，金属をイオン化傾向の大きな順に並べたもので，**金属のイオン化列**という。金属と水溶液の反応は，イオン化傾向を用いて考えるよ。**イオン化傾向の大きい金属ほど陽イオンになりやすい**，つまり，**電子 e^- を失って酸化されやすい**ということだ。

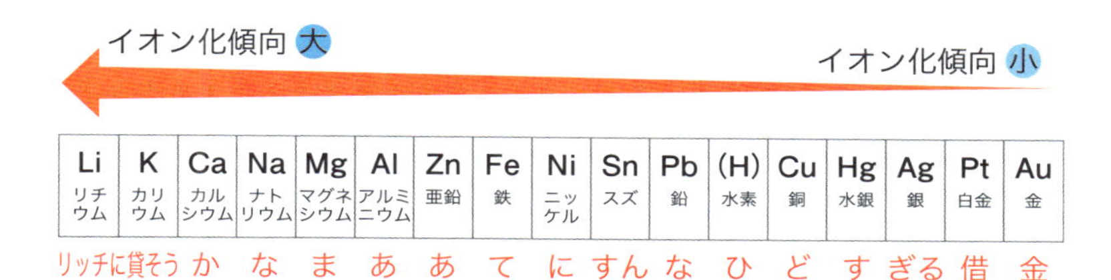

語呂合わせで覚えていこう。

2. 金属と酸の反応

それでは，具体的に，金属と酸の反応を見ていこう。

金属と酸の反応においては，**金属のイオン化傾向が水素 H より大きいか小さいかで，反応のしかたが大きく変わる**よ。

❶ 水素 H よりイオン化傾向が大きい金属と酸の反応

まずは水素 H よりイオン化傾向が大きい金属と酸との反応を見てみよう。

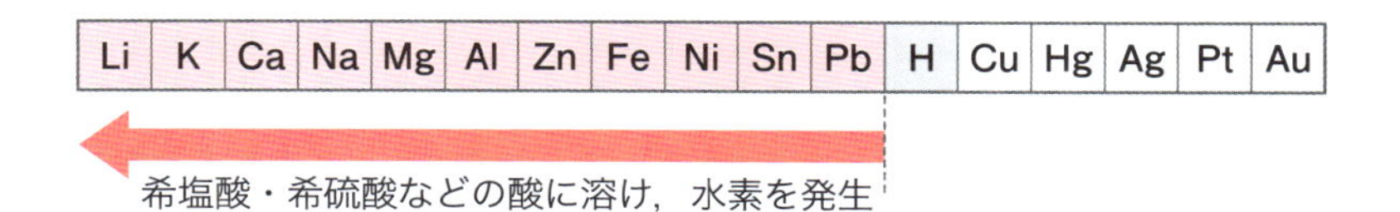

水素よりもイオン化傾向が大きい金属は，水素よりも陽イオンになりやすい。そのため，希塩酸や希硫酸などの酸と反応して，**金属の陽イオンを生じ，水素 H_2 を発生する**。

亜鉛と希塩酸の反応を例に，詳しく見てみよう。亜鉛 Zn を希塩酸 HCl に入れると, 亜鉛が溶け出し, 水素 H_2 が発生する。亜鉛が溶け出したのは, **亜鉛が水素よりもイオン化傾向が大きく，陽イオンになりやすい**ため, 水溶液中で亜鉛イオン Zn^{2+} になったからだ。そして，亜鉛が放出した電子 e^-を，水溶液中の水素イオン H^+が受け取って水素が発生するからなんだ。

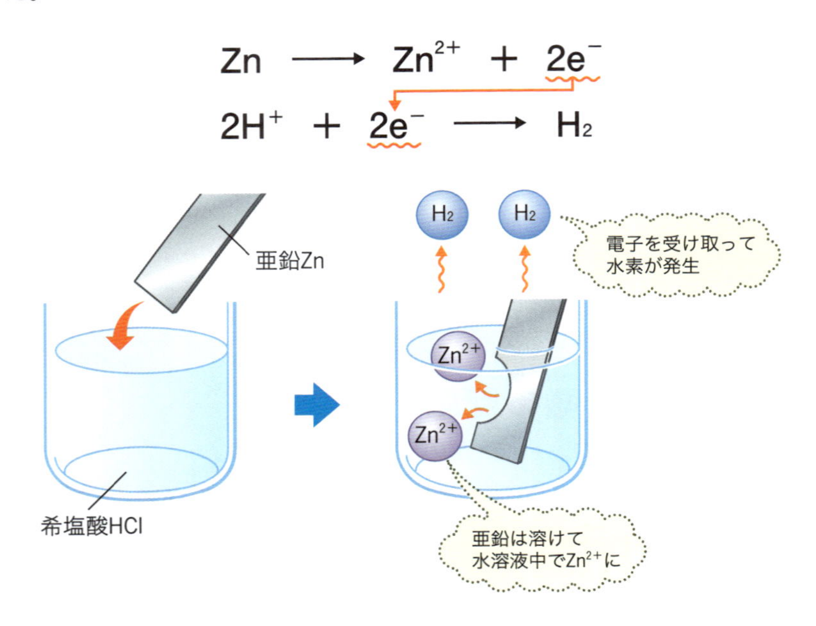

“ 亜鉛が塩酸に溶けた ” ということは，つまり，
“ 亜鉛が塩酸中で亜鉛イオンになった ” ということだよ！

② 水素Hよりイオン化傾向が小さい金属(Cu，Hg，Ag)と酸の反応

次に，水素Hよりイオン化傾向が小さい銅Cu，水銀Hg，銀Agなどの金属と酸との反応を見てみよう。

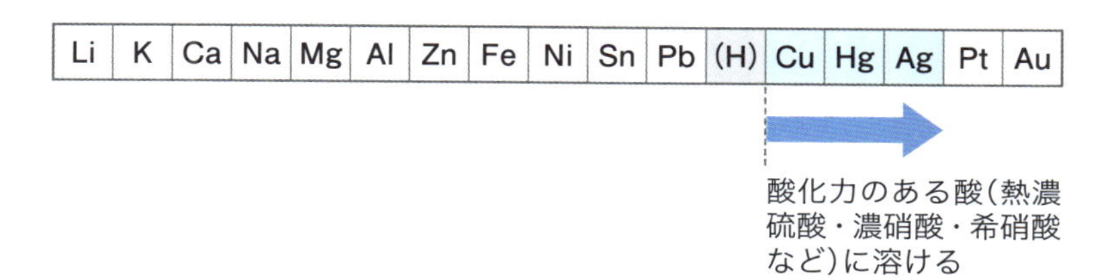

例えば，希塩酸HClに銅Cuを入れても，何も反応が起こらない。これは，銅よりも水素のほうが陽イオンになりやすいため，銅が銅イオンになれないからなんだ。

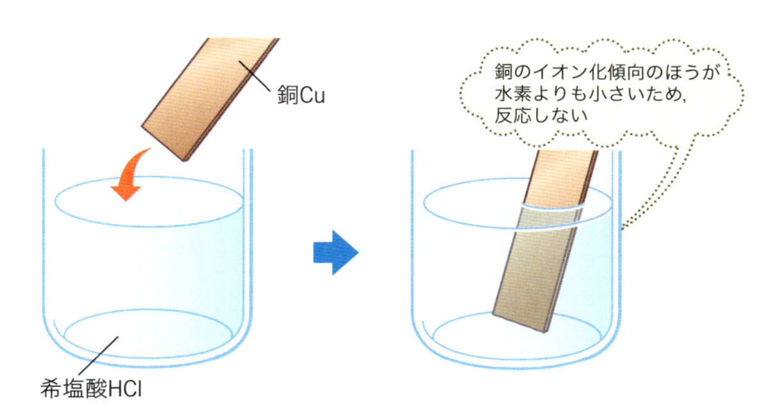

つまり，水溶液中では，希塩酸HClがH^+とCl^-に電離(＝水素が水素イオンとして存在)するだけで，銅は何も反応しない。

では，Cu，Hg，Ag は，どんな酸ともまったく反応しないのだろうか？

これらの金属は，酸が放出した水素イオン H^+ と反応することはない。でも，**酸化力のある酸とは反応する**んだよ。

酸化力のある酸とは**相手から電子 e^- を奪う力をもった酸**で，具体的には「**熱濃硫酸**」「**濃硝酸**」「**希硝酸**」の 3 つだったね。

これまでは，金属と水素のイオン化傾向の大きさを比べて，大きいほうが陽イオンになっていたね。酸化力のある酸においては，**金属から直接，電子 e^- を奪い取って陽イオンにしてしまう**んだ。つまり，金属は溶液中に溶け出していくけど，水素イオンは電子 e^- を受け取らないため，水素 H_2 は発生しないということだ。このとき，生じる気体は反応する酸の種類によって異なるよ（p.223）。

熱濃硫酸と反応すると，二酸化硫黄 SO_2
濃硝酸と反応すると，二酸化窒素 NO_2　　が生じる。
希硝酸と反応すると，一酸化窒素 NO

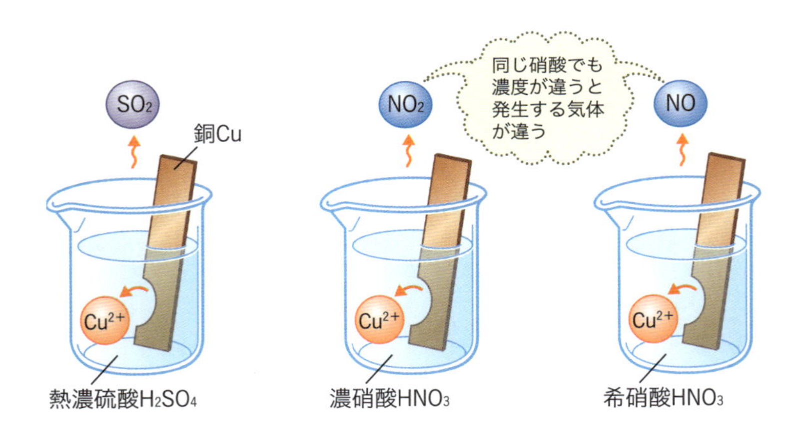

水素イオン H^+ と反応するわけではないので，
H_2 は生じないよ！

❸ イオン化傾向が非常に小さい金属（Pt，Au）と酸の反応

最後に，イオン化傾向が非常に小さい金属（白金 Pt，金 Au）と酸との反応を見てみよう。

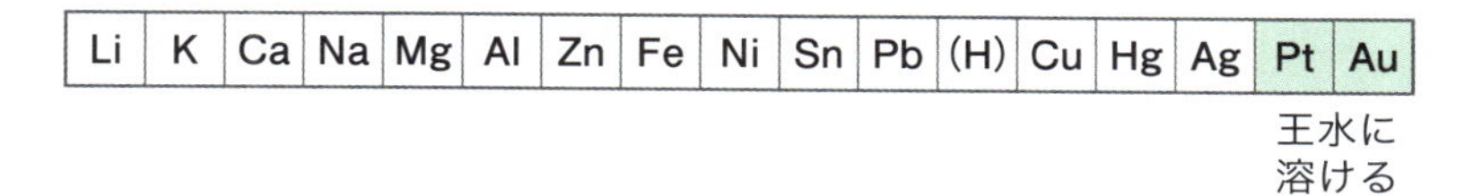

白金 Pt や金 Au のような，イオン化傾向が非常に小さい金属は，酸化力のある酸にも溶けない。これらの金属を溶かすことができるのは，**王水**と呼ばれる液体だけだ。

王水は**濃硝酸と濃塩酸を1：3（体積比）で混合した溶液**だよ。

"一生・三円" と覚えておこう！
1濃硝酸　3濃塩酸

王水は，イオン化傾向が非常に小さい Pt や Au をはじめ，ほとんどの金属を溶かすことができるよ。

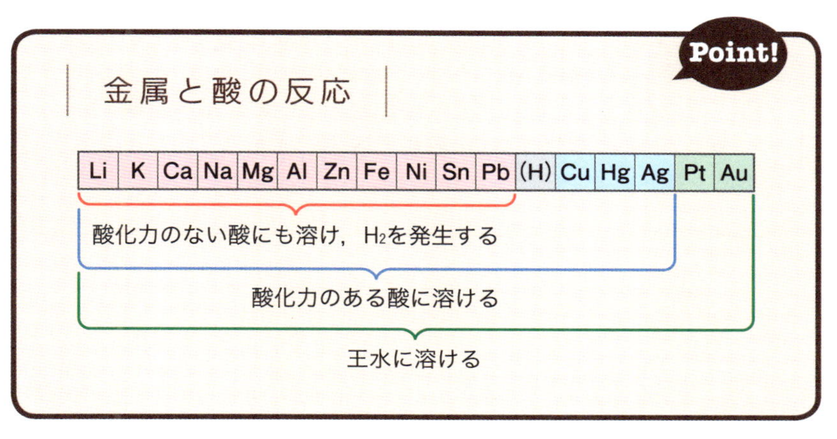

濃硝酸に溶けない金属(Al, Fe, Ni)

アルミニウム Al, **鉄 Fe**, **ニッケル Ni** の3つの金属は, イオン化傾向が H よりも大きいが, 例外的に濃硝酸に溶けない。これは, 濃硝酸に酸化されて生じる金属の酸化物が, 内部を保護する被膜を作るからだ。被膜は, 非常に目が細かく丈夫で, 金属をバリアのように覆(おお)ってしまうので, それ以上金属は溶けなくなってしまうんだ。この状態を**不動態**(ふどうたい)と呼ぶよ。

鉛 Pb は希塩酸や希硫酸に溶けない

鉛 Pb は, イオン化傾向が H よりも大きな金属であるが, 例外的に希塩酸と希硫酸にほとんど溶けない。これは, これらの酸と Pb が反応した際に生じる塩化鉛(II) $PbCl_2$ や硫酸鉛(II) $PbSO_4$ が水に溶けず, Pb の表面を覆ってしまうためである。表面を覆われた Pb は, それ以上酸と反応できなくなるんだ。

3．金属と水の反応

水は，ごくわずかだけど電離して水素イオン H^+ を放出している。

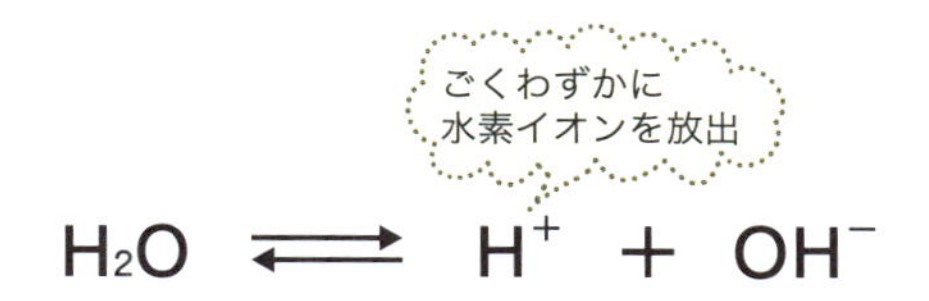

イオン化傾向が大きい金属を水に入れると，金属は，金属と水が放出する H^+ と反応するんだ。もちろん，このとき発生する気体は水素 H_2 だ。

酸との反応と同じように，イオン化傾向の大きさによって，金属と水との反応性が異なるよ。イオン化傾向が小さな金属から順に，見てみよう！

❶ イオン化傾向が Ni 以下の金属と水の反応

イオン化傾向が **Ni 以下の金属は，温度に関係なく水とは反応しない**。これらの金属は，イオン化傾向が小さく，反応性が小さいからだ。

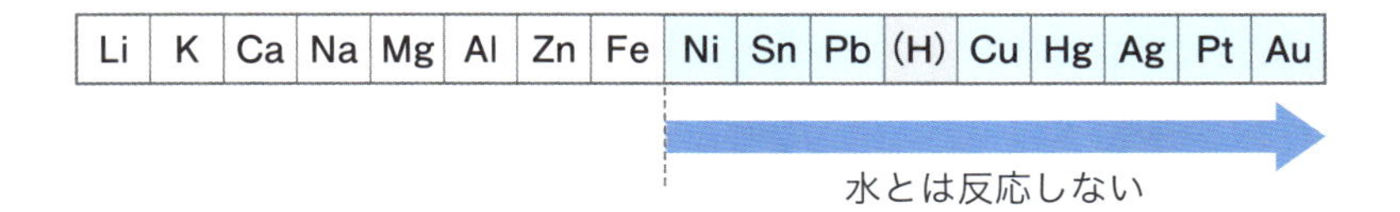

Li	K	Ca	Na	Mg	Al	Zn	Fe	Ni	Sn	Pb	(H)	Cu	Hg	Ag	Pt	Au

Ni，Sn，Pb は，H よりもイオン化傾向が大きいけど，
水の放出する H^+ はごくわずかなので，
水とは反応しないんだ。

❷ イオン化傾向が Fe 以上の金属と水の反応

イオン化傾向が **Fe 以上の金属は**，反応性が大きくなり，**高温の水蒸気と反応する**。発生する気体は，水素 H_2 だ。

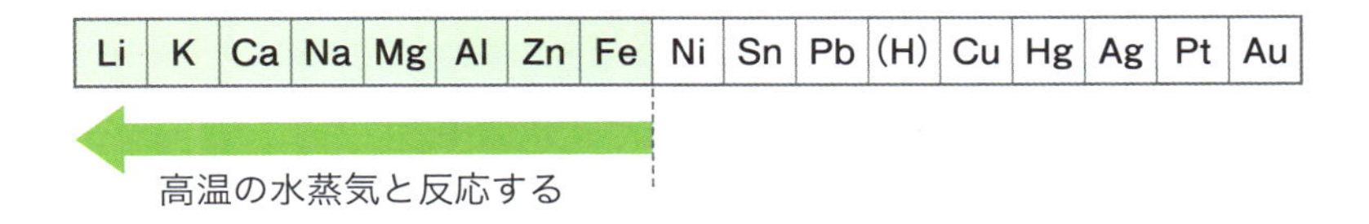

Li	K	Ca	Na	Mg	Al	Zn	Fe	Ni	Sn	Pb	(H)	Cu	Hg	Ag	Pt	Au

③ イオン化傾向がMg以上の金属と水の反応

イオン化傾向が**Mg以上の金属**は，さらに反応性が大きくなり，**高温の水蒸気に加え，熱水とも反応**する。発生する気体は，水素 H_2 だ。

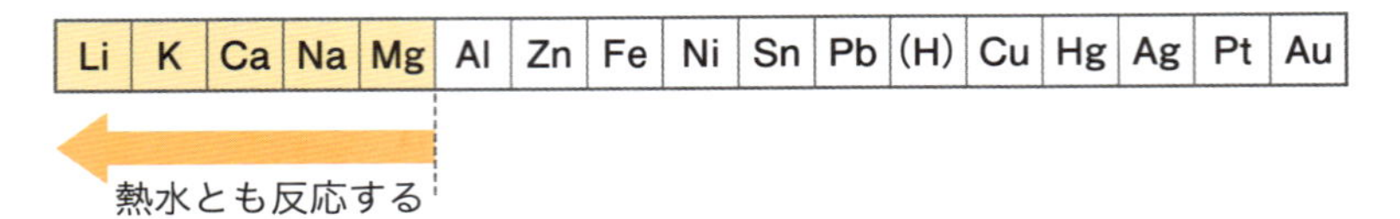

イオン化傾向が大きいほど，
反応可能な水の温度は低くなる。
つまり，反応性が大きくなるということだね。

④ イオン化傾向がNa以上の金属と水の反応

イオン化傾向が**Na以上の金属**は，反応性がいちばん大きく，**高温の水蒸気，熱水に加え，冷水とも反応**する。発生する気体は，水素 H_2 だ。

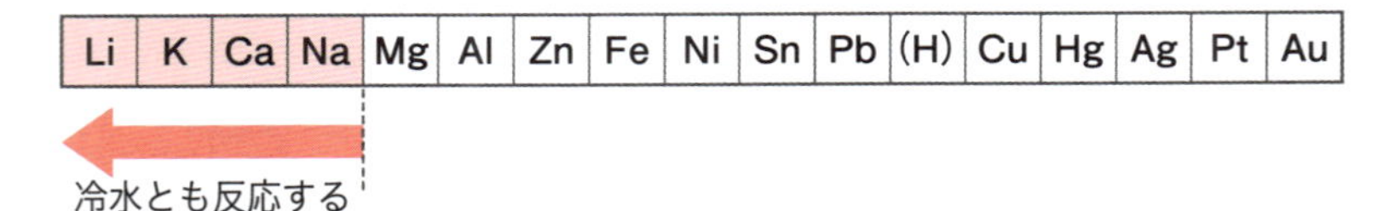

イオン化傾向が大きいほど水との反応性も大きいよ！
水との反応で発生する気体は，すべて H_2 だ。

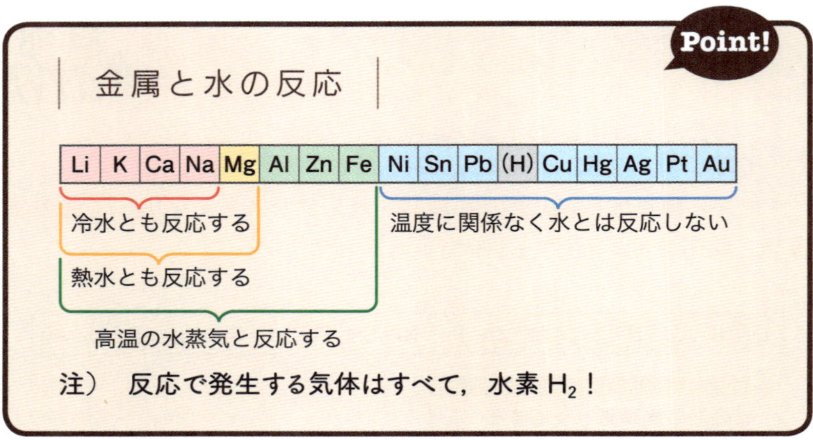

注） 反応で発生する気体はすべて，水素 H_2！

4. 金属と空気中の酸素との反応

イオン化傾向が大きい金属ほど陽イオンになりやすいということは，言い換えると，電子 e^- を失って酸化されやすいということだね。つまり，イオン化傾向が大きくなるほど，空気中の酸素とも反応しやすくなるんだ。

イオン化傾向が Na 以上の金属…**乾燥した空気中で速やかに酸化される**

Al 以上の金属…**加熱により酸化される**

Hg 以上の金属…**強熱（高温で加熱）すると酸化される**

Ag，Pt，Au…**空気中で酸化されない**

Ag，Pt，Au のような金属を，
さびない貴重な金属という意味で「貴金属」というんだ。

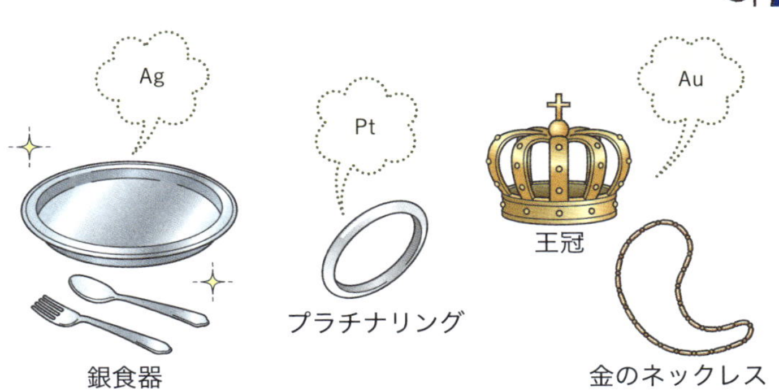

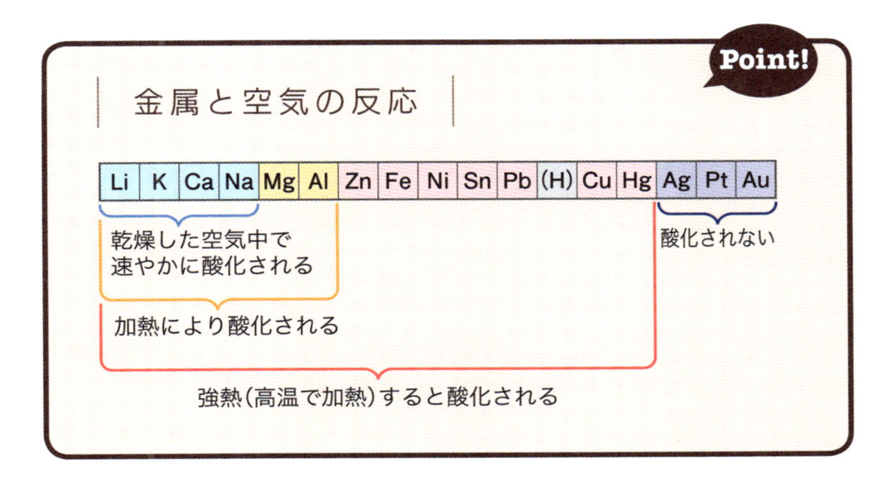

5. 金属と金属イオンとの反応

これまで，金属と酸，金属と水，金属と酸素の反応を見てきたね。最後に，金属と金属イオンとの反応を見ていこう。

銅(Ⅱ)イオン Cu^{2+}を含んだ水溶液に，鉄板を入れた場合を考えてみよう。鉄 Fe は銅 Cu よりイオン化傾向が大きい。つまり，Fe のほうが陽イオンになりやすいということだね。

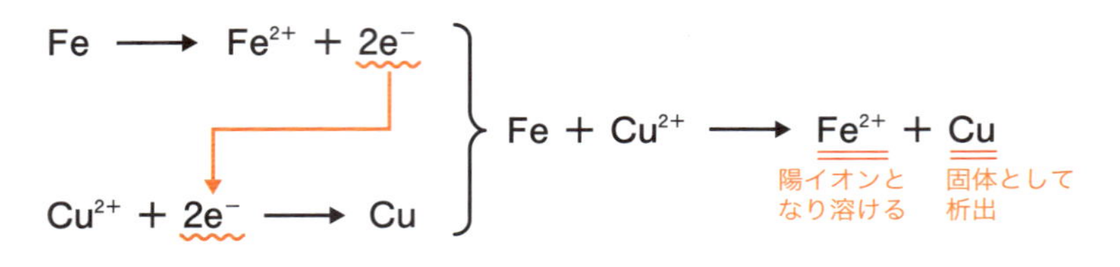

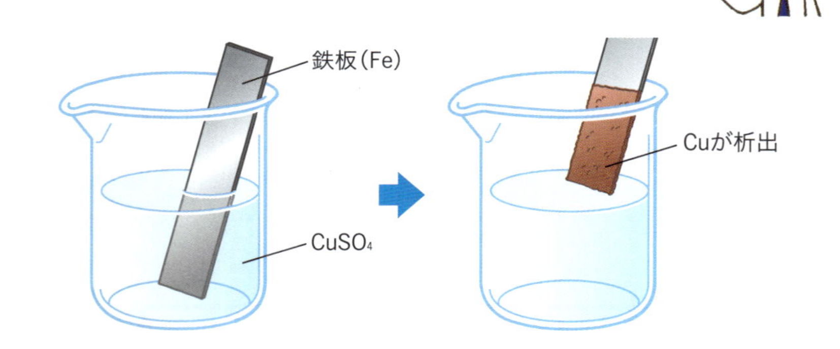

Fe は, Cu よりイオン化傾向が大きいため, 陽イオン化して（酸化されて）溶液中に溶け出す。一方，Cu^{2+}は還元されて単体に戻り，固体として析出する。このときに析出した銅 Cu の結晶は，**銅樹**と呼ばれる。樹木の枝が伸びるように析出することに由来するよ。

このように，金属の陽イオンを含んだ水溶液に，その金属よりイオン化傾向が大きい金属を入れると，溶液中の金属の陽イオンは，単体となって樹木の枝のように析出する。これを，**金属樹**と呼ぶ。

Point!

金属と金属イオンの反応

金属イオンを含んだ水溶液に，よりイオン化傾向が大きい金属の単体を浸すと，溶液中の金属イオンが還元され，単体となり析出する（**金属樹**）。

$$A^{n+} + B \longrightarrow \underset{\text{析出}}{\underline{\underline{A}}} + B^{n+}$$

＊イオン化傾向は A＜B で，反応前後でイオン化したときの価数が同じ場合

金属樹―銀樹

金属樹には，銅樹のほか，銀樹，鉛樹，スズ樹などがある。写真は，銀樹が析出している様子だよ。硝酸銀水溶液の中に銅線を浸す。すると，イオン化傾向が大きな銅 Cu が溶け出し，イオン化傾向の小さな銀 Ag が析出するよ。溶け出した Cu^{2+} が青色なので，溶液が青色になるんだ。

金属の酸化還元反応のまとめ

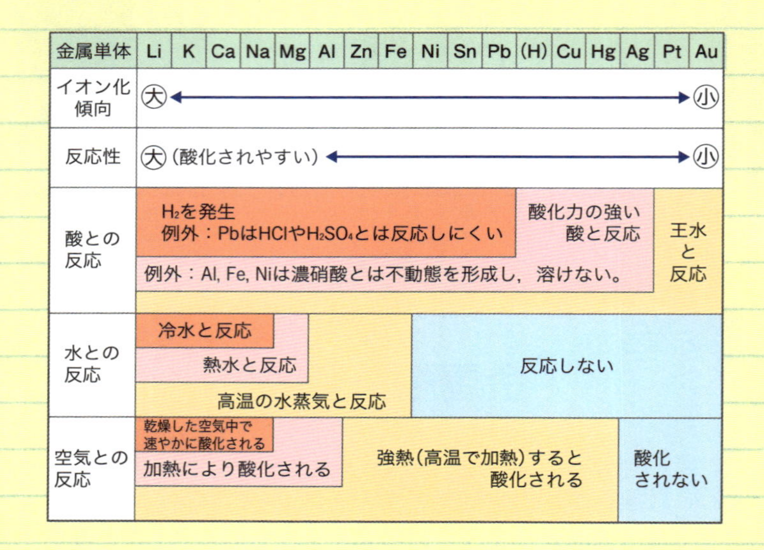

練習問題

金属AからEは，金，銅，亜鉛，マグネシウム，鉄のいずれかである。次の(a)〜(d)の記述より，それぞれどの金属であるかを推定し，元素記号で記せ。

(a) A，B，Cは希硫酸に溶けて水素を発生するが，DとEは溶けない。
(b) 熱水と反応し水素を発生するものはCだけである。
(c) Aの陽イオンを含む水溶液にBを浸すと，Bの表面にAが析出する。
(d) Dは濃硝酸に溶けて二酸化窒素を発生するが，Eは溶けない。

解答 A：Fe　B：Zn　C：Mg　D：Cu　E：Au

解説

金属のイオン化傾向と反応性から，金属を特定していく問題だ。イオン化列は頭に入っているかな？

イオン化傾向 大 ← → イオン化傾向 小

Li	K	Ca	Na	Mg	Al	Zn	Fe	Ni	Sn	Pb	(H)	Cu	Hg	Ag	Pt	Au
リチウム	カリウム	カルシウム	ナトリウム	マグネシウム	アルミニウム	亜鉛	鉄	ニッケル	スズ	鉛	水素	銅	水銀	銀	白金	金

リッチに貸そう か な ま あ あ て に すん な ひ ど す ぎる 借 金

(a)　A，B，C は水素 H よりイオン化傾向が大きい亜鉛 Zn，鉄 Fe，マグネシウム Mg のいずれかであり，D，E は水素 H よりイオン化傾向が小さい銅 Cu，金 Au のいずれかであることがわかる。

(b)　熱水と反応して水素を発生するのは，Mg よりイオン化傾向が大きい金属なので，**C は Mg** と特定できる。

(c)　A が析出したということは，A よりも B のほうが陽イオンになりやすいということだね。

$$A^{n+} + B \longrightarrow \underset{\text{析出}}{\underline{\underline{A}}} + B^{n+}$$

よって，イオン化傾向は B>A となる。(a)，(b)より，A と B は Zn と Fe に絞られているので，イオン化傾向が大きい **B が Zn**，小さい **A が Fe** とわかる。

(d)　残る 2 つのうち，濃硝酸に溶ける **D が Cu**，溶けない **E が Au** だ。Au は王水にしか溶けないんだったね。

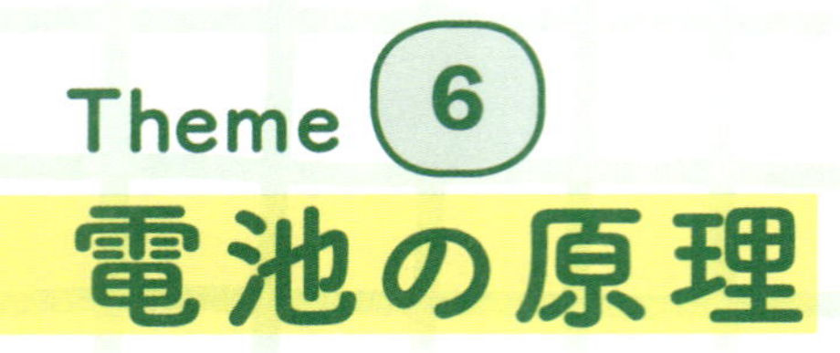

Theme 6 電池の原理

私たちの身近にある電池の原理は，これまで学んできた酸化と還元の反応を利用したもので，金属のイオン化傾向も大きく関わっている。どのような仕組みになっているのか，詳しく見ていこう。

1. 電池

電池とは，酸化還元反応を利用して，外部回路に電子が流れるようにしたものだ。言い換えれば，酸化還元反応によって放出されるエネルギーを，電気エネルギーに変換する装置である，と言えるよ。

導線をプラスとマイナスにつなげると，豆電球が光るね。

では，どのような仕組みで外部に電子が流れるのか，詳しく説明していこう。

電池は，2つの金属のイオン化傾向の大きさの違いを利用している（もちろん，それ以外の電池もある)。まず，導線でつないだ種類の異なる2つの金属を，電解質の水溶液に浸す。すると，イオン化傾向の大きな金属が陽イオンとなって溶け出し(酸化),同時に電子を放出する。このように，電子を放出する金属を，**負極**という。

一方，負極から導線に向かって放出された電子は，もう一方の金属へと流れ込む。この金属を，**正極**という。金属が電子を受け取ると，電解液中の陽イオンと電子が結びついて析出する(還元)。

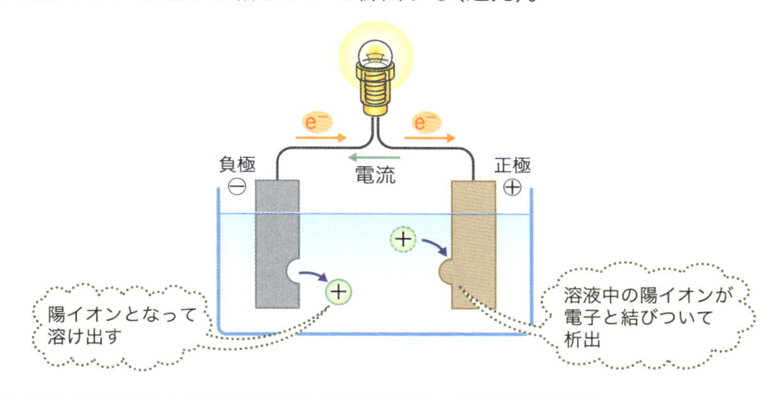

電子と電流の流れは，逆になるよ！
電子は負極から正極へ，電流は正極から負極へと
流れるんだったね。

負極では，電子を放出して酸化反応が起こり，正極では電子を受け取って還元反応が起こっていることがわかるね。

このとき，電子の流れは，負極から正極へ，電流は，正極から負極へと流れることに注意しよう。

また，正極と負極の間に生じる電位の差(電圧)を，**起電力**という。

2. いろいろな電池

電池を用いて，電子を外部回路に流すことを放電という。簡単にいうと，電池を豆電球のような外部機器につなげる，ということだね。放電をし続けると，電極での酸化還元反応が進み，起電力が低下する。すると，電子が流れなくなってしまう。「電池が切れた」という状態だ。

このとき，電池を外部電源につなぎ，**放電とは逆向きに電子を流すと，放電のときとは逆向きの反応が起こり**，起電力を回復することができる。この操作を充電という。例えば，携帯やパソコンのバッテリーが少なくなったときに，家庭用コンセントなどにつなぐと，再び使えるようになるよね。これは，低下していた起電力が回復したからだよ。

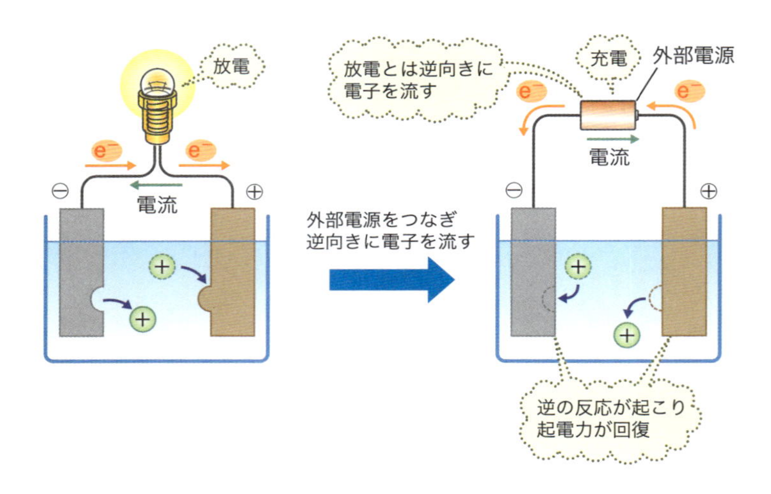

充電できない電池を一次電池，
充電可能な電池を二次電池，または蓄電池というよ。

【いろいろな電池】

	電池の名称	電池の構成			起電力 (V)	おもな用途
		負極の還元剤	電解質	正極の還元剤		
一次電池	マンガン乾電池	Zn	$ZnCl_2$, NH_4Cl	MnO_2	1.5	リモコン，時計など
一次電池	アルカリマンガン乾電池	Zn	KOH	MnO_2	1.5	ヘッドホンステレオ，デジタルカメラなど
一次電池	酸化銀電池	Zn	KOH	Ag_2O	1.55	時計，電子体温計など
一次電池	リチウム電池	Li	有機電解質	MnO_2	3.0	腕時計，電子手帳など
二次電池	鉛(なまり)蓄電池	Pb	H_2SO_4	PbO_2	2.0	自動車のバッテリーなど
二次電池	ニッケルカドミウム電池	Cd	KOH	NiO(OH)	1.2	シェーバーなど
二次電池	ニッケル水素電池	水素吸蔵合金	KOH	NiO(OH)	1.2	デジタルカメラ，ハイブリッドカーなど
二次電池	リチウムイオン電池	黒鉛	有機電解質	$LiCoO_2$	3.6	携帯電話，ノートパソコンなど

酸化するもの，還元するものの
組み合わせを変えることで，
様々な電池を作ることができるよ。

Point!

電池のまとめ

電池…酸化還元反応を利用して，外部回路に電子が流れるようにしたもの。
正極：電子を受け取る（還元反応）。
負極：電子を放出する（酸化反応）。

充電…電池を外部電源につなぎ，放電と逆向きに電子を流して起電力を回復すること。

一次電池…充電できない電池。

二次電池，蓄電池…充電可能な電池。

Chapter 5 共通テスト対策問題

1

濃度未知の $SnCl_2$ の酸性水溶液 200 mL がある。これを 100 mL ずつに分け，それぞれについて Sn^{2+} を Sn^{4+} に酸化する実験を行った。一方の $SnCl_2$ 水溶液中のすべての Sn^{2+} を Sn^{4+} に酸化するのに，0.10 mol/L の $KMnO_4$ 水溶液が 30 mL 必要であった。もう一方の $SnCl_2$ 水溶液中の Sn^{2+} を Sn^{4+} に酸化するとき，必要な 0.10 mol/L の $K_2Cr_2O_7$ 水溶液の体積は何 mL か。最も適当な数値を，下の①～⑤のうちから 1 つ選べ。ただし，MnO_4^- と $Cr_2O_7^{2-}$ は酸性水溶液中でそれぞれ次のように酸化剤としてはたらく。

$$MnO_4^- + 8H^+ + 5e^- \longrightarrow Mn^{2+} + 4H_2O$$

$$Cr_2O_7^{2-} + 14H^+ + 6e^- \longrightarrow 2Cr^{3+} + 7H_2O$$

① 5　② 18　③ 25　④ 36　⑤ 50

（センター追試）

2

次の①～⑥の中から酸化還元反応であるものを 3 つ選べ。

① $2H_2O_2 \longrightarrow 2H_2O + O_2$

② $CuO + 2HCl \longrightarrow CuCl_2 + H_2O$

③ $CaCO_3 + 2HNO_3 \longrightarrow Ca(NO_3)_2 + H_2O + CO_2$

④ $2FeCl_2 + SnCl_4 \longrightarrow 2FeCl_3 + SnCl_2$

⑤ $K_2Cr_2O_7 + 2KOH \longrightarrow 2K_2CrO_4 + H_2O$

⑥ $3NO_2 + H_2O \longrightarrow 2HNO_3 + NO$

3

電気陰性度は，原子が共有電子対を引きつける相対的な強さを数値で表したものである。アメリカの化学者ポーリングの定義によると，表1の値となる。

表1　ポーリングの電気陰性度

原子	H	C	O
電気陰性度	2.2	2.6	3.4

共有結合している原子の酸化数は，電気陰性度の大きい方の原子が共有電子対を完全に引きつけたと仮定して定められている。たとえば水分子では，図1のように酸素原子が矢印の方向に共有電子対を引きつけるので，酸素原子の酸化数は−2，水素原子の酸化数は+1となる。

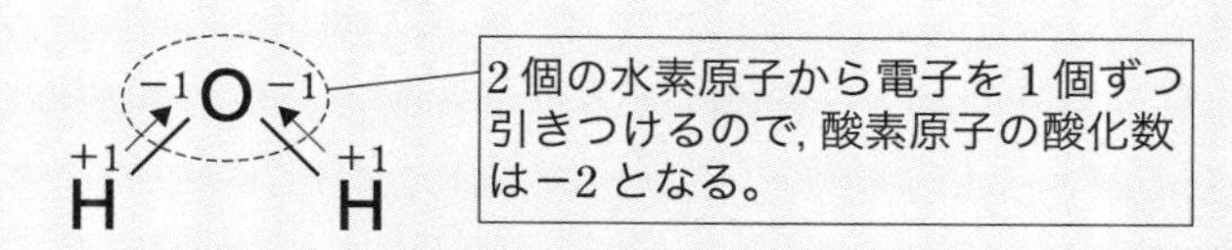

図　1

同様に考えると，二酸化炭素分子では，図2のようになり，炭素原子の酸化数は+4，酸素原子の酸化数は−2となる。

−1　+1　+1　−1

O＝C＝O

−1　+1　+1　−1

図　2

ところで，過酸化水素分子の酸素原子は，図3のようにO−H結合において共有電子対を引きつけるが，O−O結合においては，どちらの酸素原子も共有電子対を引きつけることができない。したがって，酸素原子の酸化数はいずれも−1となる。

図 3

上記をふまえて次の問いに答えよ。

エタノールは酒類に含まれるアルコールであり，酸化反応により構造が変化して酢酸となる。

エタノール分子中の炭素原子Aの酸化数と，酢酸分子中の炭素原子Bの酸化数は，それぞれいくつか。最も適当なものを，次の①～⑨のうちから一つずつ選べ。ただし，同じものを繰り返し選んでもよい。

① +1　② +2　③ +3　④ +4　⑤ 0
⑥ −1　⑦ −2　⑧ −3　⑨ −4

（試行調査問題）

【解答・解説】

今回の実験を図示してみよう。

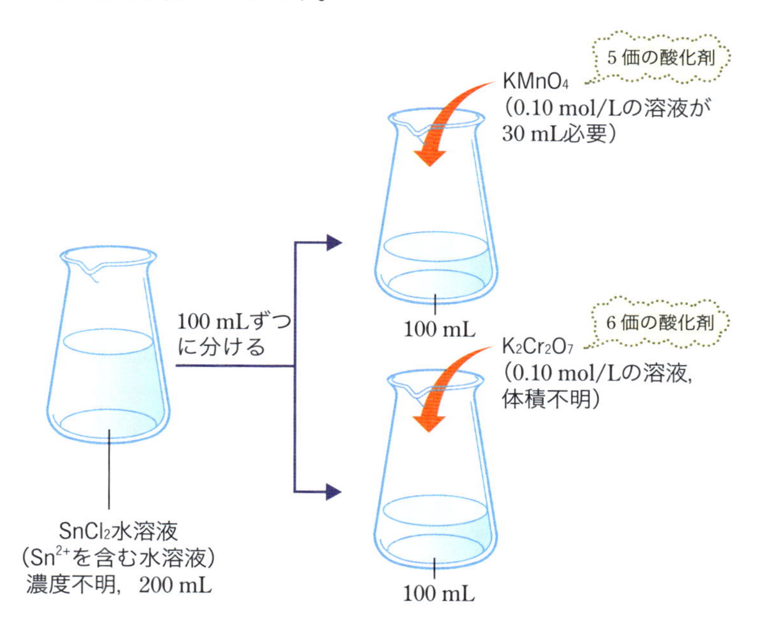

$SnCl_2$ 水溶液中の Sn^{2+} は還元剤として, $Sn^{2+} \longrightarrow Sn^{4+} + 2e^-$ と反応する(2価の還元剤)ことを確認しておこう。

まずは, $SnCl_2$ と $KMnO_4$ の反応に対して, p.236の公式を使ってみよう。

$SnCl_2$ の濃度を x〔mol/L〕とおくと

$$\underbrace{2}_{\text{価数}}\times \underbrace{x〔\text{mol/L}〕\times\frac{100}{1000}〔\text{L}〕}_{SnCl_2\text{の物質量〔mol〕}} = \underbrace{5}_{\text{価数}}\times \underbrace{0.10\ \text{mol/L}\times\frac{30}{1000}〔\text{L}〕}_{KMnO_4\text{の物質量〔mol〕}}$$

これを解いて　$x = 0.075$〔mol/L〕

これで $SnCl_2$ 水溶液の濃度がわかったので, 次はこの値を使って, $K_2Cr_2O_7$ との反応に対して公式を適用するよ。

求める $K_2Cr_2O_7$ 水溶液の体積を V〔mL〕とおくと

$$\underbrace{2}_{\text{価数}}\times\underbrace{0.075\,(\text{mol/L})\times\frac{100}{1000}\,(\text{L})}_{SnCl_2\text{の物質量 (mol)}}=\underbrace{6}_{\text{価数}}\times\underbrace{0.10\times\frac{V}{1000}\,(\text{L})}_{K_2Cr_2O_7\text{の物質量 (mol)}}$$

これを解いて　V＝**25 mL**

答 ③

2

頻出の問題。酸化還元反応とは酸化数が変化する反応のことだ。ただ，時間が限られている共通テストにおいて，すべての原子の酸化数を調べるのは大変だよね。そこで，次の手順でスムーズに酸化還元反応を見分けられるようになろう！

手順①「単体」が出てくる反応は酸化還元反応

化学反応式の左辺，右辺どちらか 1 か所にでも「単体」があれば問答無用で酸化還元反応と考えてよい。単体の酸化数は「0」なので，単体があるということは，必ず酸化数の変化があると考えられるからだ。今回は，①の右辺に O_2(単体)があるので，これが 1 つ目の答えとなる。

手順②　Fe，Cr，Mn の酸化数変化をチェック

この 3 つは酸化数が非常に変わりやすいので，真っ先に右辺と左辺で酸化数が変わっているかチェックしよう。

手順①と②を覚えておけば酸化数を調べやすいよ。

④　$\underset{+2}{2FeCl_2} + SnCl_4 \longrightarrow \underset{+3}{2FeCl_3} + SnCl_2$

酸化数変化が見られるので，酸化還元反応といえる。よって，④が 2 つ目の答えとなる。

⑤　$K_2\underset{+6}{Cr_2}O_7 + 2KOH \longrightarrow 2K_2\underset{+6}{Cr}O_4 + H_2O$

酸化数が変化していないので，酸化還元反応ではない。

手順③　Sn，S，N の酸化数変化をチェック

この 3 つは，Fe，Cr，Mn に次いで酸化数が変わりやすい。

手順①，手順②を検討しても答えがそろわなければ，チェックしよう。

③　$CaCO_3 + 2H\underset{+5}{N}O_3 \longrightarrow Ca(\underset{+5}{N}O_3)_2 + H_2O + CO_2$

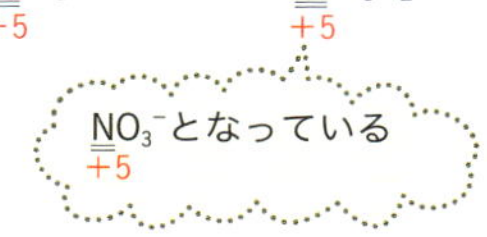

酸化数が変化していないので，酸化還元反応ではない。

⑥　$3\underset{+4}{N}O_2 + H_2O \longrightarrow 2H\underset{+5}{N}O_3 + \underset{+2}{N}O$

酸化数変化が見られるので，酸化還元反応といえる。よって，⑥が 3 つ目の答えとなる(反応前の N 原子 3 個のうち，2 個が酸化され，1 個が還元されている)。

ちなみに，④は手順③の Sn の酸化数を調べても酸化還元反応とわかる。

④　$2FeCl_2 + \underset{+4}{Sn}Cl_4 \longrightarrow 2FeCl_3 + \underset{+2}{Sn}Cl_2$

3

新傾向問題だ。リード文が長く，酸化数について初めて見る定義が出てきた，と戸惑った人も多いかもしれない。問題文の情報から酸化数の決定に関するルールを読解し，解けるかがカギとなる。

ではルールを確認し，水，二酸化炭素，過酸化水素の場合を見ていこう。解説していこう。

ルール

電気陰性度が大きい原子に向かって→をひき，電気陰性度が大きい原子は，引きつけた電子の数だけ酸化数が減少する。反対に電気陰性度が小さい原子は，失った電子の数だけ酸化数が増加する。

●単結合の場合

価標が１本なので電気陰性度が大きい原子に向かって→を１本ひけばよい。

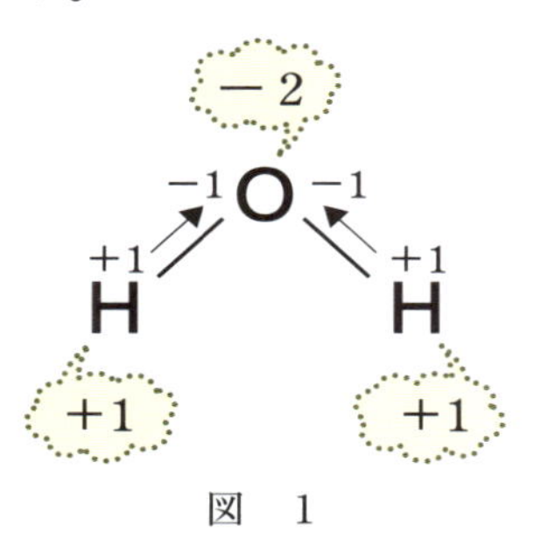

図　1

［水 H_2O の場合］

①電気陰性度は O>H なので，H から O に向かって矢印を１本ひく。

②電気陰性度が大きい酸素原子は，電子を２個引きつけているので，酸化数は−２。

③電気陰性度が小さい水素原子は，電子を１個失ったので，酸化数はそれぞれ＋1。

また，二酸化炭素分子の例より，“二重結合をもつ場合はどう考えるか”という１つ目の補足事項が導ける。

●二重結合の場合

価標が 2 本なので，電気陰性度の大きい原子に向かって→を 2 本ひけばよい。

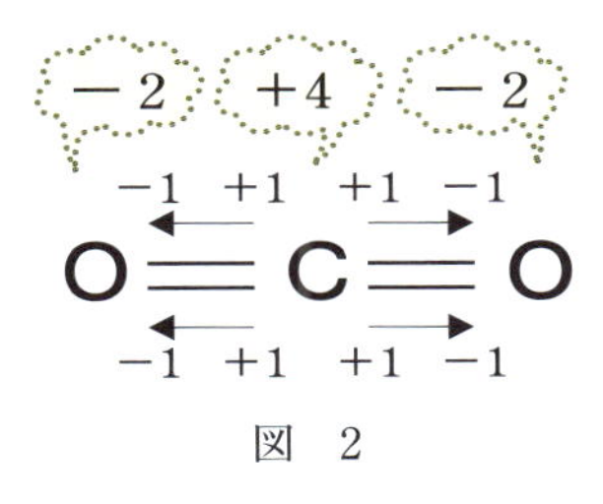

図 2

［二酸化炭素 CO_2 の場合］

①電気陰性度は O>C なので，C から O に向かって矢印を 2 本ずつひく。

②電気陰性度が大きい酸素原子は，電子を 2 個引きつけているので，酸化数は－ 2。

③電気陰性度が小さい炭素原子は，電子を 4 個失ったので，酸化数は＋4。

そして，過酸化水素分子の例より，“同じ原子が共有結合してる場合”も確認しておきましょう。

●同じ原子が共有結合している場合

共有結合部分には→はひかないで考える。

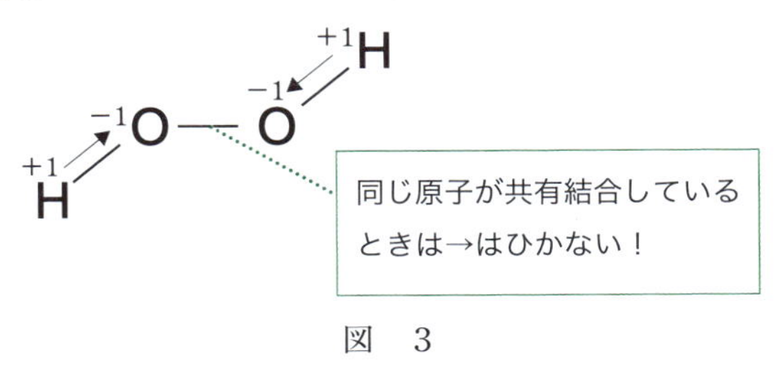

図 3

これらのルールを基に，エタノール分子中の炭素原子 A と酢酸分子中の炭素原子 B の酸化数を決定してみよう。

まずは炭素原子 A について，電気陰性度の大小に基づいて→をひいてみよう。炭素原子 A について，O>C より，C から O に向かって矢印を 1 本ひく。また，C>H より，H から C に向かって矢印を 1 本ずつひく。最終的に，A は 2 個の電子を引きつけ，1 個の電子を失うことがわかる。つまり $(-1)\times2+1=-1$ となり，酸化数は－ 1 となる。

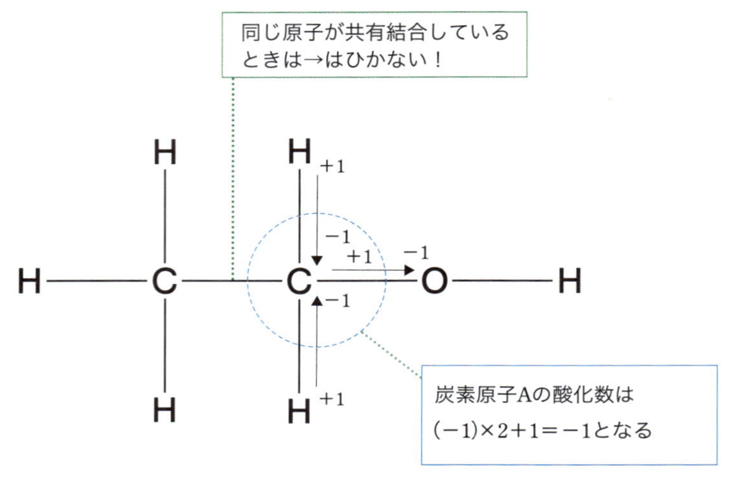

同様に，炭素原子Ｂについて考えてみよう。電気陰性度の大小に基づいて→をひいてみよう。O>Cより，CからOに向かって矢印をひく。この時，二重結合している部分は矢印を２本，単結合している部分は１本，CからOに向かって矢印をひこう。すると，Bは３個の電子を失うことがわかるね。つまり，酸化数は+3となる。

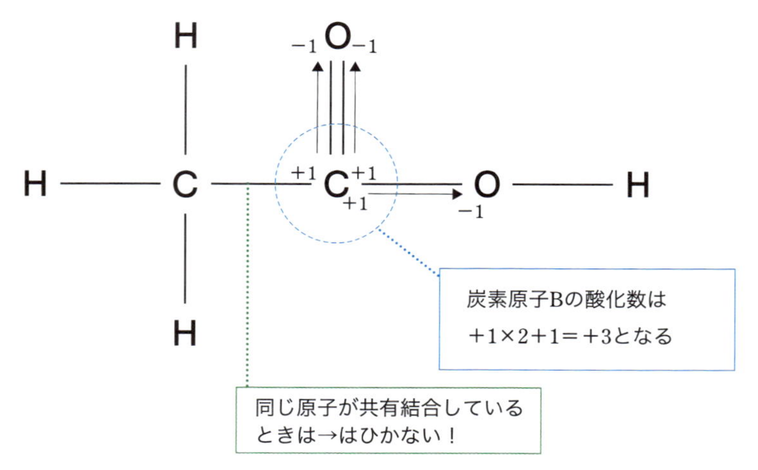

答 炭素原子Ａ…⑥，炭素原子Ｂ…③

Theme 1 金属とその利用

私たちの身のまわりには，化学の原理を利用したものが数多くある。このChapterでは，これまで学習してきた化学の知識を使って，いろいろな化学物質や化学的性質を利用した物質を説明していくよ。

1．アルミニウム Al

アルミニウムは，銀白色の軽い金属で，1円玉や缶ジュースの容器などに使われている。

アルミニウムの原鉱石は，**ボーキサイト**と呼ばれるものだ。ボーキサイトの主成分は酸化アルミニウムだが，その他に，鉄やケイ素などの酸化物も含まれている。単体のアルミニウムは，ボーキサイトから直接作られるのではなく，ボーキサイトから取り出した**アルミナ**と呼ばれる純粋な酸化アルミニウムから作られるんだ。融解(溶融)塩電解という特殊な電気分解をすることにより，酸化アルミニウムが還元され，アルミニウムとなる。この技術は，19世紀に確立し，工業生産が盛んになっていったんだよ。

1円玉やアルミ缶は
軽くて丈夫でさびにくいよね。

鉄は湿った空気中に放置すると，さびて腐食していくよね。でも，アルミニウムでは腐食がほとんど起こらない。なぜかというと，アルミニウムは表面に丈夫で緻(ち)密な酸化被膜を形成し，内部を保護するからなんだ(不動態→ p.246)。

アルミニウム製品のほとんどは，酸化物の被膜を人工的につけたものから作られる。このアルミニウムの製品を**アルマイト**というよ。

また，**ジュラルミン**は，アルミニウムに銅やマグネシウムなどを混ぜ合わせて作られる合金だ。**軽くて非常に丈夫**なため，**航空機や新幹線の機体**に使われているよ。

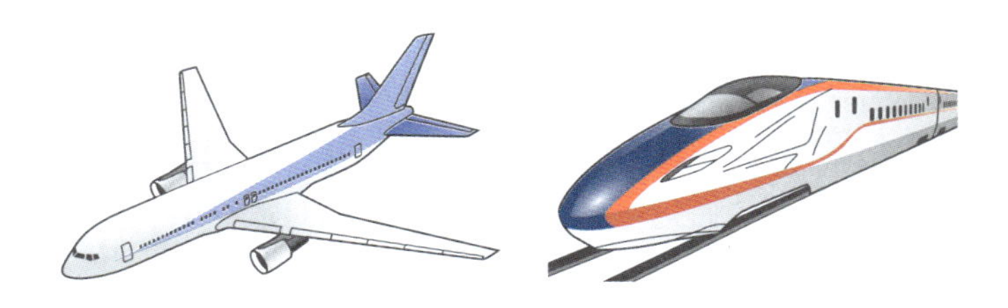

補足

アルミニウムを精製するための融解塩電解は，エネルギー消費量や CO_2 排出量が非常に多く，環境負荷が大きい。そのため，アルミニウム製品はリサイクルすることが推奨されているんだ。リサイクルで消費するエネルギーは，ボーキサイトから製錬(原鉱石から金属の単体を作ること)する場合の約 3% ほどですむんだよ。

補足

高圧送電線にもアルミニウムが使われている。アルミニウムの電気伝導度は銅などよりも小さいが，密度が低く，同じ質量で比較すると銅の約2倍の電流を流すことができるからなんだ。

2. 鉄 Fe

鉄は，最も多く使われている金属で，人間が利用する金属の約 90% を占める。鉄は**硬くて丈夫**なので，**建築物の鉄骨や自動車の車体**などに広く使われている。

汎用性が高い鉄だけど，その最大の弱点は，イオン化傾向が大きく酸化されやすいということ。つまり，腐食しやすいんだ。これを防ぐために工夫されたのが**トタン**だ。トタンは，鉄の表面を亜鉛でメッキしたものだ。鉄の表面が傷ついて外気にさらされてしまったとき，鉄よりイオン化傾向の大きい亜鉛が優先的に酸化され，鉄の酸化（腐食）が抑えられる。まさに，酸化還元反応を利用した製品だね。

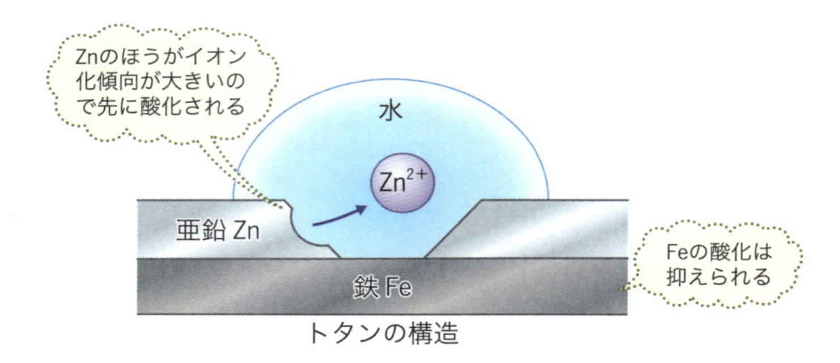

トタンの構造

鉄は，ニッケルやクロムと合金にする場合もある。トタンと同じで，鉄が酸化されにくくなるからだ。このような合金は**ステンレス鋼**（こう）と呼ばれ，台所のシンク（流し台）などに利用されているよ。

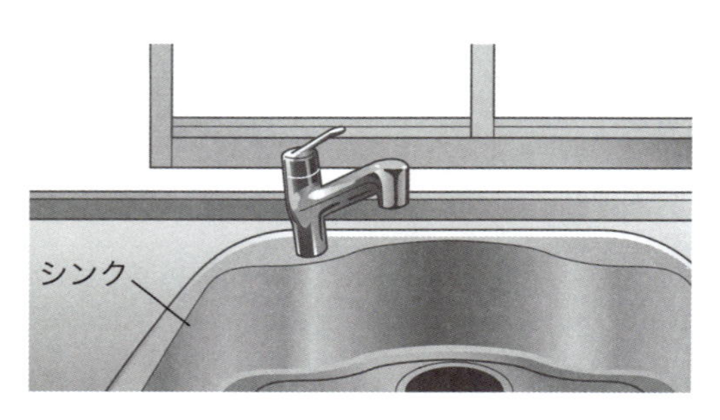

「さびにくい（stainless）」という意味で，ステンレスというよ。

また，使い捨てカイロの中には，おもに鉄粉が入っている。カイロは，鉄粉が酸化される際に発熱することを利用しているんだ。外袋を開けると中袋の中の鉄粉が空気中の酸素にふれ，酸化が始まり，発熱するという仕組みだ。

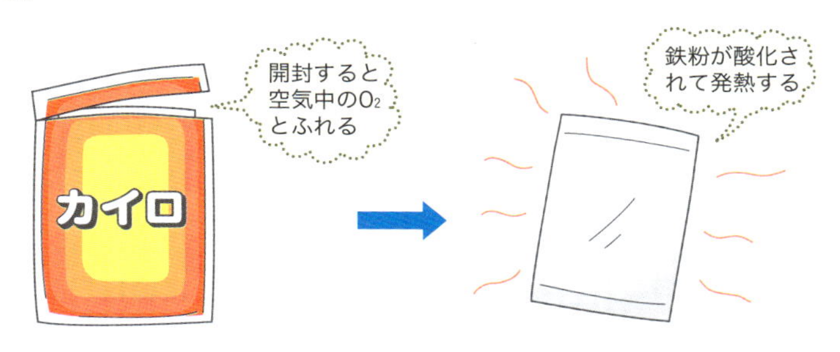

補足

鉄の原鉱石は，鉄鉱石だ。鉄は，酸化物として鉄鉱石に含まれている。

鉄鉱石から単体の鉄を取り出すには，まず，溶鉱炉と呼ばれる炉内で酸化鉄を還元して，銑鉄（せんてつ）（不純物として炭素などを含んだもろい鉄）を作る。その後，転炉という炉内で酸素を吹き込んで，不純物や炭素含有量を減らし，鋼（こう）（不純物の少ない丈夫な鉄）を作る。

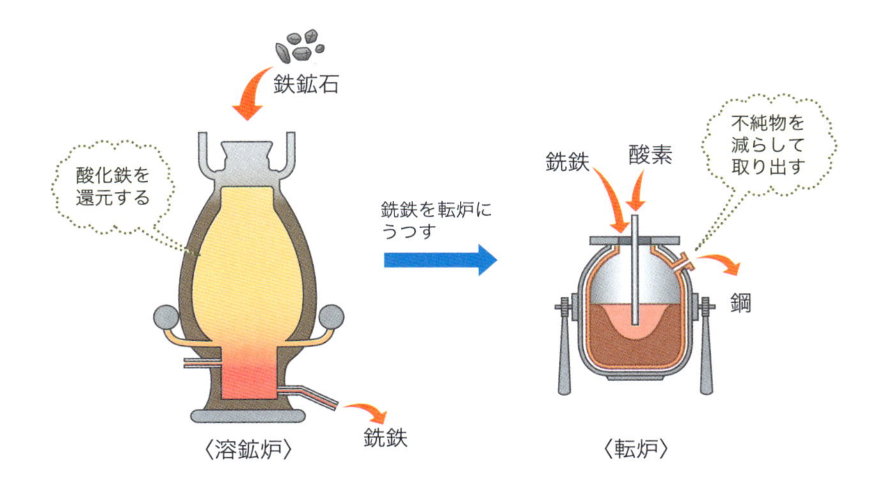

3. 銅 Cu

銅は，特有の赤みを帯びた金属だ。10円玉も銅でできている。銅は，**熱や電気の伝導度が銀に次いで2番目に大きい**ので，**電気器具の配線部品**や，昔は調理器具にも使われていたよ。

また，銅と亜鉛の合金は**黄銅**（**真ちゅう**）と呼ばれ，金に似た美しい光沢があるため，**仏具や管楽器の素材**として使われている。

黄銅は英語でbrass（ブラス）という。
ブラスバンドの「ブラス」は黄銅という意味なんだ

銅とスズの合金は**青銅**（**ブロンズ**）と呼ばれ，銅単体よりも非常に丈夫なので，**彫像などの美術工芸品**に使われているよ。いわゆる，ブロンズ像のことだね。青銅の歴史は古く，紀元前3500年頃からメソポタミア地方で使われていたとされる。青銅は比較的低い温度で融解するため，当時の人々の技術でも容易に様々な形に成型することができたからだよ。

上野駅前にある西郷隆盛の銅像

4. 水銀 Hg

水銀は，常温・常圧で**唯一液体の金属**だ。水銀の蒸気や水銀化合物は非常に毒性が強く，水俣病の原因物質にもなった。

水銀は熱を加えると膨張し，体積が大きくなる。これを利用して，**温度計（体温計）**に使われているよ。

また，水銀は**蛍光灯にも封入されている**。電流を流すと，ガラス管内で水銀原子と電子が衝突して紫外線が発生し，ガラス管の内壁に塗られている蛍光塗料を発光させる，という仕組みだ。

また，水銀は様々な金属と合金を作る。このような合金をまとめて，**アマルガム**と呼ぶよ。

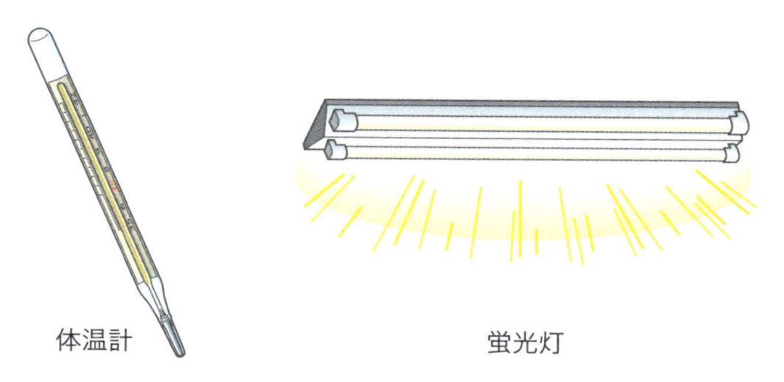

体温計　　蛍光灯

水銀は銀白色をした液体なんだ。

Point!

金属の利用のまとめ

アルミニウム Al

① 軽い金属で，1円玉や缶ジュースの容器などに利用されている。

② 合金のジュラルミンは，航空機や新幹線の機体に利用されている。

鉄 Fe

① かたくて丈夫な金属で，建築物の鉄骨や自動車の車体として利用されている。
鉄粉は，空気中で酸化される際に発熱する。これを利用して使い捨てカイロに使われている。

② 鉄を含む合金であるステンレス鋼は，さびにくく，台所のシンクなどに利用されている。

銅 Cu

① 電気伝導性・熱伝導性が大きく，電気器具の配線や調理器具に用いられる。

② 銅と亜鉛の合金である黄銅（真ちゅう）は，仏具や管楽器に使われる。
銅とスズの合金である青銅（ブロンズ）は，彫像などに使われる。

水銀 Hg

① 常温・常圧で唯一液体の金属。温度計（体温計）や蛍光灯に使われる。

② 様々な金属と，アマルガムと呼ばれる合金を作る。

Theme 2 イオンからなる物質とその利用例

1. 塩化カルシウム $CaCl_2$

塩化カルシウムは**水に溶けやすく，溶解時に発熱する**。この性質を利用して，**融雪剤**や**道路の凍結防止剤**として使われているよ。塩化カルシウムは得られやすく，安価という工業的利点もあるんだ。

また，空気中の水蒸気を吸収する性質が強く，**潮解性**(ちょうかいせい)があるので，乾燥剤(除湿剤)としても使われているよ。潮解性とは，空気中の水蒸気を吸収してその水に溶ける性質のことだよ。

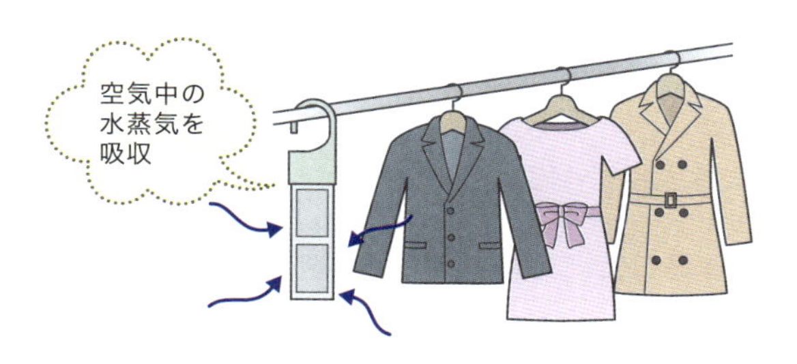

塩化カルシウムは白色の固体だよ。

>> 2. 炭酸水素ナトリウム $NaHCO_3$

炭酸水素ナトリウムは重曹とも呼ばれ，**水溶液は弱塩基性**を示す。この性質を利用して，過剰な胃酸を中和する**胃薬**として使われているよ。また，炭酸水素ナトリウムを加熱すると，気体の二酸化炭素が生じるので，お菓子やケーキの材料として使われる**ふくらし粉（ベーキングパウダー）**や，**水を使わない消火活動**（石油コンビナートや化学工場の火災）の**消火剤**として利用されている。

炭酸水素ナトリウムを加熱すると，

$$2NaHCO_3 \longrightarrow Na_2CO_3 + H_2O + CO_2$$

の反応が起こり，二酸化炭素が発生するよ。

>> 3. 硫酸バリウム $BaSO_4$

硫酸バリウムは，**水や酸に溶けにくく**，また，**X 線の吸収能力が高い（X 線を透過しにくい）**。この性質を利用して，消化管の画像診断などの際の**X 線造影剤**として使われているよ。

通常，体に X 線を透過させると，胃は黒く写る。しかし，硫酸バリウムを飲むと，硫酸バリウムが胃の内壁に付着して X 線を吸収するため，胃が白く浮かび上がって写る。その画像から，組織の損傷や腫瘍の有無を診断することができるんだ。

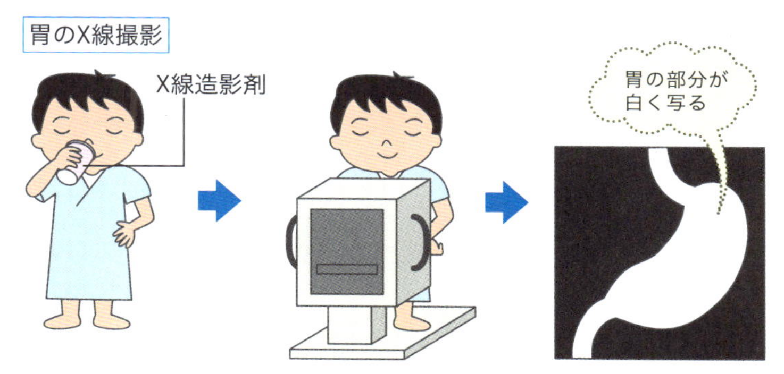

X 線の撮影では，X 線を透過した部分は黒く写り，
X線を吸収した部分は白く写るよ。

Column

X 線を透過するもの・しないもの

骨は X 線を透過しにくいので白く写る。そのため，骨の X 線撮影では，造影剤は不要だ。X線の撮影をするだけで，骨折の様子がわかるよ。

胸部 X 線撮影の経験はあるかな？　このときも造影剤は使わないよ。通常，肺（空気）は X 線を透過するため黒く写るが，炎症や腫瘍があると，X 線の透過度が低下し，白い影が写るようになるからだ。

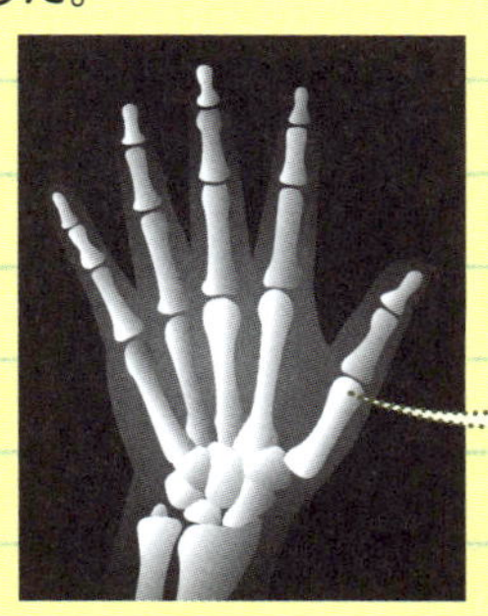

X線撮影すると
骨は白く写る

4. アンモニウム塩

塩化アンモニウム NH_4Cl，硫酸アンモニウム $(NH_4)_2SO_4$，硝酸アンモニウム NH_4NO_3 などのアンモニウム塩は，**水に溶けやすく**，**植物の肥料**として使われる。植物を大きく生長させるために必要な窒素を供給するために，土壌に配合するんだ。

ただし，供給過剰になると，土壌が酸性化してしまったり，有毒なアンモニアが発生したりすることもある。

塩化アンモニウムは「塩安(えんあん)」，硫酸アンモニウムは「硫安(りゅうあん)」，
硝酸アンモニウムは「硝安(しょうあん)」という名前で，
窒素肥料としてホームセンターなどで売られているよ

補足

この 3 つのアンモニウム塩は，いずれも弱塩基であるアンモニアと強酸の組み合わせで作られるので，塩の水溶液は酸性を示す。だから，過剰に与えると，土壌が酸性になってしまうんだよ。

Point!

イオンからなる物質のまとめ

塩化カルシウム $CaCl_2$

① 融雪剤や凍結防止剤として利用される。
② 潮解性があり，乾燥剤（除湿剤）としても用いられる。

炭酸水素ナトリウム $NaHCO_3$

① 別名は重曹。胃薬やベーキングパウダーとして利用される。
② 水を使わない消火剤としても用いられる。

硫酸バリウム $BaSO_4$

① 水や酸に溶けにくい。
② X 線を吸収するため，X 線造影剤として用いられる。

アンモニウム塩（～アンモニウム）

① 水に溶けやすく，植物の窒素肥料として用いられる。

Theme 3
分子からなる物質とその利用例

>> 1. メタン CH_4

メタンは，**天然ガスの主成分**として産出する無色・無臭の気体で，**水に溶けにくく**，空気より軽い。可燃性で，**家庭用ガス（都市ガス）の主成分**として使用される。

家庭用ガスなどには，臭いがあるよね。これは，ガス漏れに気づくように，あえて臭いをつけているんだ。

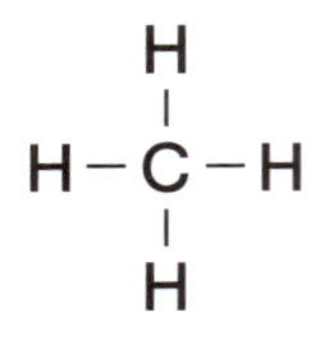

メタンの構造式

メタン自体は人に対する毒性はないんだよ。
ガス漏れによって爆発のおそれがあったり
一酸化炭素が発生したりすることが危険なんだ。

補足

メタンは，地球温暖化を助長する，温室効果ガスのひとつと考えられている。

>> 2. ヘキサン C_6H_{14}

ヘキサンは，無色で特異臭がある液体。**水に溶けにくい**が，無極性物質（油性物質）を溶解させる性質があり，**有機溶媒**（**ベンジン等**）として用いられるよ。

$$CH_3-CH_2-CH_2-CH_2-CH_2-CH_3$$

ヘキサンの構造式

ヘキサンは，油性インキなど，
水に溶けにくい物質を溶かす溶剤として用いられているよ。

3．ベンゼン C_6H_6

ベンゼンは，無色の液体で，炭素原子6個が正六角形に並んでいる無極性分子。**染料や医薬品の原料**となる物質で，工業製品に多く用いられているよ。また，ヘキサンと同じように，自身は**水に溶けにくい**が，他の無極性物質（油性物質）を溶解させる性質があり，無極性物質を溶かすための，有機溶媒として用いられる。しかし，毒性が強く，家庭での溶剤としての利用は禁止されているよ。

補足

ベンゼンの構造式は，一般に右の①や，②の略図のように表される。この構造式を見ると，炭素間の結合に単結合と二重結合の2種類が存在するように思えるよね。

でも，実際のベンゼンの炭素間結合は，すべて単結合と二重結合の中間の強さで等しいんだ。下の図のように表現するほうが，実際のベンゼンの姿に近いんだよ。

① ②

4. エタノール C_2H_5OH

エタノールは，**水に溶けやすい**無色の液体。身近なところでは，**酒類**などに含まれているね。

高濃度のエタノールは，細胞膜を破壊する作用をもつことから，注射や手を洗浄するときに使う**消毒薬**などに利用されている。

また，石油由来の燃料であるガソリンに代わるエネルギーとして，**植物（トウモロコシなど）由来の燃料**（バイオエタノール）としての利用も注目されている。

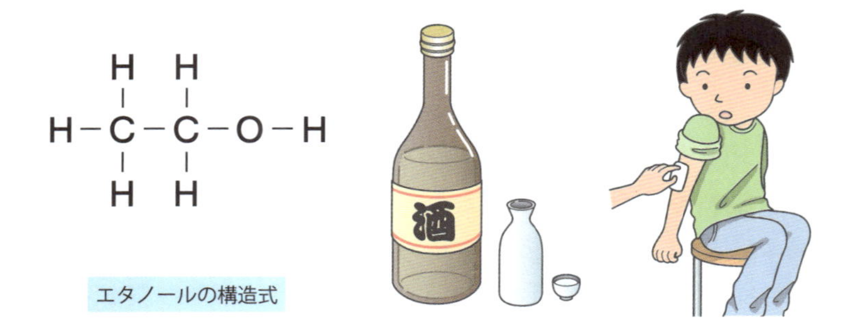

エタノールの構造式

Column

アルコールの分解

エタノールには脳のはたらきを抑制する性質がある。そのため，お酒を飲んで酔っ払うと，眠くなったり，平衡感覚が鈍ってフラフラしたりするんだ。

また，体内のエタノールは時間とともに分解され，アセトアルデヒドという物質に変化する。このアセトアルデヒドが，吐き気や頭痛などの不快症状をもたらす。いわゆる，二日酔いの状態だ。

その後，アセトアルデヒドはさらに分解されて，人体に無害な酢酸となり，正常な状態に戻るというわけだ。

5．酢酸 CH_3COOH

酢酸は，**水に溶けやすい**，無色・刺激臭の液体。**食酢**などに 4 ～ 5% 含まれている。また，**合成繊維や医薬品の原料**としても用いられている。純度の高い酢酸の融点は約 17℃で，冬には凍ってしまうため，**氷酢酸**と呼ばれるよ。

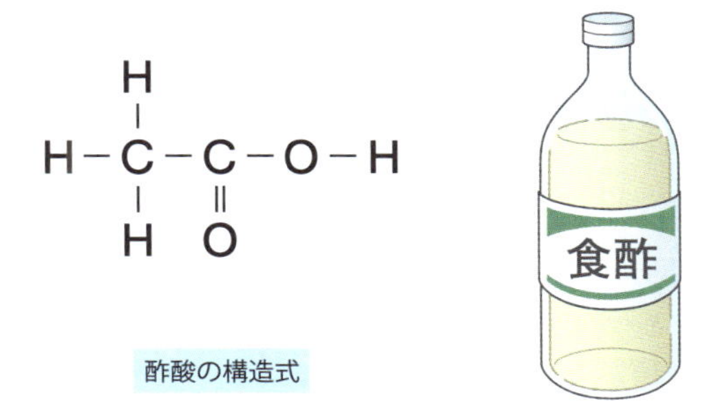

酢酸の構造式

6．塩酸 HCl

塩酸は塩化水素の水溶液であり，**強酸**。身近な用途としては，**トイレ用洗浄剤**として使われているよ。家庭用の洗浄剤には，10% ほどの塩酸が含まれている。便器の汚れの原因物質は，尿石と呼ばれるリン酸カルシウムやタンパク質などで，通常の中性洗剤ではなかなか除去することができない。しかし，塩酸は強酸であるため，これらの物質を溶かして除去することができるんだ。

塩酸は，化学の実験でもよく使われる
代表的な酸だね。

Point!

分子からなる物質のまとめ

メタン CH_4

無色・無臭で水に溶けにくい気体。天然ガスの主成分で，都市ガス（主成分）に使われる。

ヘキサン C_6H_{14}

無色・特異臭の液体。水に溶けにくく，無極性物質（油性物質）を溶かす溶剤（有機溶媒（ベンジン等））として，用いられる。

ベンゼン C_6H_6

炭素原子６個が正六角形に並んでいる無極性分子。染料や医薬品の原料となる。水に溶けにくく，無極性物質（油性物質）を溶かす溶剤として用いられる。

エタノール C_2H_5OH

水に溶けやすい，無色の液体。お酒に含まれる。消毒薬や燃料としても利用されている。

酢酸 CH_3COOH

水に溶けやすい，無色・刺激臭の液体。食酢に含まれる。合成繊維や医薬品の原料としても利用されている。

塩酸 HCl

塩化水素の水溶液。強酸性で，トイレ用洗浄剤等に使用される。

高分子化合物とその利用例

有機化合物の中には，**高分子化合物**と呼ばれる巨大な分子からできているものがある。この高分子化合物は，多数の分子が結合を繰り返す**重合**(じゅうごう)という反応によってできているんだ。おもな重合の種類として，**付加重合**と**縮合重合**がある。それぞれの重合について，代表例を見ていこう。

1．付加重合からなる高分子化合物

“**付加反応**”とは，**分子の結合の一部が開いて別の分子に付け加わり，連結すること**だ。

付加反応を繰り返して，分子が次々と連結していくことを**付加重合**というよ。

例えば，**ポリエチレン**は，付加重合によってできた高分子化合物のひとつだ。

ポリエチレンという名前は，多数のエチレンが付加重合してできたもの，という意味だよ。「ポリ」は「多数の」という意味の接頭語で，重合でできた物質の名前の頭につけられるんだ。原料のエチレンは気体だけど，付加重合で分子量が大きくなり，融点が高くなるため，**ポリエチレンは固体**なんだ。

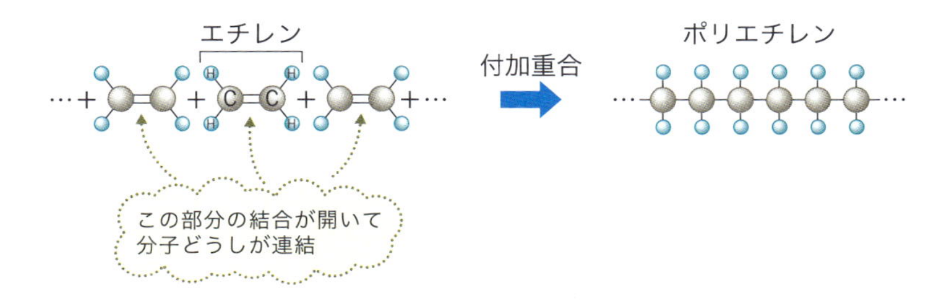

ポリエチレンの用途は非常に多岐にわたり，歯みがき粉などのチューブや容器，ガソリンタンクなど，様々なプラスチック製品として用いられているよ。

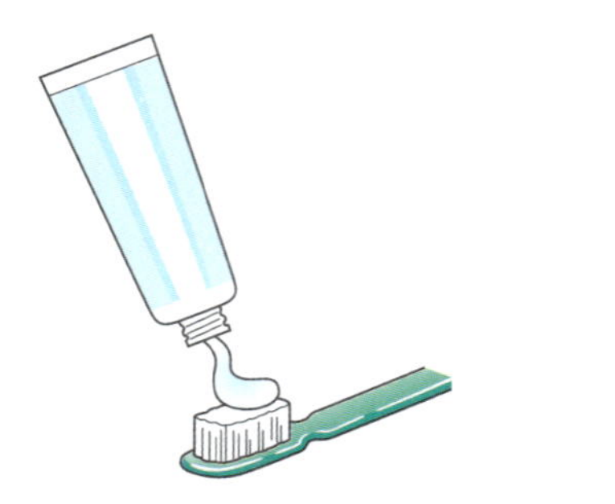

ポリエチレンはゴミ袋にも用いられるよ。
ゴミ袋は " ポリ袋 " ともいうよね。

2. 縮合重合からなる高分子化合物

分子どうしが連結する際に，水のような低分子量の物質がとれることがある。この反応を“縮合”という。

縮合を繰り返して，高分子化合物ができあがることを縮合重合というよ。

例えば，**ポリエチレンテレフタラート**(PET)は，縮合重合によってできた高分子化合物のひとつで，ペットボトルの原料などに使われているものだ。ペットボトルの“PET”とは，ポリエチレンテレフタラートの略なんだ。

ポリエチレンテレフタラートは，エチレングリコールとテレフタル酸という 2 種類の物質の縮合重合でできる。

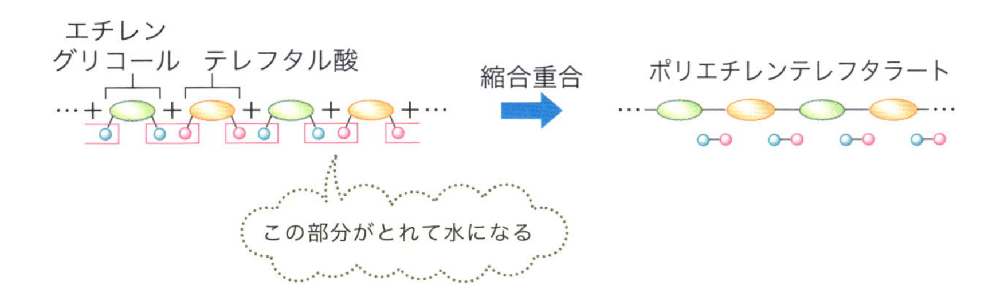

ポリエチレンテレフタラートは，その他に，衣類などに使われる**合成繊維**の原料にもなっているよ。

ペットボトルは，手で強く握って押しつぶしても，もとの形に戻るよね。このようにポリエチレンテレフタラートには，形を維持する性質があるんだ。ポリエステル素材の衣類というのは，その性質を活かして，**しわになりにくい**という特長があるよ。

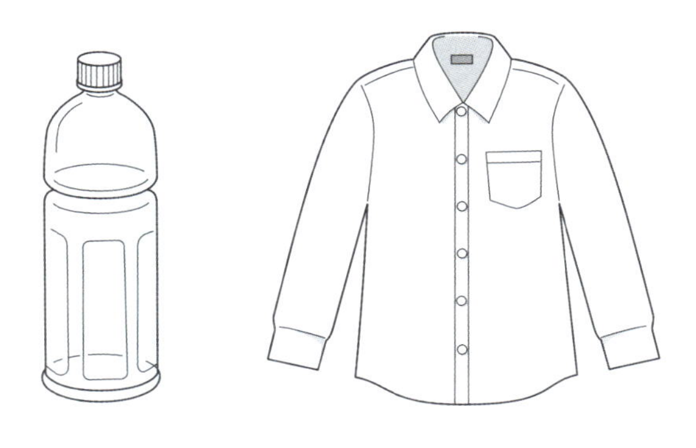

高分子化合物のまとめ

ポリエチレン

エチレンの付加重合で作られる。ゴミ袋やプラスチック製品などに幅広く用いられている。

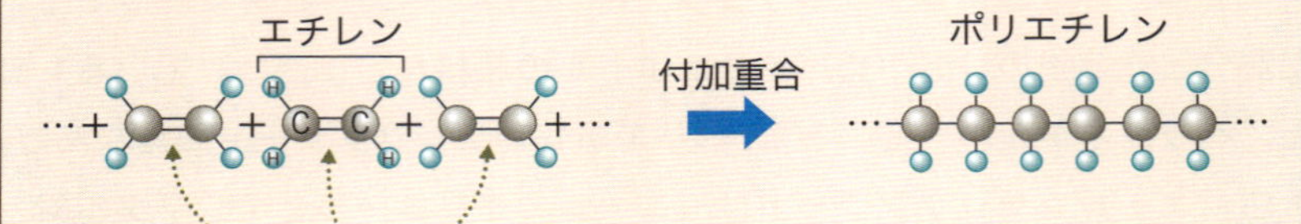

ポリエチレンテレフタラート（PET）

エチレングリコールとテレフタル酸の縮合重合で作られる。ペットボトルや合成繊維の原料に用いられる。

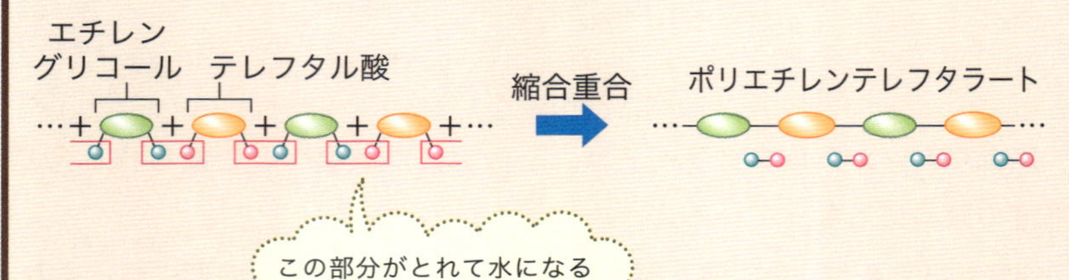

Theme 5 酸化還元反応の応用

酸化還元反応については，Chapter 5 で学習したね。ここでは酸化還元反応を利用した身近な物質や装置について説明していくよ。

1．電池

酸化還元反応を利用して，外部回路に電子を流すことができる装置。イオン化傾向の差を利用した電池であれば，金属のイオン化傾向が大きいほうが負極，小さいほうが正極となる。電子は負極から正極に流れ，電流はその逆向き（正極から負極）に流れる。電池の用途は多岐に渡る（Chapter 5 参照→ p.254）。

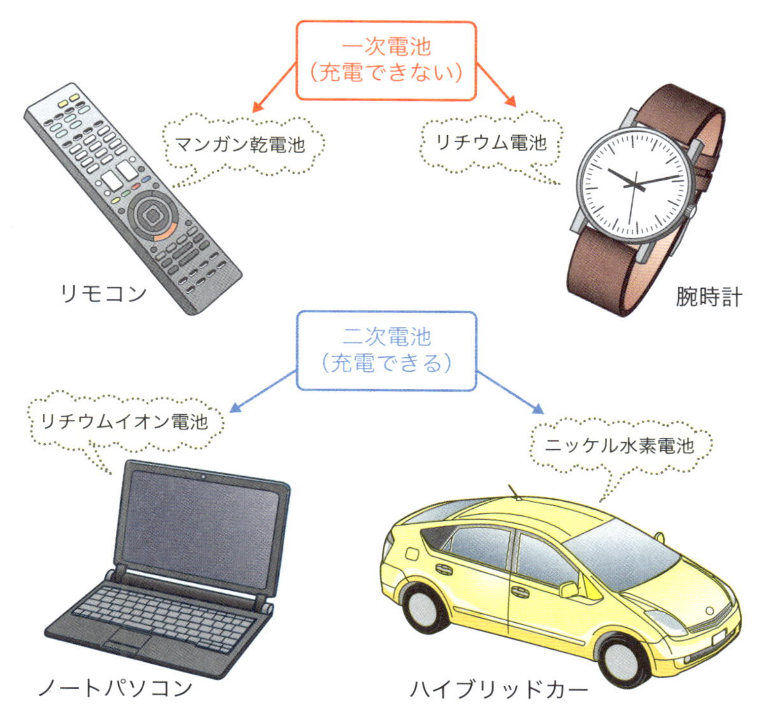

2. 次亜塩素酸ナトリウム NaClO

強い酸化力をもつ次亜塩素酸ナトリウムは，微生物などを殺生することができるため，**食品や医療器具などの殺菌・消毒**に利用される。また，酸化作用により色素を分解するはたらきもあるので，**漂白剤**としても利用される。

台所用の漂白剤には，次亜塩素酸ナトリウムが含まれているよ。

Column

漂白剤と洗浄剤

台所用漂白剤のラベルには「まぜるな危険」と書かれているよね。これは，何と混ぜてはいけないのか知っているだろうか。実は，トイレ用洗浄剤などに含まれる塩酸などの「酸」と混ぜてはいけないんだ。次亜塩素酸ナトリウムと酸が反応すると，有毒な塩素ガス Cl_2 が発生するからだ。

有毒！

$$NaClO + 2HCl \longrightarrow NaCl + H_2O + Cl_2\uparrow$$

次亜塩素酸ナトリウム　塩酸　塩化ナトリウム　塩素

3. アスコルビン酸（ビタミンC）

アスコルビン酸は**強い還元力**があり，食品の風味を保ち，変色を防ぐための**酸化防止剤**として利用されている。食品のラベルには，ビタミンCと書かれているよ。ビタミンCとは，栄養素の名前で，ビタミンCの物質名がアスコルビン酸なんだ。

Point!

酸化還元反応の応用のまとめ

電池

酸化還元反応による電子のやり取りを利用して外部回路に電子が流れるように組み立てた装置。
電子は「負極→正極」に流れ，電流の向きはこの逆向き（正極→負極）になる。
外部電源により充電が可能な電池を二次電池，充電できない電池を一次電池という。

次亜塩素酸ナトリウム NaClO

強い酸化力があり，食品や医療器具などの殺菌・消毒に利用される。また，色素を分解するはたらきもあるので，漂白剤にも利用される。

アスコルビン酸（ビタミンC）

強い還元力があり，食品の酸化防止剤として利用される。

Chapter 6 共通テスト対策問題

1

次のａ～ｆにあてはまるものを，それぞれの解答群の①～⑤のうちから１つずつ選べ。

ａ　アルミニウムの原鉱石
　①　鉄鉱石　②　石英　③　ボーキサイト　④　黄銅鉱
　⑤　石灰石

ｂ　アルミニウムを含む合金
　①　ステンレス鋼　②　青銅　③　黄銅
　④　ジュラルミン　⑤　アマルガム

ｃ　単体の鉄を原料とするもの
　①　１円硬貨　②　流し台(シンク)　③　使い捨てカイロ
　④　体温計　⑤　管楽器

ｄ　融雪剤として利用されるもの
　①　炭酸カルシウム　②　炭酸ナトリウム
　③　炭酸水素ナトリウム　④　硫酸バリウム
　⑤　塩化カルシウム

ｅ　水に溶けやすい有機化合物
　①　メタン　②　エタノール　③　ヘキサン
　④　ベンゼン　⑤　エチレン

ｆ　天然ガスの主成分
　①　プロパン　②　エタノール　③　酢酸　④　メタン
　⑤　ベンゼン

2

金属とその利用に関する記述として正しいものを，次の①～⑤のうちから１つ選べ。

① 銅とスズの合金を「黄銅(真ちゅう)」といい，楽器などに用いられる。

② 鉄と亜鉛の合金を「トタン」といい，鉄の酸化を抑えることができる。

③ アルミニウムはイオン化傾向が大きいので，空気中に放置すると腐食される。

④ 金属の中で，銅の電気伝導度が最も大きい。

⑤ 水銀は常温・常圧で唯一，液体である金属で，体温計や蛍光灯に用いられる。

(センター本試／改)

3

身のまわりで利用されている物質に関する記述として，下線部が正しいものを，次の①～⑤のうちから１つ選べ。

① ナトリウムは炎色反応で赤色を呈する元素であるので，その化合物は花火に利用されている。

② 工業的に大量に得られ，安価な塩化カルシウムはベーキングパウダーとして利用されている。

③ 硫酸アンモニウムなどのアンモニウム塩は植物の肥料として利用されている。

④ 酢酸は水に溶けやすい，無色・無臭の液体で，食酢の主成分である。

⑤ 塩素水に含まれている次亜塩素酸は還元力が強いので，塩素水は殺菌剤として使われている。

(センター本試／改)

4

有機化合物とその利用に関する記述として正しいものを，次の①〜⑤のうちから１つ選べ。

① プロパンは天然ガスの主成分で，可燃性気体であり都市ガスに利用されている。

② ヘキサンは水に溶けやすく，無極性物質とも混じり合いやすいので，有機溶媒(溶剤)としても利用されている。

③ ベンゼンは染料・医薬品など，様々な物質の合成原料となる。

④ ポリエチレンは包装材や容器に利用されている高分子化合物で，原料となるエチレンの縮合重合で合成される。

⑤ ポリエチレンテレフタラートはエチレングリコールとテレフタル酸の付加重合により合成される高分子化合物で，飲料用ボトルや衣料品に用いられる。

(センター本試／改)

5

電池に関する記述として正しいものを，次の①〜⑤のうちから１つ選べ。

① 電池の放電において，電子は正極から負極へと流れ，電流はその逆向きに流れる。

② 電池の負極では還元反応が，正極では酸化反応が起こる。

③ 電池を放電しても起電力は低下することはなく，つねに一定である。

④ 充電ができない電池を一次電池といい，充電が可能な電池を二次電池という。

⑤ 電池は酸化還元反応にともない放出される電気エネルギーを，化学エネルギーに変換する装置である。

(センター本試／改)

【解答・解説】

①

a ④黄銅鉱は，銅 Cu の原鉱石。

b ①ステンレス鋼は，鉄 Fe にニッケル Ni やクロム Cr を合わせた合金。
②青銅は，銅 Cu とスズ Sn の合金。
③黄銅は，銅 Cu と亜鉛 Zn の合金。
⑤アマルガムは，水銀 Hg とその他の金属の合金。

c ③使い捨てカイロは，鉄粉の酸化による発熱を利用したもの。単体の鉄を原料としたものには，その他に建築物の鉄骨などがある。
①1 円硬貨は，アルミニウム Al からなる。
②流し台には，おもにステンレス鋼が使われる。ステンレス鋼は合金なので，単体の鉄ではない。
④体温計は，水銀 Hg に熱を加えると，膨張する性質を利用している。
⑤管楽器には，おもに黄銅が使われる。

d ⑤塩化カルシウムは，水に溶けやすく，溶解するときに発熱するため，融雪剤として利用される。
①炭酸カルシウム $CaCO_3$ は大理石の主成分で，チョークなどに用いられる。
②炭酸ナトリウム Na_2CO_3 はガラスやセッケンの原料となる物質。
③炭酸水素ナトリウム $NaHCO_3$ は胃薬やベーキングパウダーなどとして利用される。
④硫酸バリウム $BaSO_4$ は X 線造影剤などとして利用される。

e　①のメタン CH_4，③のヘキサン C_6H_{14}，④のベンゼン C_6H_6，⑤のエチレン C_2H_4 は，いずれも炭化水素で水に溶けにくい。

C 原子と H 原子のみからなる炭化水素は，
水に溶けにくい性質をもつ。
「炭化水素は C_xH_y の分子式で表せるもの」と覚えておこう！

2

①　黄銅は，銅と亜鉛の合金。銅とスズの合金は青銅。

②　トタンは鉄に亜鉛をメッキしたもの。

③　アルミニウム Al は空気中で表面に緻密な酸化被膜を形成し，不動態を形成するので，ほとんど腐食が起こらない(p.246 参照)。

④　金属の中で電気伝導度が最大のものは銀 Ag。銅は銀に次いで 2 番目に大きい。

3

①　ナトリウム Na の炎色反応は黄色(p.33 参照)。

②　塩化カルシウム $CaCl_2$ は，凍結防止剤や融雪剤として用いられる。

　ベーキングパウダーとして利用されるものは，炭酸水素ナトリウム $NaHCO_3$ である。

④　酢酸 CH_3COOH は無色・刺激臭の液体。また，食酢に含まれる酢酸は 4 ～ 5％程度である。

⑤　次亜塩素酸 HClO は酸化力が強く，殺菌・消毒・漂白剤として使われる。

4

①　天然ガスの主成分はメタン CH_4。

②　ヘキサン C_6H_{14} は炭化水素なので，水に溶けにくい。

④　ポリエチレンはエチレンの付加重合により合成される。

⑤　ポリエチレンテレフタラート(PET)はエチレングリコールとテレフタル酸の縮合重合により合成される。

5

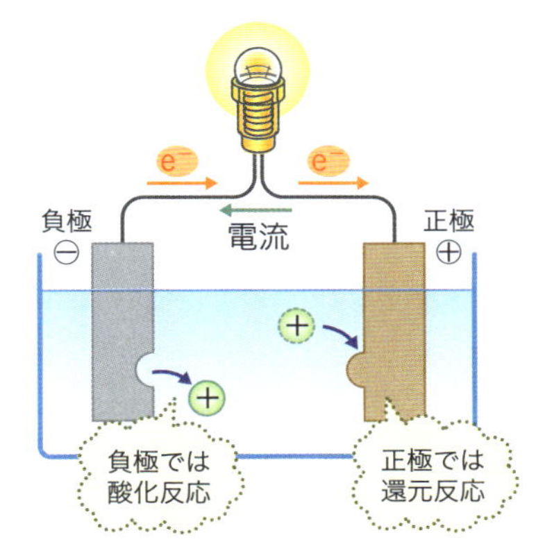

①　電子は「負極→正極」，電流は「正極→負極」に流れる。

②　負極では酸化反応，正極では還元反応が起こる。

③　電池を放電すると起電力は徐々に低下していく。

⑤　電池は，酸化還元反応による化学エネルギーを電気エネルギーに変換する装置。

中学理科のおさらい

化学基礎を学習する前に，中学校で学習した内容で，重要なものをおさらいしておこう。

① 密度

一定体積あたりの物質の質量を**密度**という。単位は g/cm³ や g/L などを使うよ。例えば，水の密度は 1.0 g/cm³ であるが，これは「体積 1.0 cm³ あたりの質量が 1.0 g である」ということだね。密度の異なる物質をそれぞれ水の中に入れると，水より密度の大きい物質は下に沈み，水より密度の小さい物質は水に浮かぶ。

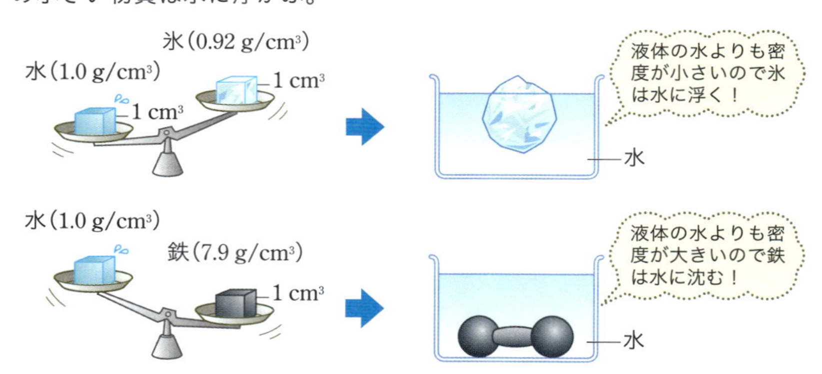

水の密度を 1 としたときの，他の液体物質の密度の比を「比重」というよ。比重は「比」を表すものなので，単位はないんだ。

※　化学基礎では，「溶液の濃度」を考える際に密度を使うよ。詳しくは p.127 ～を読んでね。

② 原子と分子

物質を構成する最小の単位である粒子を**原子**といい，いくつかの原子が結合してできたものを**分子**という。例えば，水は水素原子 2 つと酸素原子 1 つ，アンモニアは窒素原子 1 つと水素原子 3 つで分子を作る。

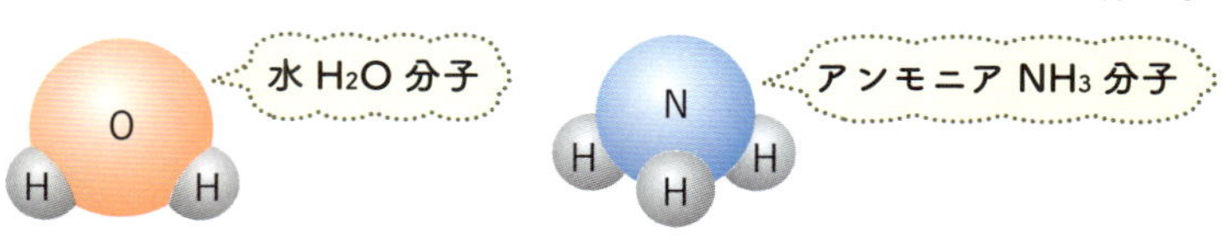

※　化学基礎では，原子の内部構造 p.44 や，分子ができるときの結びつき p.76 ～，そして分子の形 p.96 まで詳しく学習するよ。

③ 化学変化と質量

化学反応が起こるとき，**反応する物質の質量比は一定になる**という法則があったね。

例えば，銅 Cu と酸素 O_2 が反応して酸化銅 CuO ができるとき，反応する銅の質量と酸素の質量の比はつねに一定で，4：1。つまり，銅が 20 g であるとき，反応する酸素の質量は 5 g，ということだね。

※　化学基礎では，化学変化の式を立て，反応する物質の物質量比を考えていくよ。詳しい説明は p.136 ～を読んでね。

④ イオン

水に溶けて，陽イオンと陰イオンに分かれることを**電離**という。電離する物質は**電解質**，電離しない物質は**非電解質**だったね。

例えば，塩化ナトリウム NaCl を水に入れると，水に溶けて陽イオン(Na^+)と陰イオン(Cl^-)に電離する。一方，尿素などの物質は水に入れて溶けるけれど電離しないよ。

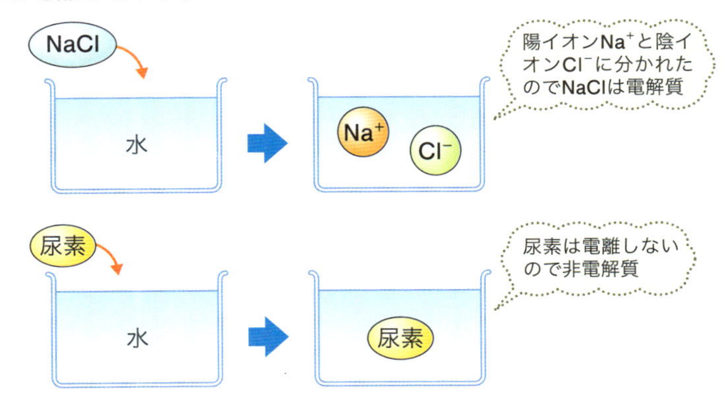

また，電解質を水に溶かした水溶液は電流を流しやすくなるよ。

※　中学校では「電子を失うと陽イオンになる」，「電子をもらうと陰イオンになる」ということを学習したね。化学基礎では，「どうしてイオンになるのか？」ということまで学習していくよ。詳しくは p.76 を読んでね。

Index さくいん

化学用語

化学記号

きめる！　共通テスト化学基礎

staff

カバーデザイン	野条友史（BALCOLONY）
本文デザイン	石松あや，石川愛子 （しまりすデザインセンター）
巻頭特集デザイン	宮嶋章文
図版作成	株式会社 アート工房，有限会社 熊アート
キャラクターイラスト	福島幸
写真	田中陵二，株式会社 フォトライブラリー
企画編集	小椋恵梨
編集協力	秋下幸恵，内山とも子，渡辺泰葉 高木直子，嶋田洋孝，青野貴行， 福森美恵子，株式会社 U-Tee，中島美涼， 佐野美穂，出口明憲
データ作成	株式会社 四国写研
印刷所	株式会社 広済堂ネクスト

読者アンケートご協力のお願い

※アンケートは予告なく終了する場合がございます。

この度は弊社商品をお買い上げいただき、誠にありがとうございます。本書に関するアンケートにご協力ください。右のQRコードから、アンケートフォームにアクセスすることができます。ご協力いただいた方のなかから抽選でギフト券（500円分）をプレゼントさせていただきます。

アンケート番号：305187

BC

Gakken

きめる! KIMERU SERIES

[別冊]

化学基礎 Basic Chemistry

要点集

この別冊は取り外せます。矢印の方向にゆっくり引っぱってください。→

contents

もくじ

Chapter 1 物質の構成粒子

>> 純物質と混合物及びその分離

[純物質と混合物]

Point!

純物質と混合物

物質
- **純物質**…1つの化学式で書けるもの
  例）水 H_2O，二酸化炭素 CO_2，鉄 Fe，アンモニア NH_3
- **混合物**…1つの化学式で書けないもの
  例）空気，水溶液，岩石

[混合物の分離]

Point!

混合物の分離のまとめ

① **ろ過**…液体とそれに溶けない固体をろ紙を用いて分離する操作。

② **蒸留**…溶液を加熱し，発生した蒸気を冷却して目的の液体を分離する操作。

③ **昇華法**…固体から直接気体になる状態変化を利用して，昇華性をもつ物質を分離する操作。

④ **抽出**…溶媒への溶解性の違いを利用して分離する操作。

⑤ **クロマトグラフィー**…ろ紙などへの吸着力の差を利用して分離する操作。

⑥ **再結晶**…温度による溶解度の違いを利用して，固体物質の不純物を除き，純粋な結晶を得る操作。

化合物・単体・元素

[化合物・単体]

Point!

純物質の分類

純物質

- **単体**…1 種類の元素のみからなるもの
  例）水素 H_2，酸素 O_2，鉄 Fe，銀 Ag，黒鉛 C など
- **化合物**…2 種類以上の元素からなるもの
  例）水 H_2O，二酸化炭素 CO_2，アンモニア NH_3 など

[単体・元素]

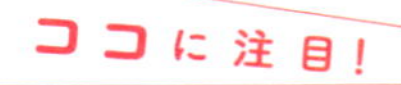

同素体のまとめ

同じ元素からなる単体で，構成原子の配列や結合が異なるために性質が異なる物質を，互いに同素体という。

元素記号（元素名）	名　称		
S（硫黄）	斜方硫黄	単斜硫黄	ゴム状硫黄
C（炭素）	黒鉛	ダイヤモンド	フラーレン
O（酸素）	酸素	オゾン	
P（リン）	黄リン	赤リン	

→“スコップ”と覚える！

[炎色反応の覚え方]

【元素の炎色反応】

元素	炎の色	元素	炎の色
Li（リチウム）	赤	Ca（カルシウム）	橙赤
Na（ナトリウム）	黄	Sr（ストロンチウム）	紅（深赤）
K（カリウム）	赤紫	Ba（バリウム）	黄緑
Cu（銅）	青緑		

Point!

炎色反応の覚え方

“リアカー	な　き	K 村	ど う せ	借りようと	するもくれない	馬　力”
Li（赤）	Na（黄）	K（赤紫）	Cu（青緑）	Ca（橙赤）	Sr（紅）	Ba（黄緑）

［元素の確認］

Point!

元素の確認のまとめ

炎色反応による検出…炎の中に入れたとき，各元素特有の色が現れることを利用して，含まれている元素を調べる。

沈殿反応による検出…物質どうしが反応して生じた沈殿から，もとの物質に含まれている元素を特定する。

気体発生反応による検出…物質どうしの反応から生じた気体を調べることによって，もとの物質に含まれている元素を特定する。

物質の三態と熱運動

［状態変化］

“固体→液体”の変化は**融解**，“液体→固体”の変化は**凝固**という。
“液体→気体”の変化は**蒸発**，“気体→液体”の変化は**凝縮**という。
液体を経由しない“固体→気体”の変化を**昇華**という。

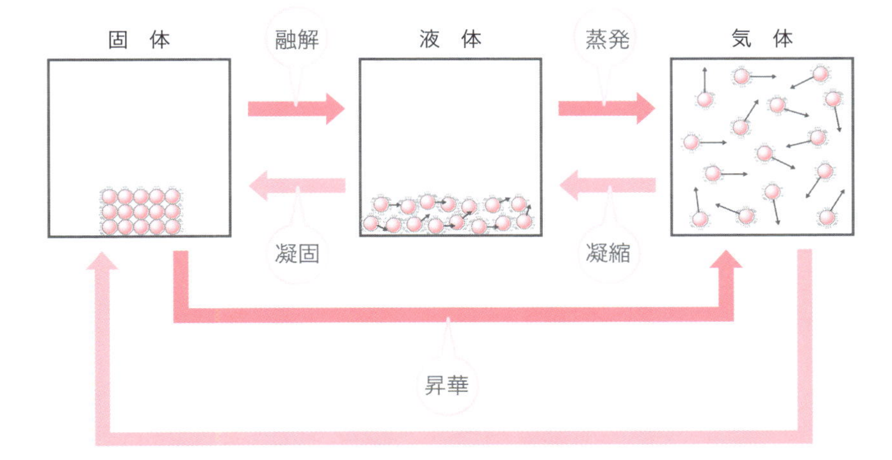

[粒子の熱運動]

【気体分子の運動の速さの分布図】

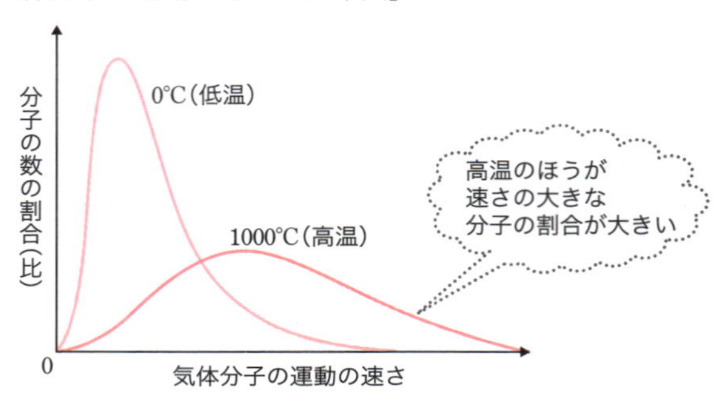

[セルシウス温度と絶対温度]

絶対温度〔K〕＝セルシウス温度〔℃〕＋273

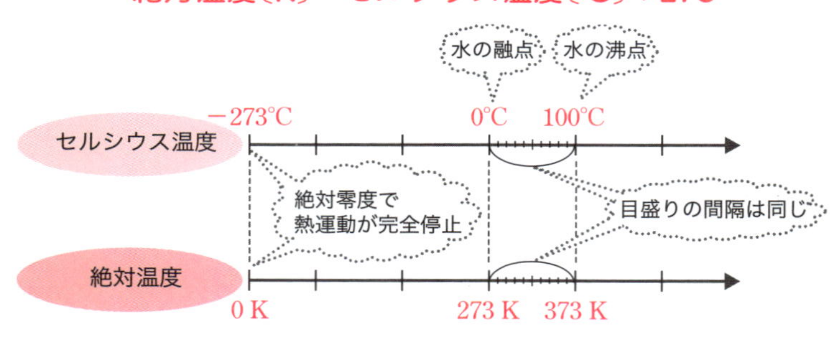

>> 原子

[原子の構造]

Point!

原子の構造のまとめ

① 原子番号＝陽子の数＝電子の数であり，原子全体では電気的に中性となる。

② 同じ元素の原子であっても，中性子の数は一定ではない。

③ 陽子1個と中性子1個の質量はほぼ同じ。しかし，電子 1 個の質量は陽子や中性子1個の質量の約 $\frac{1}{1840}$。原子 1 個の質量は陽子の数＋中性子の数に比例する。この数を原子の質量数という。

[同位体]

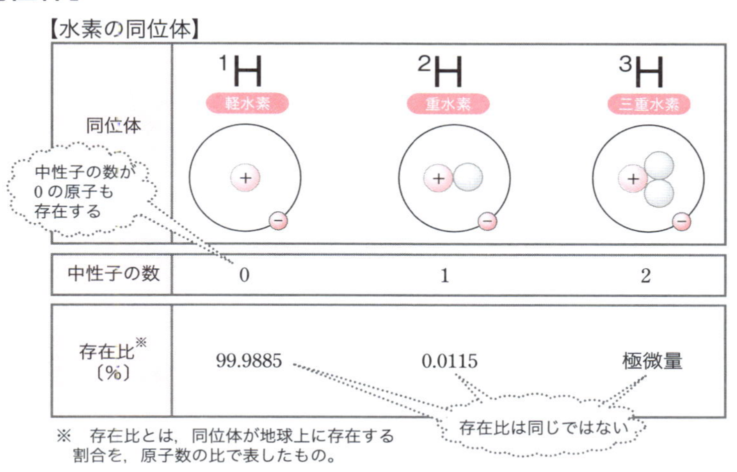

※ 存在比とは，同位体が地球上に存在する割合を，原子数の比で表したもの。

>> 周期表

[周期律と周期表]

周期表

[典型元素と遷移元素]

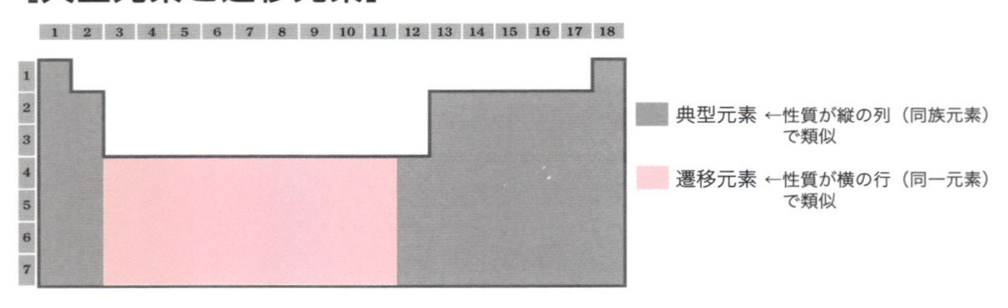

[金属元素と非金属元素]

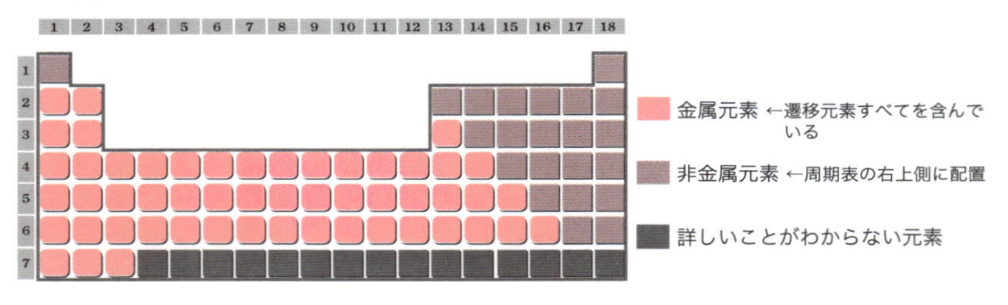

>> 電子配置とイオン

[電子殻と電子配置]

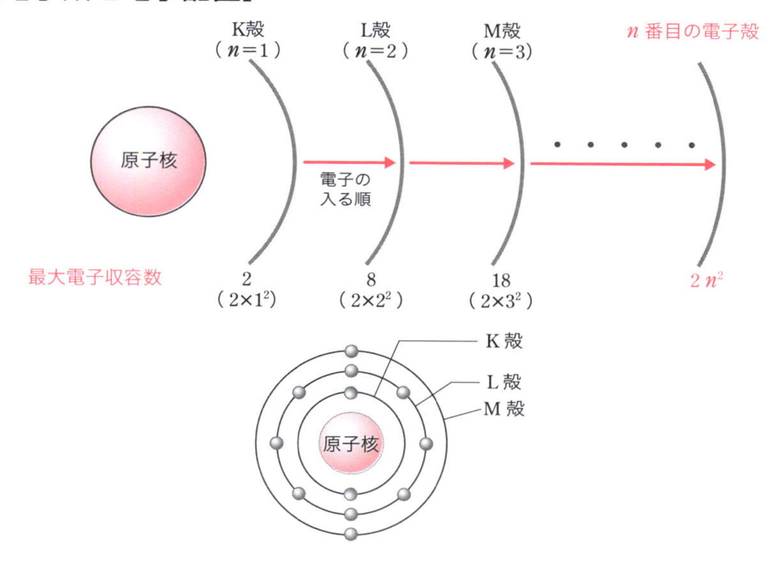

[貴ガスの電子配置]

Point!

貴ガスの電子配置

原子は，**最外殻電子の数が 2（最外殻が K 殻のとき）または 8 となると安定化**する。貴ガスはこの電子配置をもっているため，安定している！

[価電子]

Point!

価電子の数

希ガスの価電子の数＝0 個

その他の原子の価電子の数 ＝最外殻電子数（1 ～ 7 個）

[イオン化エネルギー]

Point!

イオン化エネルギー

イオン化エネルギー…原子から電子を 1 個取り去って，1 価の陽イオンにするために必要なエネルギー。周期表上では，右上にいくほど大きくなる。

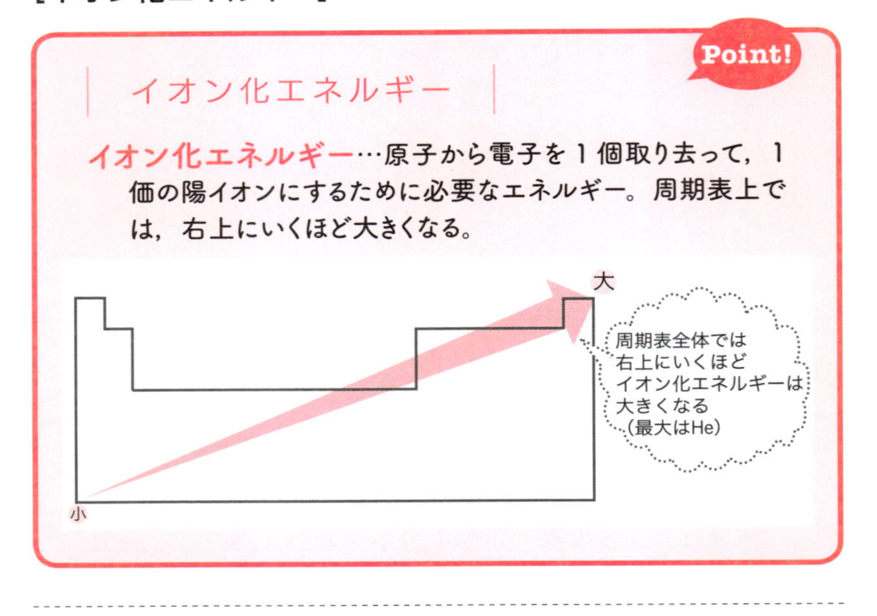

Chapter 2 化学結合

イオン結合

[イオン結合・結晶のまとめ]

Point!

イオン結合・結晶のまとめ

① 金属元素の原子（陽イオンになる）と非金属元素の原子（陰イオンになる）がイオン結合し，集まった結晶。

塩化ナトリウムNaClの結晶の生成

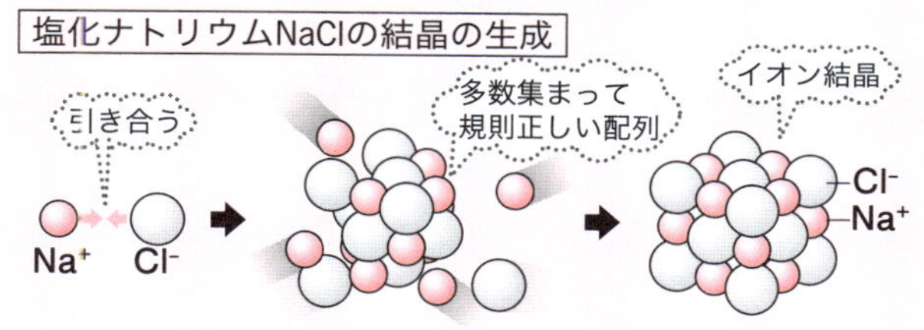

② 硬いがもろい。

劈開

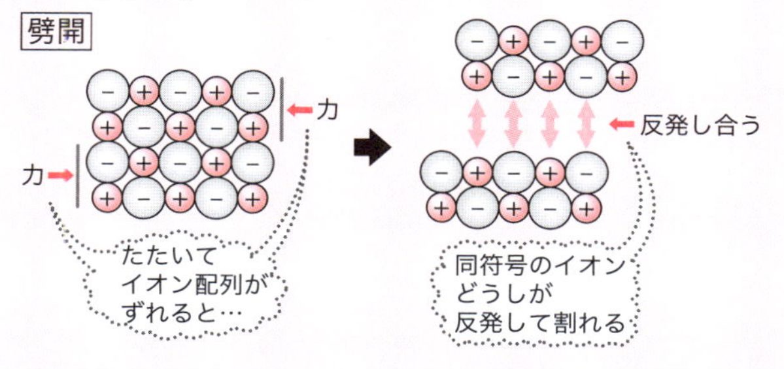

③ 固体は電気を通さないが，液体や水溶液は電気を通す。

[イオン結合の物質]

・1つの原子からなるイオンを**単原子イオン**という。

・複数の原子からなるイオンを**多原子イオン**という。

	イオンの名称	イオン式
単原子イオン	水素イオン	H^{+}
	ナトリウムイオン	Na^{+}
	銀イオン	Ag^{+}
	塩化物イオン	Cl^{-}
多原子イオン	アンモニウムイオン	NH_4^{+}
	硝酸イオン	NO_3^{-}
	水酸化物イオン	OH^{-}
	炭酸水素イオン	HCO_3^{-}
	硫酸イオン	SO_4^{2-}
	炭酸イオン	CO_3^{2-}
	リン酸イオン	PO_4^{3-}

[組成式]

Point!

組成式の書き方

ルール① 「**陽イオンの価数×陽イオンの数＝陰イオンの価数×陰イオンの数**」の関係が成り立つようなイオンの数をさがす。

ルール② 陽イオン→陰イオンの順に元素記号を書き，その元素記号の右下に，ルール①で見つけた数の比（最も簡単な整数比）を書く。
このとき，数字が1になる場合は省略する。多原子イオンが2つ以上あるときは（　）でくくる。

ルール③ 名称は，陰イオン→陽イオンの順に読む。このとき，イオン名から“イオン”または“物イオン”は省く。

>> 金属結合

[金属結合・結晶のまとめ]

Point!

金属結合・結晶のまとめ

① **金属光沢をもつ**。
⇒自由電子が光を反射させることによる。

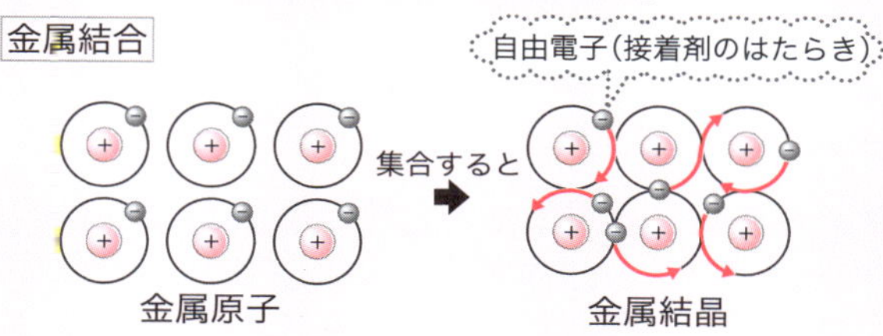

② **電気伝導性**(電気を伝える性質)，**熱伝導性**(熱を伝える性質)**が大きい**。
⇒自由電子が電気や熱を伝えることによる。

③ **展性**(てんせい)(薄く広がる性質)，**延性**(えんせい)(細長く引き延ばすことができる性質)**をもつ**。

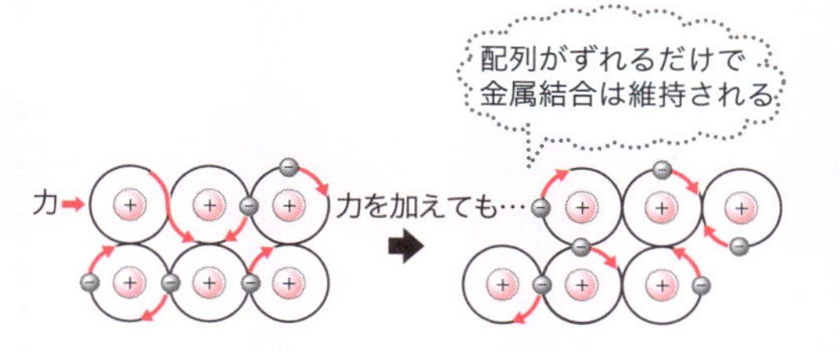

>> 共有結合

[共有結合のまとめ]

Point!

共有結合のまとめ

① 非金属元素の原子どうしが作る。

② 結びつきが強い化学結合である。

③ 各原子の不対電子がなくなるように，電子を共有して共有電子対を作る。

④ 1対の共有電子対を1本の価標で表したものを構造式という（単結合は－，二重結合は＝，三重結合は≡で表す）。

名称と分子式	メタン CH_4	アンモニア NH_3	水 H_2O	窒素 N_2	二酸化炭素 CO_2
電子式	H:C:H（上下にH）	H:N:H（下にH，上に非共有電子対）	H:O:H（非共有電子対2組）	:N⋮⋮N:	O::C::O（各Oに非共有電子対2組）
構造式	H－C－H（上下にH）	H－N－H（下にH）	H－O－H	N≡N	O＝C＝O

単結合は「－」で表す

三重結合は「≡」で表す

二重結合は「＝」で表す

⑤ 一方の原子の非共有電子対を別の原子が共有してできる共有結合を**配位結合**という。

[分子の立体構造]

分子の形	直線形	折れ線形	三角錐形	正四面体形
例	塩化水素HCl※	水H_2O	アンモニアNH_3	メタンCH_4
	二酸化炭素CO_2	硫化水素H_2S		四塩化炭素CCl_4(テトラクロロメタン)

※　塩化水素に限らず，二原子分子（構成原子の数が２つのもの。H_2，O_2，N_2，Cl_2 など）はすべて直線形になる。

[共有電子対・極性のまとめ]

Point!

共有電子対・極性のまとめ

電気陰性度…共有電子対を引きつける力の強さ。希ガスを除いて，周期表の右上にいくほど大きい。

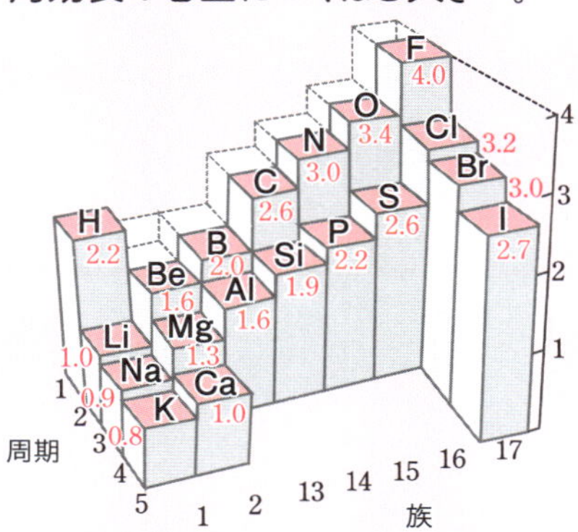

極性…原子が電気陰性度の大きい原子へと引き寄せられ，結合に電荷の偏りが生じること。

極性分子（HCl，H_2O，NH_3）　無極性分子（H_2，CO_2，CCl_4）

[分子間力と分子結晶]

Point!

分子結合・結晶のまとめ

① **分子間力**（ファンデルワールス力）により集まってできた結晶。

② **昇華性**をもつものが多い。

③ **融点が低く**，**やわらかい**。

④ 分子結晶のおもな例は，「**ドライアイス CO_2**」，「**ヨウ素 I_2**」，「**ナフタレン**」，「**パラジクロロベンゼン**」。

[共有結合の結晶]

Point!

共有結合の結晶のまとめ

① 非金属元素が多数，共有結合することでできる。

② 融点が非常に高い。

③ 非常に硬い。

④ 黒鉛を除き，電気を通さない。

⑤ 共有結合の結晶のおもな例は，「**ダイヤモンド**」，「**黒鉛**」，「**ケイ素 Si**」，「**二酸化ケイ素 SiO_2**」。

Chapter 3
物質量と化学反応式

≫ 原子量・分子量・式量

[原子量]

原子量…それぞれの同位体の相対質量と存在比から計算した相対質量の平均値。

原子量＝(同位体の相対質量×その存在比)の和

[分子量]

分子量…^{12}C＝12 を基準として求めた分子 1 個の相対質量。

[式量]

式量…イオン結合の物質や金属などの組成式において，分子量の代わりに用いたもの。分子量と同じように**構成原子の原子量の総和**を求めることで算出できる。

>> 物質量(mol)

[物質量(mol)]

1 モル(mol)…アボガドロ数(6.02×10^{23})個の粒子の集団。

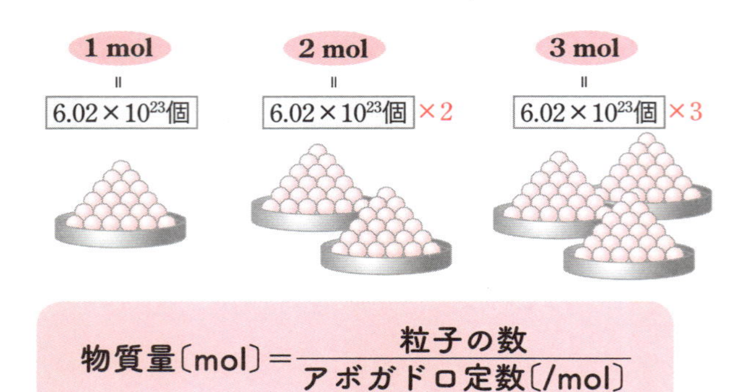

$$物質量〔mol〕=\frac{粒子の数}{アボガドロ定数〔/mol〕}$$

[物質 1 mol の質量 (モル質量)]

$$物質量〔mol〕=\frac{物質の質量〔g〕}{モル質量〔g/mol〕}$$

[物質量のまとめ]

物質名	炭素原子 C	水分子 H_2O	アルミニウム Al	塩化ナトリウム NaCl
原子量・分子量・式量	12 原子量	1.0×2＋16＝18 分子量	27 式量	23＋35.5＝58.5 式量
1 molの粒子の数と質量	C が 6.02×10^{23}個 炭素	H O H が 18g/mol 水	Al が 27g/mol アルミニウム	Na^+ Cl^- が 58.5g/mol 塩化ナトリウム
モル質量	12g/mol	18g/mol	27g/mol	58.5g/mol

[気体 1 mol の体積]

1 mol の気体の体積…**気体の種類に関係なく，標準状態（0℃，1 気圧）で 22.4 L**

$$物質量〔mol〕=\frac{標準状態での気体の体積〔L〕}{22.4〔L/mol〕}$$

[物質量のまとめ]

Point!

モル公式

① 物質量〔mol〕＝$\dfrac{\text{粒子の数}}{\text{アボガドロ定数〔/mol〕}}$

② 物質量〔mol〕＝$\dfrac{\text{物質の質量〔g〕}}{\text{モル質量〔g/mol〕}}$

③ 物質量〔mol〕＝$\dfrac{\text{標準状態での気体の体積〔L〕}}{\text{22.4〔L/mol〕}}$

>> 溶液の濃度

[質量パーセント濃度（単位：%）]

質量パーセント濃度〔%〕＝$\dfrac{\text{溶質の質量〔g〕}}{\text{溶液の質量〔g〕}}$×100〔%〕

→溶質の質量＋溶媒の質量

[モル濃度（単位：mol/L）]

モル濃度〔mol/L〕＝$\dfrac{\text{溶質の物質量〔mol〕}}{\text{溶液の体積〔L〕}}$

>> 化学反応式とその量的関係

[化学反応式の作り方]

手順① 左辺に反応する物質(反応物)，右辺に生成する物質(生成物)の化学式を書き，それぞれの化学式は＋で，両辺は ⟶ で結ぶ。

手順② 左辺と右辺で，それぞれの原子の数が等しくなるように，化学式に係数をつける。

手順③ 係数を最も簡単な整数比にして，係数が 1 のときは省略する。

[化学反応式の係数比の関係]

反応式	メタン CH_4	＋	酸素 $2O_2$	⟶	二酸化炭素 CO_2	＋	水 $2H_2O$
分子の数	1 分子	＋	2 分子	⟶	1 分子	＋	2 分子
物質量	1 mol（6.0×10^{23}個）		2 mol		1 mol		2 mol
気体の体積(標準状態)	22.4 L		44.8 L		22.4 L		液体（水）
質量〔g〕	1×16 g		2×32 g		1×44 g		2×18 g

Chapter 4
酸・塩基

>> 酸・塩基の定義

[酸と塩基]

酸	化学式	塩基	化学式
塩酸	HCl	水酸化ナトリウム	$NaOH$
硫酸	H_2SO_4	水酸化カルシウム	$Ca(OH)_2$
酢酸	CH_3COOH	アンモニア	NH_3

[酸と塩基の定義]

Point!

酸と塩基の定義

・**アレニウスの定義**

酸とは，水溶液中で水素イオン H^+ を放出するもの。塩基とは，水溶液中で水酸化物イオン OH^- を放出するもの。

・**ブレンステッド・ローリーの定義**

酸とは，H^+ を与えるもの。塩基とは，H^+ を受け取るもの。

[酸・塩基の強弱]

$$\text{電離度}\ \alpha = \frac{\text{電離した酸や塩基の物質量〔mol〕}}{\text{溶解した酸や塩基の物質量〔mol〕}}$$

※電離度は通常，“α”という文字でおく

[酸・塩基のまとめ]

Point!

酸・塩基のまとめ

電離度…水溶液中に溶解した酸や塩基の物質量に対する，電離した酸や塩基の物質量の割合。

強酸・強塩基…電離度が 1 に近い酸や塩基。

弱酸・弱塩基…電離度が 1 よりかなり小さい酸や塩基。

		化学式	価数	酸・塩基の強弱
酸	塩酸（塩化水素）	HCl	1価	強酸
	硝酸	HNO_3	1価	強酸
	硫酸	H_2SO_4	2価	強酸
	酢酸	CH_3COOH	1価	弱酸
	炭酸	H_2CO_3	2価	弱酸
	シュウ酸	$H_2C_2O_4$ （$(COOH)_2$ とも書く）	2価	弱酸
	リン酸	H_3PO_4	3価	弱酸
塩基	水酸化ナトリウム	$NaOH$	1価	強塩基
	水酸化カリウム	KOH	1価	強塩基
	水酸化カルシウム	$Ca(OH)_2$	2価	強塩基
	水酸化バリウム	$Ba(OH)_2$	2価	強塩基
	アンモニア	NH_3	1価	弱塩基

※アンモニアは $NH_3 + H_2O \rightleftarrows NH_4^+ + OH^-$ と電離するので，価数が「1」の弱塩基。

>> 水の電離と pH

[水の電離と液性]

Point!

水の電離と pH

酸性…水素イオン濃度のほうが水酸化物イオン濃度より大きい。〔H^+〕＞〔OH^-〕

中性…水素イオン濃度と水酸化物イオン濃度が等しい。

〔H^+〕＝〔OH^-〕

塩基性…水酸化物イオン濃度のほうが水素イオン濃度より大きい。〔H^+〕＜〔OH^-〕

[水溶液の pH]

Point!

pH の求め方

〔H^+〕＝10^{-x} mol/L のとき pH＝x

〔H^+〕〔mol/L〕＝価数×酸のモル濃度〔mol/L〕×電離度 α

>> 中和の量的関係

[中和反応]

Point!

中和反応

中和反応…酸と塩基が反応して水と塩(えん)を生成する反応。

[中和反応の量的関係]

Point!

中和反応の量的関係

酸が放出する H^+ の物質量〔mol〕
＝塩基が放出する OH^- の物質量〔mol〕

⇕

酸の価数×酸の物質量〔mol〕
＝塩基の価数×塩基の物質量〔mol〕

>> 中和滴定

[中和滴定の操作]

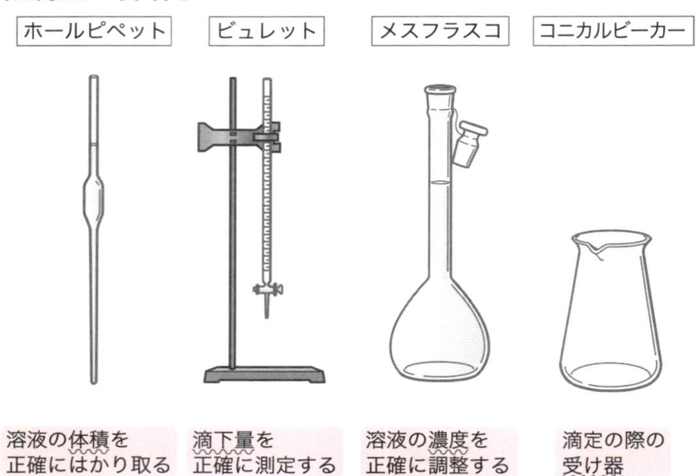

[中和のまとめ]

Point!

中和のまとめ

中和滴定…濃度がわかっている酸（塩基）を濃度未知の塩基（酸）に滴下する実験。中和反応の量的関係により未知の濃度が求められる。

中和点…中和が完了する点。

[滴定曲線]

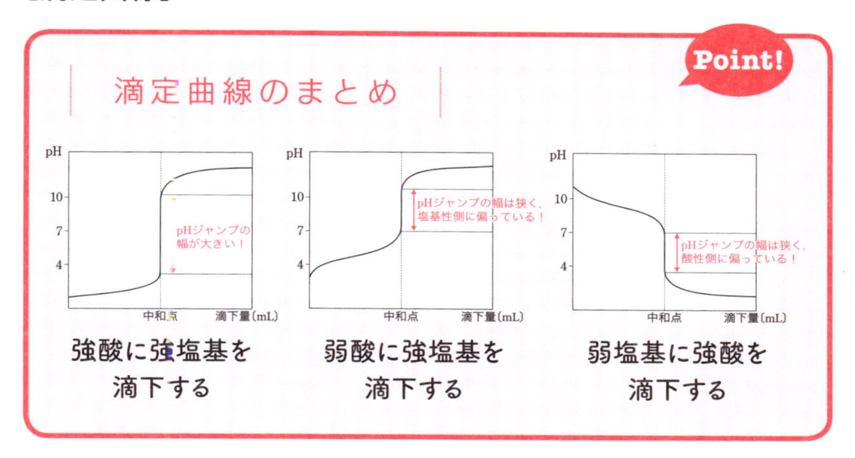
Point!
滴定曲線のまとめ
pH
10
7
4
pHジャンプの
幅が大きい！
中和点
滴下量〔mL〕
強酸に強塩基を
滴下する
pH
10
7
4
pHジャンプの幅は狭く，
塩基性側に偏っている！
中和点
滴下量〔mL〕
弱酸に強塩基を
滴下する
pH
10
7
4
pHジャンプの幅は狭く，
酸性側に偏っている！
中和点
滴下量〔mL〕
弱塩基に強酸を
滴下する

[指示薬の選択]

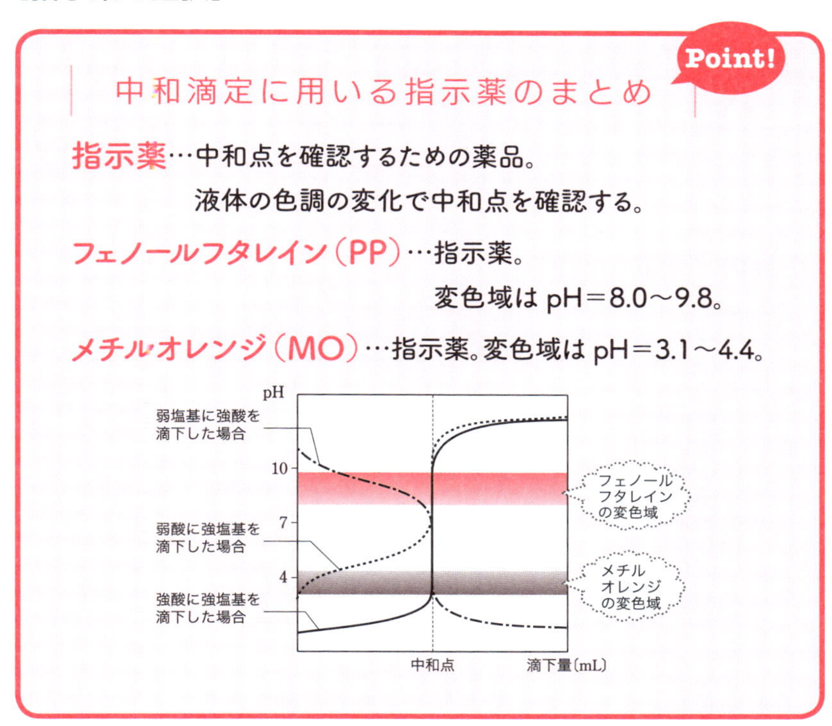
Point!
中和滴定に用いる指示薬のまとめ
指示薬…中和点を確認するための薬品。
液体の色調の変化で中和点を確認する。
フェノールフタレイン（PP）…指示薬。
変色域は pH＝8.0～9.8。
メチルオレンジ（MO）…指示薬。変色域は pH＝3.1～4.4。
pH
弱塩基に強酸を
滴下した場合
10
7
4
弱酸に強塩基を
滴下した場合
強酸に強塩基を
滴下した場合
フェノール
フタレイン
の変色域
メチル
オレンジ
の変色域
中和点
滴下量〔mL〕

>> 塩

[塩]

塩…酸が電離して生じた陰イオンと，塩基が電離して生じた陽イオンが結合したもの。

酸 ＋ 塩基（アルカリ）⟶ 水 ＋ 塩

[塩の分類]

Point!

塩の分類

正塩…酸の H，塩基の OH が残っていない塩。

酸性塩…酸の H が残っている塩。

塩基性塩…塩基の OH が残っている塩。

[正塩の水溶液の液性]

		もとの酸の性質	
		強酸	弱酸
もとの塩基の性質	強塩基	中性 （例：NaCl Na_2SO_4 など）	塩基性 （例：CH_3COONa Na_2CO_3 など）
	弱塩基	酸性 （例：NH_4Cl $CuSO_4$ など）	―

Point!

正塩の水溶液の液性

- 強酸と強塩基からなる正塩の水溶液は中性
- 強酸と弱塩基からなる正塩の水溶液は酸性
- 弱酸と強塩基からなる正塩の水溶液は塩基性

Chapter 5

酸化還元反応

>> 酸化と還元

[酸化と還元（酸素の授受による定義）]

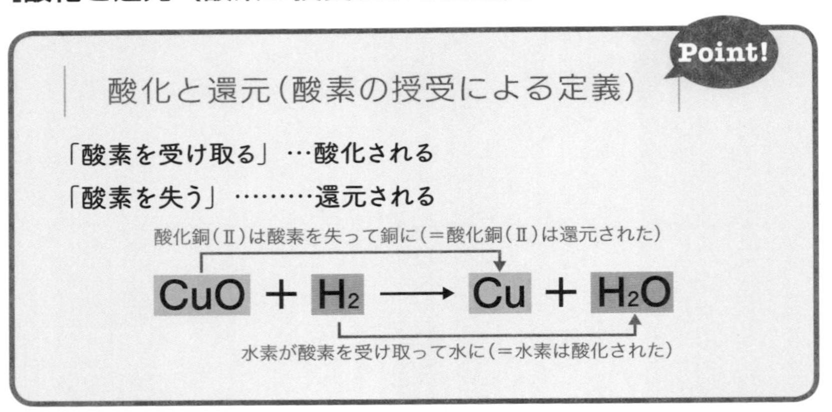

[酸化と還元（水素の授受による定義）]

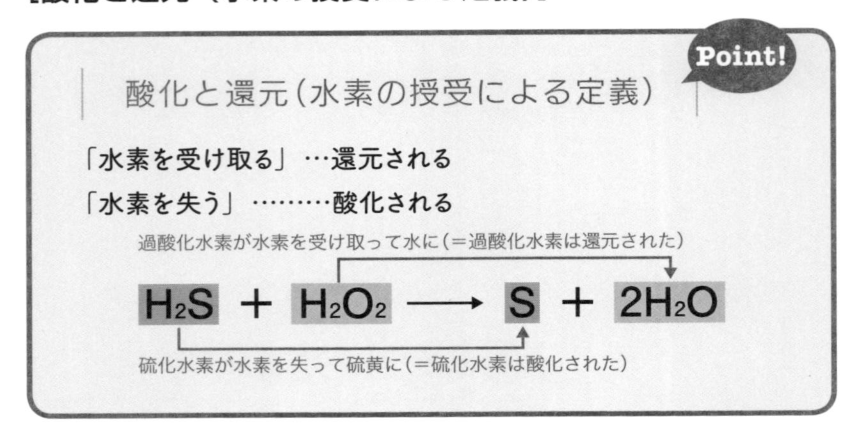

[酸化と還元（電子の授受による定義）]

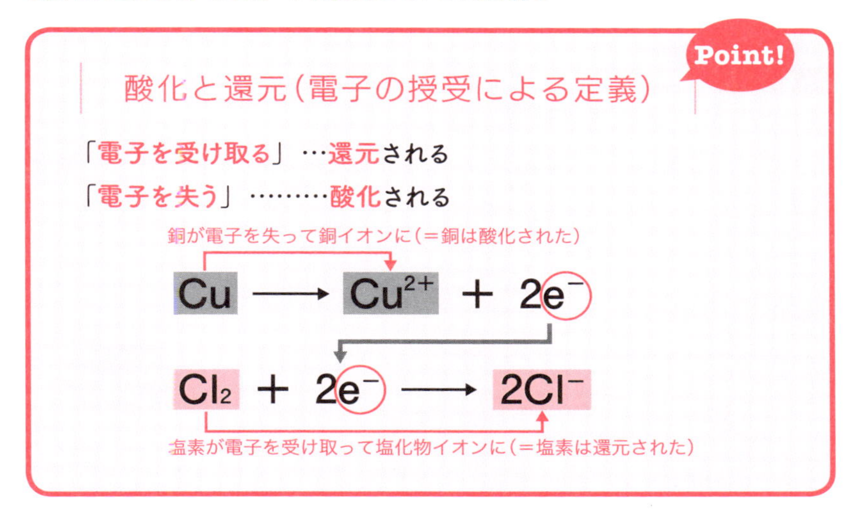

[酸化還元反応のまとめ]

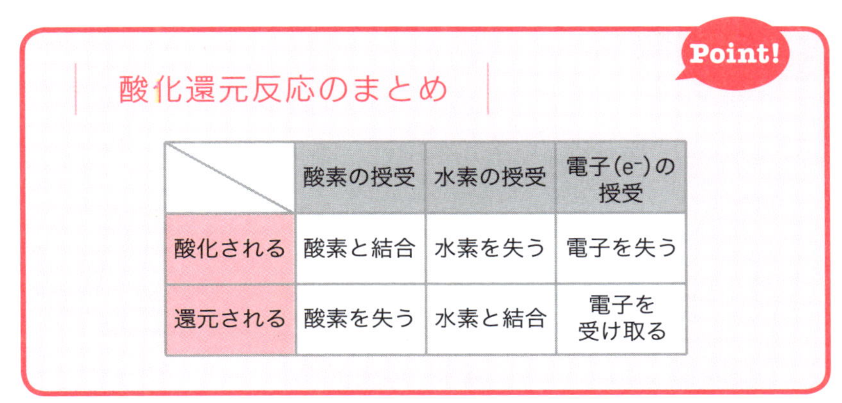

	酸素の授受	水素の授受	電子(e⁻)の授受
酸化される	酸素と結合	水素を失う	電子を失う
還元される	酸素を失う	水素と結合	電子を受け取る

>> 酸化数

[酸化数]

酸化数…**酸化の程度を数値で表したもの。**

化学反応の前後で,「**酸化数が増加**」したら「**酸化された**」,「**酸化数が減少**」したら,「**還元された**」という。

[酸化数の求め方]

Point!

酸化数のまとめ

- 酸化数は 0 以外の場合,「+」や「−」の符号をつけて,原子 1 個あたりで求める。
- 化合物を構成する原子の酸化数の総和は 0 になる。
- 多原子イオンを構成する原子の酸化数の総和は,イオンの電荷と同じになる。

構成原子の酸化数は以下のルールにしたがって求めていく。

ルール① 単体中の原子の酸化数は「0」とする。

ルール② 単原子イオンの酸化数は,イオンの電荷と同じとする。

ルール③ 化合物中のアルカリ金属の酸化数は「+1」,2 族元素は「+2」,ハロゲンは「−1」とする。

ルール④ 化合物中の水素原子の酸化数は「+1」とする。

ルール⑤ 化合物中の酸素原子の酸化数は「−2」とする。

＊優先順位は,ルール③>ルール④>ルール⑤

>> 酸化剤と還元剤

[酸化剤と還元剤]

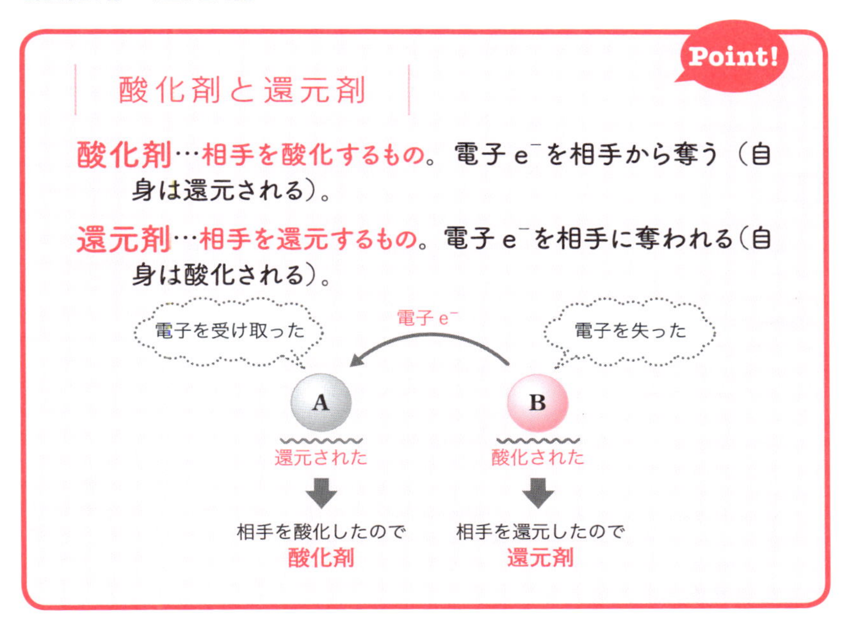

[半反応式]

おもな酸化剤の半反応式

酸化剤	半反応式
オゾン O_3	$O_3 + 2H^+ + 2e^- \longrightarrow O_2 + H_2O$
過酸化水素 H_2O_2 (酸性条件下)	$H_2O_2 + 2H^+ + 2e^- \longrightarrow 2H_2O$
希硝酸 HNO_3	$HNO_3 + 3H^+ + 3e^- \longrightarrow NO + 2H_2O$
濃硝酸 HNO_3	$HNO_3 + H^+ + e^- \longrightarrow NO_2 + H_2O$
過マンガン酸イオン MnO_4^- (酸性条件下)	$MnO_4^- + 8H^+ + 5e^- \longrightarrow Mn^{2+} + 4H_2O$
二クロム酸イオン $Cr_2O_7^{2-}$	$Cr_2O_7^{2-} + 14H^+ + 6e^- \longrightarrow 2Cr^{3+} + 7H_2O$
二酸化硫黄 SO_2	$SO_2 + 4H^+ + 4e^- \longrightarrow S + 2H_2O$
熱濃硫酸 H_2SO_4	$H_2SO_4 + 2H^+ + 2e^- \longrightarrow SO_2 + 2H_2O$

おもな還元剤の半反応式

還元剤	半反応式
鉄(Ⅱ)イオン Fe^{2+}	$Fe^{2+} \longrightarrow Fe^{3+} + e^-$
過酸化水素 H_2O_2	$H_2O_2 \longrightarrow O_2 + 2H^+ + 2e^-$
シュウ酸 $(COOH)_2$	$(COOH)_2 \longrightarrow 2CO_2 + 2H^+ + 2e^-$
硫化水素 H_2S	$H_2S \longrightarrow S + 2H^+ + 2e^-$
二酸化硫黄 SO_2	$SO_2 + 2H_2O \longrightarrow SO_4^{2-} + 4H^+ + 2e^-$
スズ(Ⅱ)イオン Sn^{2+}	$Sn^{2+} \longrightarrow Sn^{4+} + 2e^-$
ヨウ化物イオン I^-	$2I^- \longrightarrow I_2 + 2e^-$

>> 酸化還元反応の量的関係

[酸化還元反応の量的関係]

酸化剤が奪い取る電子 e^- の物質量〔mol〕
＝酸化剤の価数×酸化剤の物質量〔mol〕
還元剤が奪われる電子 e^- の物質量〔mol〕
＝還元剤の価数×還元剤の物質量〔mol〕

酸化剤の価数×酸化剤の物質量〔mol〕
酸化剤が奪い取る e^- の物質量〔mol〕
＝還元剤の価数×還元剤の物質量〔mol〕
還元剤が奪われる e^- の物質量〔mol〕

>> 金属の酸化還元反応

[金属のイオン化傾向]

金属のイオン化傾向…水溶液中で，**金属が陽イオンになろうとする性質。**

イオン化傾向 大 ← イオン化傾向 小

Li	K	Ca	Na	Mg	Al	Zn	Fe	Ni	Sn	Pb	(H)	Cu	Hg	Ag	Pt	Au
リチウム	カリウム	カルシウム	ナトリウム	マグネシウム	アルミニウム	亜鉛	鉄	ニッケル	スズ	鉛	水素	銅	水銀	銀	白金	金

リッチに貸そう か な ま あ あ て に すん な ひ ど す ぎる 借 金

[金属と酸の反応]

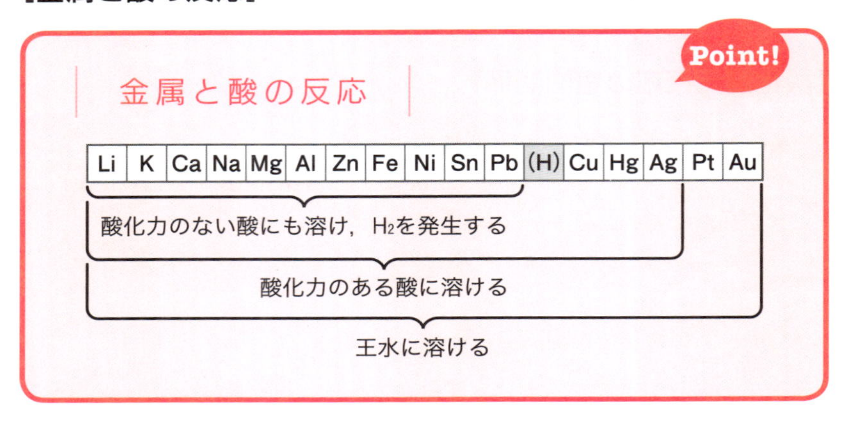

[金属と水の反応]

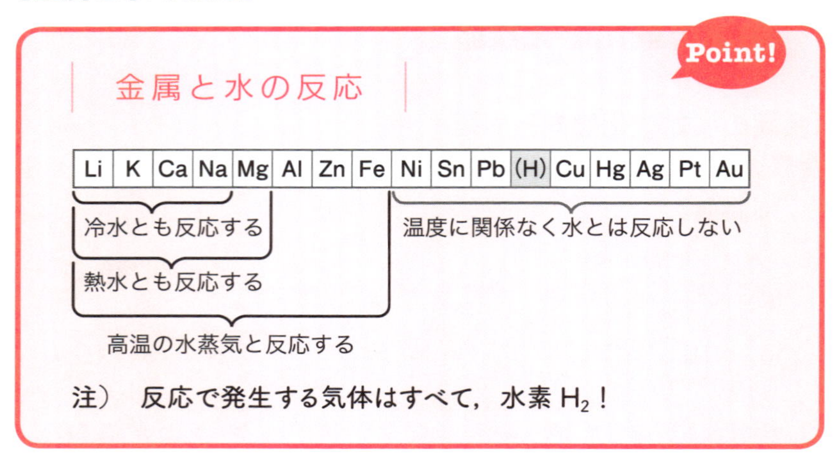

[金属と空気中の酸素との反応]

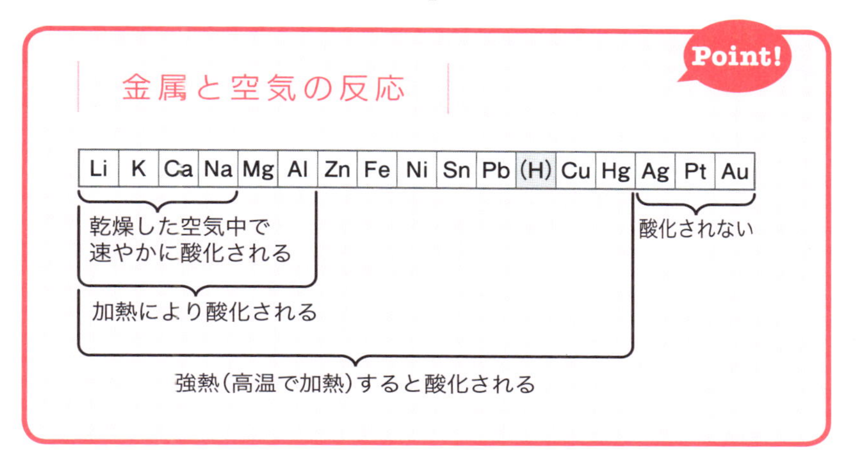

[金属と金属イオンとの反応]

Point!

金属と金属イオンの反応

金属イオンを含んだ水溶液に，よりイオン化傾向が大きい金属の単体を浸すと，溶液中の金属イオンが還元され，単体となり析出する（**金属樹**）。

$$A^{n+} + B \longrightarrow \underset{\text{析出}}{\underline{\underline{A}}} + B^{n+}$$

＊イオン化傾向は A＜B で，反応前後でイオン化したときの価数が同じ場合

[金属の酸化還元反応のまとめ]

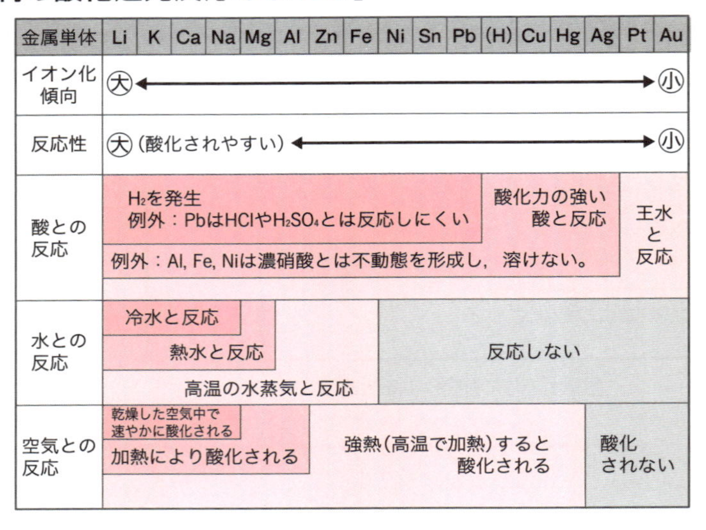

>> 電池の原理

[電池]

Point!

電池のまとめ

電池…酸化還元反応を利用して，外部回路に電子が流れるようにしたもの。

正極：電子を受け取る（還元反応）。

負極：電子を放出する（酸化反応）。

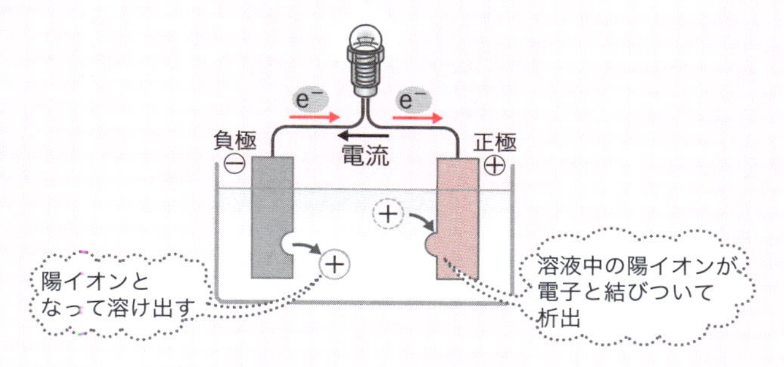

充電…電池を外部電源につなぎ，放電と逆向きに電子を流して起電力を回復すること。

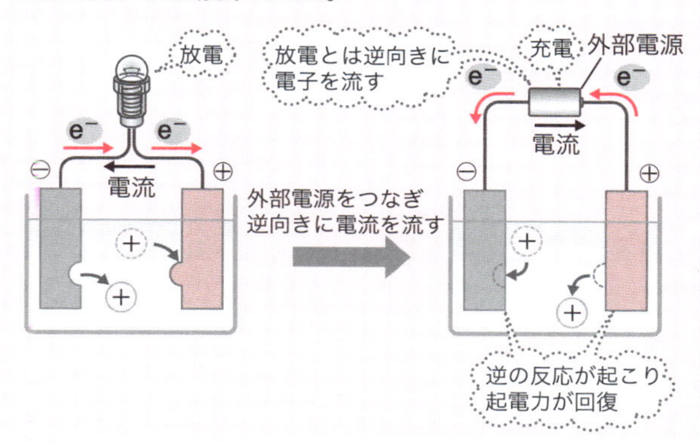

一次電池…充電できない電池。

二次電池，蓄電池…充電可能な電池。

Chapter 6
身のまわりの化学

>> 金属とその利用

[金属の利用のまとめ]

Point!

金属の利用のまとめ

アルミニウム Al

① 軽い金属で，1円玉や缶ジュースの容器などに利用されている。

② 合金のジュラルミンは，航空機や新幹線の機体に利用されている。

鉄 Fe

① かたくて丈夫な金属で，建築物の鉄骨や自動車の車体として利用されている。
鉄粉は，空気中で酸化される際に発熱する。これを利用して使い捨てカイロに使われている。

② 鉄を含む合金であるステンレス鋼(こう)は，さびにくく，台所のシンクなどに利用されている。

銅 Cu

① 電気伝導性・熱伝導性が大きく，電気器具の配線や調理器具に用いられる。

② 銅と亜鉛の合金である黄銅（真ちゅう）は，仏具や管楽器に使われる。銅とスズの合金である青銅（ブロンズ）は，彫像などに使われる。

水銀 Hg

① 常温・常圧で唯一液体の金属。温度計（体温計）や蛍光灯に使われる。

② 様々な金属と，アマルガムと呼ばれる合金を作る。

>> イオンからなる物質とその利用例

[イオンからなる物質のまとめ]

Point!

イオンからなる物質のまとめ

塩化カルシウム $CaCl_2$

① 融雪剤や凍結防止剤として利用される。

② 潮解性があり，乾燥剤（除湿剤）としても用いられる。

炭酸水素ナトリウム $NaHCO_3$

① 別名は重曹。胃薬やベーキングパウダーとして利用される。

② 水を使わない消火剤としても用いられる。

硫酸バリウム $BaSO_4$

① 水や酸に溶けにくい。

② X 線を吸収するため，X 線造影剤として用いられる。

アンモニウム塩（～アンモニウム）

① 水に溶けやすく，植物の窒素肥料として用いられる。

>> 分子からなる物質とその利用例

[分子からなる物質のまとめ]

Point!

分子からなる物質のまとめ

メタン CH_4

無色・無臭で水に溶けにくい気体。天然ガスの主成分で，都市ガス（主成分）に使われる。

ヘキサン C_6H_{14}

無色・特異臭の液体。水に溶けにくく，無極性物質（油性物質）を溶かす溶剤（有機溶媒（ベンジン等））として，用いられる。

ベンゼン C_6H_6

炭素原子６個が正六角形に並んでいる無極性分子。染料や医薬品の原料となる。水に溶けにくく，無極性物質（油性物質）を溶かす溶剤として用いられる。

エタノール C_2H_5OH

水に溶けやすい，無色の液体。お酒に含まれる。消毒薬や燃料としても利用されている。

酢酸 CH_3COOH

水に溶けやすい，無色・刺激臭の液体。食酢に含まれる。合成繊維や医薬品の原料としても利用されている。

塩酸 HCl

塩化水素の水溶液。強酸性で，トイレ用洗浄剤等に使用される。

>> 高分子化合物とその利用例

[高分子化合物のまとめ]

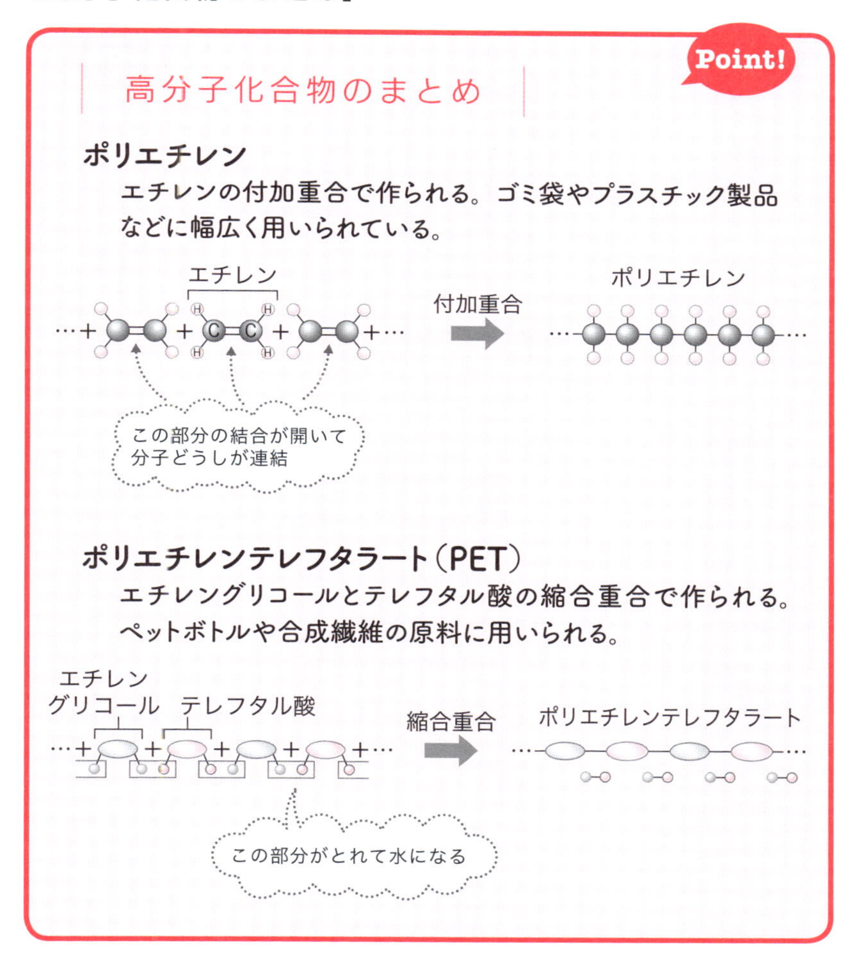

>> 酸化還元反応の応用

[酸化還元反応の応用のまとめ]

Point!

酸化還元反応の応用のまとめ

電池

酸化還元反応による電子のやり取りを利用して外部回路に電子が流れるように組み立てた装置。

電子は「負極→正極」に流れ，電流の向きはこの逆向き（正極→負極）になる。

外部電源により充電が可能な電池を二次電池，充電できない電池を一次電池という。

次亜塩素酸ナトリウム NaClO

強い酸化力があり，食品や医療器具などの殺菌・消毒に利用される。また，色素を分解するはたらきもあるので，漂白剤にも利用される。

アスコルビン酸（ビタミン C）

強い還元力があり，食品の酸化防止剤として利用される。